Autodesk Inventor 软件应用认证指导用书

Autodesk Inventor 产品设计
实例精解（2013 版）

北京兆迪科技有限公司　编著

中国水利水电出版社
www.waterpub.com.cn

内 容 提 要

本书是进一步学习 Autodesk Inventor 产品设计的实例图书，选用的 43 个实例涉及各个行业和领域，都是生产一线实际应用中的各种产品，经典而实用。

本书中的实例是根据北京兆迪科技有限公司为国内外一些著名公司（含国外独资和合资公司）编写的培训案例整理而成的，具有很强的实用性和广泛的适用性。本书附带 2 张多媒体 DVD 学习光盘，制作了 307 个 Inventor 产品设计技巧和具有针对性的实例教学视频，并进行了详细的语音讲解，时长 21.3 个小时（1279 分钟）；光盘中还包含本书所有的素材源文件（2 张 DVD 光盘教学文件容量共计 6.8GB）。本书在内容上，先针对每一个实例进行概述，说明该实例的特点，使读者对其有一个整体概念的认识，使学习更有针对性；接下来的操作步骤翔实、透彻，图文并茂，引领读者一步步地完成设计，这种讲解方法能使读者更快、更深入地理解 Autodesk Inventor 产品设计中的一些抽象的概念、重要的设计技巧和复杂的命令及功能，还能使读者较快地进入产品设计实战状态。

本书内容全面，条理清晰，实例丰富，讲解详细，图文并茂，可作为广大工程技术人员和设计工程师学习 Autodesk Inventor 产品设计的自学教程和参考书，也可作为大、中专院校学生和各类培训学校学员的 CAD/CAM 课堂及上机练习教材。

图书在版编目（ＣＩＰ）数据

Autodesk Inventor产品设计实例精解：2013版 /
北京兆迪科技有限公司编著. -- 北京 ： 中国水利水电出
版社，2013.11（2021.2 重印）
Autodesk Inventor软件应用认证指导用书
ISBN 978-7-5170-1318-1

Ⅰ．①A… Ⅱ．①北… Ⅲ．①机械设计－计算机辅助
设计－应用软件－教材 Ⅳ．①TH122

中国版本图书馆CIP数据核字(2013)第249788号

策划编辑：杨庆川/杨元泓　　责任编辑：杨元泓　　加工编辑：孙 丹　　封面设计：李 佳

书　　名	Autodesk Inventor 软件应用认证指导用书 Autodesk Inventor 产品设计实例精解（2013 版）
作　　者	北京兆迪科技有限公司　编著
出版发行	中国水利水电出版社 （北京市海淀区玉渊潭南路 1 号 D 座　　100038） 网址：www.waterpub.com.cn E-mail：mchannel@263.net（万水） 　　　　sales@waterpub.com.cn 电话：(010) 68367658（发行部）、82562819（万水）
经　　售	北京科水图书销售中心（零售） 电话：(010) 88383994、63202643、68545874 全国各地新华书店和相关出版物销售网点
排　　版	北京万水电子信息有限公司
印　　刷	北京建宏印刷有限公司
规　　格	184mm×260mm　　16 开本　　28 印张　　560 千字
版　　次	2013 年 11 月第 1 版　　2021 年 2 月第 2 次印刷
印　　数	3001—3500 册
定　　价	59.00 元（附 2DVD）

本书导读

为了能更好地学习本书的知识，请您仔细阅读下面的内容。

写作环境

本书使用的操作系统为 Windows XP Professional，对于 Windows 2000 Server/XP 操作系统，本书的内容和范例也同样适用。

本书采用的写作蓝本是 Inventor 2013 版。

光盘使用

为方便读者练习，特将本书所有素材文件、已完成的范例文件、配置文件和视频语音讲解文件等放入随书附带的光盘中，读者在学习过程中可以打开相应素材文件进行操作和练习。

本书附赠两张多媒体 DVD 光盘，建议读者在学习本书前，先将两张 DVD 光盘中的所有文件复制到计算机硬盘的 D 盘中，然后再将第二张光盘 inv13.3-video2 文件夹中的所有文件复制到第一张光盘的 video 文件夹中。在光盘的 inv13.3 目录下共有 2 个子目录：

（1）work 子目录：包含本书讲解中所有的教案文件、范例文件和练习素材文件。

（2）video 子目录：包含本书讲解中全部的操作视频录像文件（含语音讲解）。

光盘中带有"ok"扩展名的文件或文件夹表示已完成的范例。

本书约定

● 本书中有关鼠标操作的简略表述说明如下：

　　☑　单击：将鼠标指针移至某位置处，然后按一下鼠标的左键。

　　☑　双击：将鼠标指针移至某位置处，然后连续快速地按两次鼠标的左键。

　　☑　右击：将鼠标指针移至某位置处，然后按一下鼠标的右键。

　　☑　单击中键：将鼠标指针移至某位置处，然后按一下鼠标的中键。

　　☑　滚动中键：只是滚动鼠标的中键，而不按中键。

　　☑　选择（选取）某对象：将鼠标指针移至某对象上，单击以选取该对象。

　　☑　拖移某对象：将鼠标指针移至某对象上，然后按下鼠标的左键不放，同时移动鼠标，将该对象移动到指定的位置后再松开鼠标的左键。

● 本书中的操作步骤分为 Task、Stage 和 Step 三个级别，说明如下：

　　☑　对于一般的软件操作，每个操作步骤以 Step 字符开始，例如，下面是草绘环境中绘制圆操作步骤的表述：

Step 1 在 绘制 ▾ 区域中单击 ⊘ 圆 ▾ 中的 ▾，然后单击 ⊘ 圆心 按钮。

Step 2 在某位置单击，放置圆的中心点，然后将该圆拖至所需大小并单击左键，完成该圆的创建。

Step 3 按 Esc 键，结束圆的绘制。

☑ 每个 Step 操作视其复杂程度，其下面可含有多级子操作。例如 Step1 下可能包含（1）、（2）、（3）等子操作，子操作（1）下可能包含①、②、③等子操作，子操作①下可能包含 a)、b)、c)等子操作。

☑ 如果操作较复杂，需要几个大的操作步骤才能完成，则每个大的操作冠以 Stage1、Stage2、Stage3 等，Stage 级别的操作下再分 Step1、Step2、Step3 等操作。

☑ 对于多个任务的操作，则每个任务冠以 Task1、Task2、Task3 等，每个 Task 操作下则可包含 Stage 和 Step 级别的操作。

● 由于已建议读者将随书光盘中的所有文件复制到计算机硬盘的 D 盘中，所以书中在要求设置工作目录或打开光盘文件时，所述的路径均以"D:"开始。

技术支持

本书是根据北京兆迪科技有限公司给国内外一些著名公司（含国外独资和合资公司）的培训教案整理而成，具有很强的实用性，其主编和参编人员均来自北京兆迪科技有限公司，该公司专门从事 CAD/CAM/CAE 技术的研究、开发、咨询及产品设计与制造服务，并提供 Inventor、UG、CATIA、ANSYS、Adams 等软件的专业培训及技术咨询。读者在学习本书的过程中如果遇到问题，可通过访问该公司的网站 http://www.zalldy.com 来获得技术支持。

咨询电话：010-82176248，010-82176249。

前　　　言

　　Inventor 是美国 Autodesk 公司一款三维 CAD 应用软件，是基于 Windows 平台、功能强大且易用的三维 CAD 软件。Inventor 支持自顶向下和自底向上的设计思想，其建模核心、钣金设计、大装配设计、产品制造信息管理、生产出图（工程图）、价值链协同、内嵌的有限元分析和产品数据管理等功能遥遥领先于同类软件，已经成功应用于机械、电子、航空、汽车、仪器仪表、模具、造船、消费品等行业的大量客户。

　　零件建模与设计是产品设计的基础和关键，要熟练掌握应用 Inventor 设计各种零件的方法，只靠理论学习和少量的练习是远远不够的。编著本书的目的正是使读者通过学习书中的经典实例，迅速掌握各种零件的建模方法、技巧和构思精髓，使读者在短时间内成为一名 Inventor 产品设计高手。本书特色如下：

- 实例丰富，与其他同类书籍相比，包括更多的零件建模方法，尤其是书中的遥控器的自顶向下设计实例，方法独特，令人耳目一新，对读者的实际产品设计具有很好的指导和借鉴作用。
- 讲解详细，条理清晰，图文并茂，保证自学的读者能独立学习。
- 写法独特，采用 Inventor 软件中真实的对话框、操控板和按钮等进行讲解，使初学者能够直观、准确地操作软件，从而大大提高学习效率。
- 附加值高，本书附带 2 张多媒体 DVD 学习光盘，制作了 307 个 Inventor 产品设计技巧和具有针对性的实例教学视频并进行了详细的语音讲解，时间长达 21.3 个小时（1279 分钟），2 张 DVD 光盘教学文件容量共计 6.8GB，可以帮助读者轻松、高效地学习。

　　本书是根据北京兆迪科技有限公司给国内外一些著名公司（含国外独资和合资公司）的培训教案整理而成的，具有很强的实用性。本书的主编和主要参编人员主要来自北京兆迪科技有限公司，该公司专门从事 CAD/CAM/CAE 技术的研究、开发、咨询及产品设计与制造服务，并提供 Inventor、UG、CATIA、ANSYS、Adams 等软件的专业培训及技术咨询。

　　本书由北京兆迪科技有限公司编著，主要编写人员为由展迪优，参加编写的人员还有冯元超、刘江波、周涛、詹路、刘静、雷保珍、刘海起、魏俊岭、任慧华、赵枫、邵为龙、侯俊飞、龙宇、施志杰、詹棋、高政、孙润、李倩倩、黄红霞、尹泉、李行、詹超、尹佩文、赵磊、王晓萍、陈淑童、周攀、吴伟、王海波、高策、冯华超、周思思、黄光辉、党辉、冯峰、詹聪、平迪、管璇、王平、李友荣、杨慧、龙保卫、李东梅、杨泉英和彭伟辉。本书已经过多次审核，如有疏漏之处，恳请广大读者予以指正。电子邮箱：zhanygjames@163.com。

编　者

2013 年 7 月

目　　录

1

儿童玩具勺

实例概述

本实例主要运用了实体拉伸、切削、倒圆角、抽壳、旋转和加强筋等命令，其中玩具勺的手柄部造型是通过实体切削倒圆角再进行抽壳而成，构思很巧妙。零件模型及模型树如图 1.1 所示。

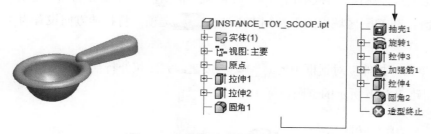

图 1.1　零件模型及模型树

Step 1　新建零件模型，进入建模环境。

Step 2　创建图 1.2 所示的拉伸特征 1。

（1）选择命令。在 创建 ▼ 区域中单击 按钮，系统弹出"创建拉伸"对话框。

（2）定义特征的截面草图。单击"创建拉伸"对话框中的 创建二维草图 按钮，选取 XZ 平面作为草图平面，进入草绘环境。绘制图 1.3 所示的截面草图。

图 1.2　拉伸 1

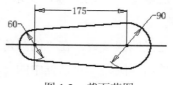

图 1.3　截面草图

（3）定义拉伸属性。单击 草图 选项卡 返回到三维 区域中的 按钮，将拉伸方向设置为"不对称"类型 。在"拉伸"对话框 范围 区域中的两个下拉列表中均选择 距离 选项，在两个"距离"文本框中分别输入 70 和 5。

（4）单击"拉伸"对话框中的 确定 按钮，完成拉伸特征 1 的创建。

Step 3 创建图 1.4 所示的拉伸特征 2。

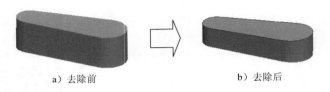

a）去除前   b）去除后

图 1.4　拉伸 2

（1）选择命令。在 创建 ▼ 区域中单击 按钮，系统弹出"创建拉伸"对话框。

（2）定义特征的截面草图。单击"创建拉伸"对话框中的 创建二维草图 按钮，选取 XY 平面作为草图平面，进入草绘环境。绘制图 1.5 所示的截面草图，单击 按钮。

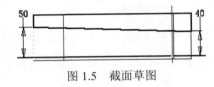

图 1.5　截面草图

（3）定义拉伸属性。再次单击 创建 ▼ 区域中的 按钮，首先将布尔运算设置为"求差"类型 ，在 范围 区域中的下拉列表中选择 贯通 选项，将拉伸方向设置为"对称"类型 。

（4）单击"拉伸"对话框中的 确定 按钮，完成拉伸特征 2 的创建。

Step 4 创建图 1.6b 所示的倒圆特征 1。

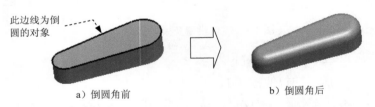

此边线为倒圆的对象

a）倒圆角前   b）倒圆角后

图 1.6　倒圆角 1

（1）选择命令。在 修改 ▼ 区域中单击 按钮。

（2）选取要倒圆的对象。在系统的提示下，选取图 1.6a 所示的模型边线为倒圆的对象。

（3）定义倒圆参数。在"倒圆角"小工具条的"半径 R"文本框中输入 20。

（4）单击"圆角"对话框中的 确定 按钮，完成圆角特征的定义。

Step 5 创建图 1.7b 所示的抽壳特征 1。

（1）选择命令。在 修改 ▼ 区域中单击 抽壳 按钮。

（2）定义薄壁厚度。在"抽壳"对话框 厚度 文本框中输入薄壁厚度值为 5。

（3）选择要移除的面。在系统 选择要去除的表面 的提示下，选择图 1.7a 所示的模型表面为要移除的面。

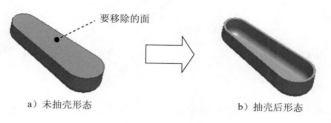

要移除的面

a）未抽壳形态　　　　　　　　　　　　　b）抽壳后形态

图 1.7　抽壳 1

（4）单击"抽壳"对话框中的 确定 按钮，完成抽壳特征的创建。

Step 6　创建图 1.8 所示的旋转特征 1。

（1）选择命令。在 创建 ▼ 区域中单击 按钮，系统弹出"创建旋转"对话框。

（2）定义特征的截面草图。单击"创建旋转"对话框中的 创建二维草图 按钮，选取 XY 平面为草图平面，进入草绘环境，绘制图 1.9 所示的截面草图。

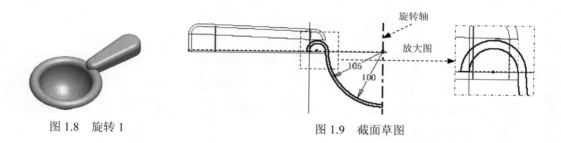

旋转轴

放大图

105

100

图 1.8　旋转 1　　　　　　　　　　图 1.9　截面草图

（3）定义旋转属性。单击 草图 选项卡 返回到三维 区域中的 按钮，在 范围 区域的下拉列表中选中 全部 选项。

（4）单击"旋转"对话框中的 确定 按钮，完成旋转特征 1 的创建。

Step 7　创建图 1.10 所示的拉伸特征 3。

（1）选择命令。在 创建 ▼ 区域中单击 按钮，系统弹出"创建拉伸"对话框。

（2）定义特征的截面草图。单击"创建拉伸"对话框中的 创建二维草图 按钮，选取 XZ 平面作为草图平面，进入草绘环境。绘制图 1.11 所示的截面草图，单击 ✔ 按钮。

（3）定义拉伸属性。再次单击 创建 ▼ 区域中的 按钮，首先将布尔运算设置为"求差"类型 ，在 范围 区域中的下拉列表中选择 距离 选项，在"距离"文本框中输入 20，将拉伸方向设置为"方向 1"类型 。

（4）单击"拉伸"对话框中的 确定 按钮，完成拉伸特征 3 的创建。

a）拉伸前

b）拉伸后

图 1.10 拉伸 3

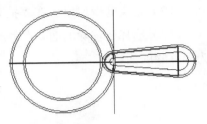

图 1.11 截面草图

Step 8 创建草图 1。

（1）在 三维模型 选项卡 草图 区域中单击 📝 按钮，然后选择 XY 平面为草图平面，系统进入草图设计环境。

（2）绘制图 1.12 所示的草图，单击 ✔ 按钮，退出草绘环境。

Step 9 创建图 1.13 所示的加强筋 1。

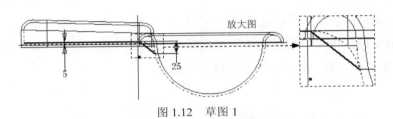

图 1.12 草图 1

图 1.13 加强筋 1

（1）选择命令。在 创建 ▼ 区域中单击 🔧 加强筋 按钮。

（2）指定加强筋轮廓。在图形区选取 Step8 中创建的截面草图。

（3）指定加强筋的类型。在"加强筋"对话框单击"平行于草图平面"按钮 🔲。

（4）定义加强筋特征的参数。

① 定义加强筋的拉伸方向。在"加强筋"对话框中，将结合图元的拉伸方向设置为"方向 2"类型 🔲。

② 定义加强筋的厚度。在 厚度 文本框中输入 7，将加强筋的生成方向设置为"双向"类型 🔲，其余参数接受系统默认设置。

（5）单击"加强筋"对话框中的 确定 按钮，完成加强筋特征的创建。

Step 10 创建图 1.14 所示的拉伸特征 4。

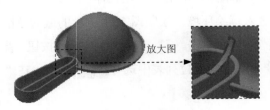
放大图

图 1.14 拉伸 4

（1）选择命令。在 创建 ▼ 区域中单击 按钮，系统弹出"创建拉伸"对话框。

（2）定义特征的截面草图。单击"创建拉伸"对话框中的 创建二维草图 按钮，选取 XY 平面作为草图平面，进入草绘环境。绘制图 1.15 所示的截面草图，单击 按钮。

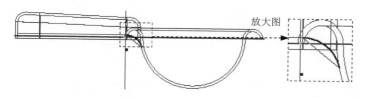

图 1.15　截面草图

（3）定义拉伸属性。再次单击 创建 ▼ 区域中的 按钮，首先将布尔运算设置为"求差"类型 ，在 范围 区域中的下拉列表中选择 介于两面之间 选项，依次选择加强筋的两个侧面（如图 1.16 所示的面 1 与面 2）。

图 1.16　定义拉伸深度范围

（4）单击"拉伸"对话框中的 确定 按钮，完成拉伸特征 4 的创建。

Step 11 创建图 1.17 所示的倒圆特征 2。

a）倒圆角前　　　　　　　　　　　b）倒圆角后

图 1.17　倒圆角 2

（1）选择命令。在 修改 ▼ 区域中单击 按钮。

（2）选取要倒圆的对象。在系统的提示下，选取图 1.17a 所示的模型边线为倒圆的对象。

（3）定义倒圆参数。在"倒圆角"小工具条的"半径 R"文本框中输入 1.5。

（4）单击"圆角"对话框中的 确定 按钮，完成圆角特征的定义。

Step 12 保存零件模型文件，命名为 INSTANCE_TOY_SCOOP。

2

牙签瓶盖

 实例概述

　　本实例主要运用了如下特征命令：旋转、阵列和抽壳，零件模型及模型树如图 2.1 所示。

图 2.1　零件模型及模型树

Step 1　新建一个零件模型，进入建模环境。

Step 2　创建图 2.2 所示的旋转特征 1。

　　（1）选择命令。在 [创建 ▼] 区域中单击 [🢒] 按钮，系统弹出"创建旋转"对话框。

　　（2）定义特征的截面草图。单击"创建旋转"对话框中的 [创建二维草图] 按钮，选取 XY 平面为草图平面，进入草绘环境，绘制图 2.3 所示的截面草图。

图 2.2　旋转特征 1

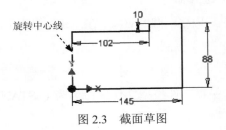

图 2.3　截面草图

（3）定义旋转属性。单击 草图 选项卡 返回到三维 区域中的 按钮，然后在"旋转"对话框 范围 区域的下拉列表中选中 全部 选项。

（4）单击"旋转"对话框中的 确定 按钮，完成旋转特征 1 的创建。

Step 3　创建图 2.4 所示的倒圆特征 1。选取图 2.5 所示的模型边线为倒圆的对象，输入倒圆角半径值 30.0。

Step 4　创建图 2.6 所示的倒圆特征 2。选取图 2.7 所示的模型边线为倒圆的对象，输入倒圆角半径值 10.0。

　　图 2.4　倒圆角 1　　　　　图 2.5　定义倒圆角边线　　　　　图 2.6　倒圆角 2

Step 5　创建图 2.8 所示的倒圆特征 3。选取图 2.9 所示的模型边线为倒圆的对象，输入倒圆角半径值 10.0。

　　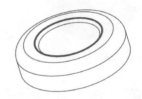

　　图 2.7　定义倒圆角边线　　　　　图 2.8　倒圆角 3　　　　　图 2.9　定义倒圆角边线

Step 6　创建图 2.10 所示的旋转特征 2。在 创建 ▼ 区域中选择 命令，选取 XY 平面为草图平面，绘制图 2.11 所示的截面草图；在"旋转"对话框中将布尔运算设置为"求差"类型 ，在 范围 区域的下拉列表中选中 全部 选项；单击"旋转"对话框中的 确定 按钮，完成旋转特征 1 的创建。

　　图 2.10　旋转特征 2　　　　　　　　图 2.11　截面草图

Step 7　创建图 2.12b 所示的倒圆特征 4。选取图 2.12a 所示的模型边线为倒圆的对象，输入倒圆角半径值 5.0。

a）圆角前   b）圆角后

图 2.12   倒圆角 4

Step 8   创建图 2.13 所示的环形阵列 1。在 阵列 区域中单击 ⊕ 按钮，选取"旋转 2"与"圆角 4"为要阵列的特征，选取"Y 轴"为环形阵列轴，阵列个数为 12，阵列角度为 360，单击 确定 按钮，完成环形阵列的创建。

Step 9   创建图 2.14 所示的抽壳特征 1。在 修改 ▼ 区域中单击 回 抽壳 按钮，在"抽壳"对话框 厚度 文本框中输入薄壁厚度值为 5.0；选择图 2.15 所示的模型表面为要移除的面；单击"抽壳"对话框中的 确定 按钮，完成抽壳特征的创建。

图 2.13   环形阵列 1

图 2.14   抽壳 1

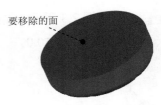

要移除的面

图 2.15   定义移除面

Step 10   创建图 2.16 所示的拉伸特征 1。在 创建 ▼ 区域中单击 🗍 按钮，选取 XZ 平面作为草图平面，绘制图 2.17 所示的截面草图，在"拉伸"对话框将布尔运算设置为"求差"类型 🗗 ，然后在 范围 区域中的下拉列表中选择 贯通 选项，将拉伸方向设置为"方向 1"类型 ☒ 。单击"拉伸"对话框中的 确定 按钮，完成拉伸特征 1 的创建。

图 2.16   拉伸特征 1

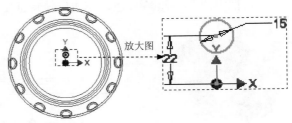

图 2.17   截图草图

Step 11   创建图 2.18 所示的矩形阵列。

（1）选择命令。在 阵列 区域中单击 ⊞ 按钮，系统弹出"矩形阵列"对话框。

（2）选择要阵列的特征。在图形区中选取拉伸 1 特征（或在浏览器中选择"拉伸 1"特征）。

（3）定义阵列参数。

① 定义方向 1 参考边线。在"矩形阵列"对话框中单击 方向1 区域中的 ▷ 按钮，然后选取 Z 轴为方向 1 的参考边线，阵列方向可参考图 2.19。

图 2.18   矩形阵列 1   图 2.19   阵列方向

② 定义方向 1 参数。在 方向1 区域的 ⋯ 文本框中输入数值 3；在 ◇ 文本框中输入数值 22。

（4）单击 确定 按钮，完成矩形阵列的创建。

Step 12 创建图 2.20 所示的环形阵列。在 阵列 区域中单击 ⊕ 按钮，选取"拉伸 1"与"矩形阵列"为要阵列的特征，选取"Y 轴"为环形阵列轴，阵列个数为 8，阵列角度为 360，单击 确定 按钮，完成环形阵列的创建。

图 2.20   环形阵列

Step 13 至此，零件模型创建完毕。选择下拉菜单 ▼ ➡ ▐ 保存 命令，命名为 TOOTHPICK_BOTTLE_COVER，即可保存零件模型。

3

圆形盖

实例概述

本实例设计了一个简单的圆形盖，主要运用了旋转、抽壳、拉伸和倒圆角等特征命令，先创建基础旋转特征，再添加其他修饰，重在零件的结构安排。零件模型及模型树如图 3.1 所示。

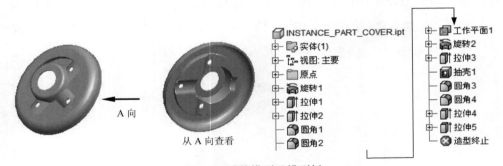

图 3.1　零件模型及模型树

Step 1 新建零件模型，进入建模环境。

Step 2 创建图 3.2 所示的旋转特征 1。

（1）选择命令。在 创建 ▼ 区域中单击 按钮，系统弹出"创建旋转"对话框。

（2）定义特征的截面草图。单击"创建旋转"对话框中的 创建二维草图 按钮，选取 YZ 平面为草图平面，进入草绘环境，绘制图 3.3 所示的截面草图。

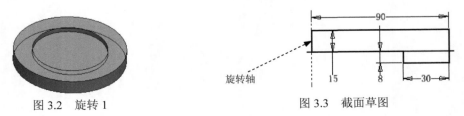

图 3.2　旋转 1　　　　　　　　图 3.3　截面草图

（3）定义旋转属性。单击 `草图` 选项卡 `返回到三维` 区域中的 按钮，在 `范围` 区域的下拉列表中选中 `全部` 选项。

（4）单击"旋转"对话框中的 `确定` 按钮，完成旋转特征 1 的创建。

`Step 3` 创建图 3.4 所示的拉伸特征 1。

（1）选择命令。在 `创建 ▼` 区域中单击 按钮，系统弹出"创建拉伸"对话框。

（2）定义特征的截面草图。单击"创建拉伸"对话框中的 `创建二维草图` 按钮，选取 XZ 平面作为草图平面，进入草绘环境。绘制图 3.5 所示的截面草图。

图 3.4　拉伸 1

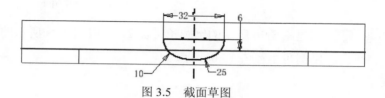

图 3.5　截面草图

（3）定义拉伸属性。单击 `草图` 选项卡 `返回到三维` 区域中的 按钮，在"拉伸"对话框 `范围` 区域中的下拉列表中选择 `距离` 选项，在"距离"文本框中输入 170，并将拉伸方向设置为"对称"类型 。

（4）单击"拉伸"对话框中的 `确定` 按钮，完成拉伸特征 1 的创建。

`Step 4` 创建图 3.6 所示的拉伸特征 2。

（1）选择命令。在 `创建 ▼` 区域中单击 按钮，系统弹出"创建拉伸"对话框。

（2）定义特征的截面草图。单击"创建拉伸"对话框中的 `创建二维草图` 按钮，选取 YZ 平面作为草图平面，进入草绘环境。绘制图 3.7 所示的截面草图。

图 3.6　拉伸 2

图 3.7　截面草图

（3）定义拉伸属性。单击 `草图` 选项卡 `返回到三维` 区域中的 按钮，在"拉伸"对话框 `范围` 区域的下拉列表中选择 `距离` 选项，在"距离"文本框中输入 170，并将拉伸方向设置为"对称"类型 。

（4）单击"拉伸"对话框中的 `确定` 按钮，完成拉伸特征 2 的创建。

`Step 5` 创建图 3.8 所示的倒圆特征 1。

（1）选择命令。在 `修改 ▼` 区域中单击 按钮。

（2）选取要倒圆的对象。在系统的提示下，选取图 3.8a 所示的模型边线为倒圆的对象。

（3）定义倒圆参数。在"倒圆角"小工具条的"半径 R"文本框中输入 6。

（4）单击"圆角"对话框中的 **确定** 按钮，完成圆角特征的定义。

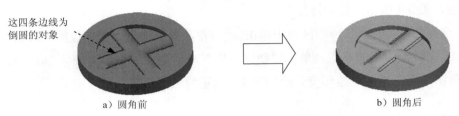

这四条边线为
倒圆的对象

a）圆角前　　　　　　　　　　　　　　　　b）圆角后

图 3.8　倒圆角 1

Step 6　创建图 3.9b 所示的倒圆角特征 2。选取图 3.9a 所示的边线为倒圆角的边线，输入倒圆角半径值 15.0。

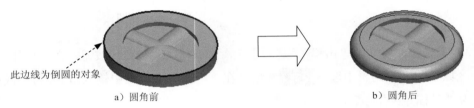

此边线为倒圆的对象

a）圆角前　　　　　　　　　　　　　　　　b）圆角后

图 3.9　倒圆角 2

Step 7　创建图 3.10 所示的工作平面 1。

（1）选择命令。在 **定位特征** 区域中单击"平面"按钮 下的 **平面** 按钮，选择 **从平面偏移** 命令。

（2）定义参考平面，在图形区选取 YZ 平面作为参考平面。

（3）定义偏移距离与方向，在"基准面"小工具条的文本框中输入要偏距的距离为 15，偏移方向为 X 轴正方向。

（4）单击 按钮，完成工作平面 1 的创建。

Step 8　创建图 3.11 所示的旋转特征 2。

（1）选择命令。在 **创建** 区域中单击 按钮，系统弹出"创建旋转"对话框。

（2）定义特征的截面草图。单击"创建旋转"对话框中的 **创建二维草图** 按钮，选取工作平面 1 为草图平面，进入草绘环境，绘制图 3.12 所示的截面草图。

图 3.10　工作平面 1

图 3.11　旋转 2

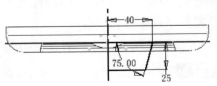
图 3.12　截面草图

（3）定义旋转属性。单击 草图 选项卡 返回到三维 区域中的 按钮，在 范围 区域的下拉列表中选中 全部 选项。

（4）单击"旋转"对话框中的 确定 按钮，完成旋转特征 2 的创建。

Step 9 创建图 3.13 所示的拉伸特征 3。

（1）选择命令。在 创建 ▼ 区域中单击 按钮，系统弹出"创建拉伸"对话框。

（2）定义特征的截面草图。单击"创建拉伸"对话框中的 创建二维草图 按钮，选取 XZ 平面作为草图平面，进入草绘环境。绘制图 3.14 所示的截面草图。

图 3.13　拉伸 3

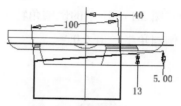

图 3.14　截面草图

（3）定义拉伸属性。单击 草图 选项卡 返回到三维 区域中的 按钮，然后将布尔运算设置为"求差"类型 ，在"拉伸"对话框 范围 区域中的下拉列表中选择 贯通 选项，并将拉伸方向设置为"对称"类型 。

（4）单击"拉伸"对话框中的 确定 按钮，完成拉伸特征 3 的创建。

Step 10 创建图 3.15b 所示的抽壳特征 1。

（1）选择命令。在 修改 ▼ 区域中单击 抽壳 按钮。

（2）定义薄壁厚度。在"抽壳"对话框的 厚度 文本框中输入薄壁厚度值为 3。

（3）选择要移除的面。在系统 选择要去除的表面 的提示下，选择图 3.15a 所示的模型表面为要移除的面。

要移除的面

a）抽壳前　　　　　　　b）抽壳后

图 3.15　抽壳 1

（4）单击"抽壳"对话框中的 确定 按钮，完成抽壳特征的创建。

Step 11 创建图 3.16 所示的倒圆特征 3。

（1）选择命令。在 修改 ▼ 区域中单击 按钮。

（2）选取要倒圆的对象。在系统的提示下，选取图 3.16a 所示的模型边线为倒圆的对象。

这两条边线为
倒圆的对象　　　a）圆角前　　　　　　　　　　　　　　　　b）圆角后

图 3.16　倒圆角 3

（3）定义倒圆参数。在"倒圆角"小工具条的"半径 R"文本框中输入 1。

（4）单击"圆角"对话框中的 ▢ 确定 按钮，完成圆角特征的定义。

Step 12　创建图 3.17b 所示的倒圆角特征 4。选取图 3.17a 所示的边线为倒圆角的边线，输入倒圆角半径值 6.0。

此边线为倒圆的对象　　　a）圆角前　　　　　　　　　　　　　　b）圆角后

图 3.17　倒圆角 4

Step 13　创建图 3.18 所示的拉伸特征 4。

（1）选择命令。在 创建 ▾ 区域中单击 ▢ 按钮，系统弹出"创建拉伸"对话框。

（2）定义特征的截面草图。单击"创建拉伸"对话框中的 创建二维草图 按钮，选取 XY 平面作为草图平面，进入草绘环境。绘制图 3.19 所示的截面草图。

图 3.18　拉伸 4

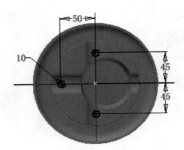

图 3.19　截面草图

（3）定义拉伸属性。单击 草图 选项卡 返回到三维 区域中的 ▢ 按钮，然后将布尔运算设置为"求差"类型 ▣，在"拉伸"对话框 范围 区域中的下拉列表中选择 贯通 选项，将拉伸方向设置为"方向 2"类型 ▣。

（4）单击"拉伸"对话框中的 ▢ 确定 按钮，完成拉伸特征 4 的创建。

Step 14　创建图 3.20 所示的拉伸特征 5。

（1）选择命令。在 创建 ▼ 区域中单击 █ 按钮，系统弹出"创建拉伸"对话框。

（2）定义特征的截面草图。单击"创建拉伸"对话框中的 创建二维草图 按钮，选取 XY 平面作为草图平面，进入草绘环境。绘制图 3.21 所示的截面草图。

图 3.20　拉伸 5

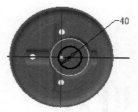

图 3.21　截面草图

（3）定义拉伸属性。单击 草图 选项卡 返回到三维 区域中的 █ 按钮，然后将布尔运算设置为"求差"类型 █，在"拉伸"对话框 范围 区域中的下拉列表中选择 贯通 选项，将拉伸方向设置为"方向 2"类型 █。

（4）单击"拉伸"对话框中的 确定 按钮，完成拉伸特征 5 的创建。

Step 15　保存零件模型文件，命名为 INSTANCE_PART_COVER。

4

塑料叶轮

 实例概述

　　本实例主要运用了如下特征命令：旋转、放样和阵列等，零件模型及模型树如图 4.1 所示。

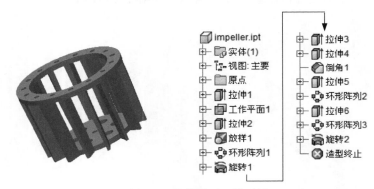

图 4.1　零件模型及模型树

　　说明：本例前面的详细操作过程请参见随书光盘中 video\ch04\reference\文件下的语音视频讲解文件 impeller-r01.avi。

Step 1 　打开文件 D:\inv13.3\work\ch04\ impeller_ex.ipt。

Step 2 　创建图 4.2 所示的草图 1。在 三维模型 选项卡 草图 区域中单击 按钮，选取图 4.2 所示的模型表面作为草图平面，绘制图 4.3 所示的草图。

Step 3 　创建图 4.4 所示的草图 2。在 三维模型 选项卡 草图 区域中单击 按钮，选取图 4.4 所示的模型表面作为草图平面，绘制图 4.5 所示的草图。

Step 4 　创建图 4.6 所示的放样 1。在 创建 ▼ 区域中单击 放样 按钮，依次选取 Step2 与 Step3 创建的草图 1 与草图 2，单击"放样"对话框中的 确定 按钮，完成特征的创建。

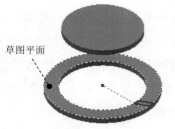

图 4.2　草图 1（建模环境）

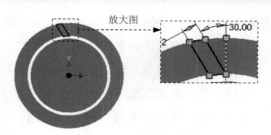

图 4.3　草图 1（草图环境）

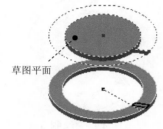

图 4.4　草图 2（建模环境）

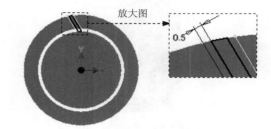

图 4.5　草图 2（草图环境）

Step 5　创建图 4.7 所示的环形阵列 1。在 阵列 区域中单击 ✥ 按钮，选取"放样 1"为要阵列的特征，选取"Y 轴"为环形阵列轴，阵列个数为 15，阵列角度为 360°，单击 确定 按钮，完成环形阵列的创建。

图 4.6　放样 1

a）阵列前　　　　　　　　　图 4.7　阵列 1　　　　　　　b）阵列后

Step 6　创建图 4.8 所示的旋转特征 1。在 创建 ▾ 区域中选择 ⬭ 命令，选取 XY 平面为草图平面，绘制图 4.9 所示的截面草图；在"旋转"对话框中将布尔运算设置为"求差"类型 ⬛，在 范围 区域的下拉列表中选中 全部 选项；单击"旋转"对话框中的 确定 按钮，完成旋转特征 1 的创建。

图 4.8　旋转特征 1

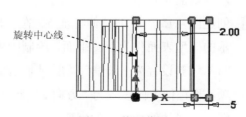

图 4.9　截面草图

Step 7 创建图 4.10 所示的拉伸特征 3。在 创建 ▾ 区域中单击 按钮，选取图 4.10 所示的模型表面作为草图平面，绘制图 4.11 所示的截面草图，在"拉伸"对话框将布尔运算设置为"求和"类型 ，然后在 范围 区域中的下拉列表中选择 距离 选项，在"距离"文本框中输入 4.5，将拉伸方向设置为"方向 1"类型 。单击"拉伸"对话框中的 确定 按钮，完成拉伸特征 3 的创建。

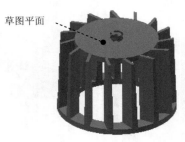

草图平面

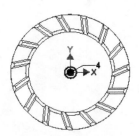

图 4.10 拉伸特征 3   图 4.11 绘制直线

Step 8 创建图 4.12 所示的拉伸特征 4。在 创建 ▾ 区域中单击 按钮，选取图 4.12 所示的模型表面作为草图平面，绘制图 4.13 所示的截面草图，在"拉伸"对话框将布尔运算设置为"求差"类型 ，然后在 范围 区域中的下拉列表中选择 贯通 选项，将拉伸方向设置为"方向 2"类型 。单击"拉伸"对话框中的 确定 按钮，完成拉伸特征 4 的创建。

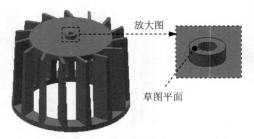

放大图

草图平面

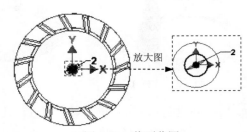

放大图

图 4.12 拉伸特征 4   图 4.13 截面草图

Step 9 创建图 4.14a 所示的倒角特征 1。选取图 4.14b 所示的模型边线为倒角的对象，输入倒角值 0.5。

Step 10 创建图 4.15 所示的拉伸特征 5。在 创建 ▾ 区域中单击 按钮，选取图 4.15 所示的模型表面作为草图平面，绘制图 4.16 所示的截面草图，在"拉伸"对话框将布尔运算设置为"求差"类型 ，然后在 范围 区域中的下拉列表中选择 贯通 选项，将拉伸方向设置为"方向 2"类型 。单击"拉伸"对话框中的 确定 按钮，完成拉伸特征 5 的创建。

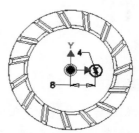

a）倒角前

图 4.14　倒角 1

b）倒角后

图 4.15　拉伸特征 5

图 4.16　截面草图

Step 11 创建图 4.17 所示的环形阵列 2。在 阵列 区域中单击 ➕ 按钮，选取"拉伸 5"为要阵列的特征，选取"Y 轴"为环形阵列轴，阵列个数为 6，阵列角度为 360°，单击 确定 按钮，完成环形阵列的创建。

a）阵列前

b）阵列后

图 4.17　环形阵列 2

Step 12 后面的详细操作过程请参见随书光盘中 video\ch04\reference\文件下的语音视频讲解文件 impeller-r02.avi。

5

操纵杆

 实例概述

　　该实例的创建方法是一种典型的"搭积木"式的方法，大部分命令也都是一些基本命令（如拉伸、镜像、旋转、阵列、孔、倒圆角等），但要提醒读者注意其中"筋"特征创建的方法和技巧。

Step 1 　新建零件模型（图 5.1），进入建模环境。

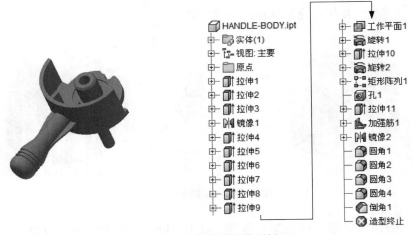

图 5.1　零件模型及模型树

Step 2 　创建图 5.2 所示的拉伸特征 1。

　　（1）选择命令。在 `创建 ▼` 区域中单击 按钮，系统弹出"创建拉伸"对话框。

　　（2）定义特征的截面草图。单击"创建拉伸"对话框中的 `创建二维草图` 按钮，选取 XZ 平面作为草图平面，进入草绘环境。绘制图 5.3 所示的截面草图。

　　（3）定义拉伸属性。单击 `草图` 选项卡 `返回到三维` 区域中的 按钮，在"拉伸"对话

框 范围 区域中的下拉列表中选择 距离 选项，在"距离"文本框中输入 2，将拉伸类型设置为"方向 1"类型 。

图 5.2　拉伸特征 1

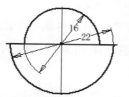

图 5.3　截面草图

（4）单击"拉伸"对话框中的 确定 按钮，完成拉伸特征 1 的创建。

Step 3　创建图 5.4 所示的拉伸特征 2。

（1）选择命令。在 创建 ▾ 区域中单击 按钮，系统弹出"创建拉伸"对话框。

（2）定义特征的截面草图。单击"创建拉伸"对话框中的 创建二维草图 按钮，选取图 5.5 所示的模型表面作为草图平面，进入草绘环境。绘制图 5.6 所示的截面草图。

图 5.4　拉伸特征 2

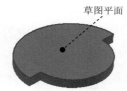

图 5.5　定义草图平面

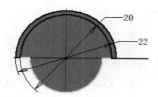

图 5.6　截面草图

（3）定义拉伸属性。单击 草图 选项卡 返回到三维 区域中的 按钮，在"拉伸"对话框 范围 区域中的下拉列表中选择 距离 选项，在"距离"文本框中输入 10，将拉伸类型设置为"方向 1"类型 。

（4）单击"拉伸"对话框中的 确定 按钮，完成拉伸特征 2 的创建。

Step 4　创建图 5.7 所示的拉伸特征 3。

（1）选择命令。在 创建 ▾ 区域中单击 按钮，系统弹出"创建拉伸"对话框。

（2）定义特征的截面草图。单击"创建拉伸"对话框中的 创建二维草图 按钮，选取图 5.8 所示的模型表面作为草图平面，进入草绘环境。绘制图 5.9 所示的截面草图。

图 5.7　拉伸特征 3

图 5.8　定义草图平面

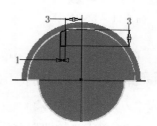

图 5.9　截面草图

（3）定义拉伸属性。单击 草图 选项卡 返回到三维 区域中的 按钮，在"拉伸"对话框 范围 区域中的下拉列表中选择 距离 选项，在"距离"文本框中输入 8，将拉伸类型设置为"方向 1"类型 。

（4）单击"拉伸"对话框中的 确定 按钮，完成拉伸特征 3 的创建。

Step 5 创建图 5.10 所示的镜像 1。

a）镜像前   b）镜像后

图 5.10 镜像 1

（1）选择命令。在 阵列 区域中单击"镜像"按钮 。

（2）选取要镜像的特征。在图形区中选取要镜像复制的拉伸特征 3（或在浏览器中选择"拉伸 3"特征）。

（3）定义镜像中心平面。单击"镜像"对话框中的 镜像平面 按钮，然后选取 YZ 平面作为镜像中心平面。

（4）单击"镜像"对话框中的 确定 按钮，完成镜像操作。

Step 6 创建图 5.11 所示的拉伸特征 4。

（1）选择命令。在 创建 ▼ 区域中单击 按钮，系统弹出"创建拉伸"对话框。

（2）定义特征的截面草图。单击"创建拉伸"对话框中的 创建二维草图 按钮，选取图 5.12 所示的模型表面作为草图平面，进入草绘环境。绘制图 5.13 所示的截面草图。

   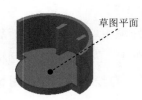   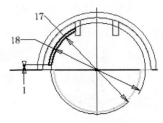

图 5.11 拉伸特征 4   图 5.12 定义草图平面   图 5.13 截面草图

（3）定义拉伸属性。单击 草图 选项卡 返回到三维 区域中的 按钮，在"拉伸"对话框 范围 区域中的下拉列表中选择 距离 选项，在"距离"文本框中输入 1，将拉伸类型设置为"方向 1"类型 。

（4）单击"拉伸"对话框中的 确定 按钮，完成拉伸特征 4 的创建。

Step 7 创建图 5.14 所示的拉伸特征 5。

（1）选择命令。在 创建 ▾ 区域中单击 按钮，系统弹出"创建拉伸"对话框。

（2）定义特征的截面草图。单击"创建拉伸"对话框中的 创建二维草图 按钮，选取 XZ 平面作为草图平面，进入草绘环境。绘制图 5.15 所示的截面草图。

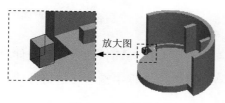

图 5.14 拉伸特征 5

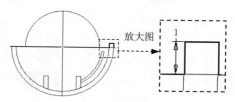

图 5.15 截面草图

（3）定义拉伸属性。单击 草图 选项卡 返回到三维 区域中的 按钮，在"拉伸"对话框 范围 区域中的下拉列表中选择 距离 选项，在"距离"文本框中输入 1.5，将拉伸类型设置为"方向 1"类型 。

（4）单击"拉伸"对话框中的 确定 按钮，完成拉伸特征 5 的创建。

Step 8 创建图 5.16 所示的拉伸特征 6。

（1）选择命令。在 创建 ▾ 区域中单击 按钮，系统弹出"创建拉伸"对话框。

（2）定义特征的截面草图。单击"创建拉伸"对话框中的 创建二维草图 按钮，选取图 5.17 所示的模型表面作为草图平面，进入草绘环境。绘制图 5.18 所示的截面草图。

图 5.16 拉伸特征 6

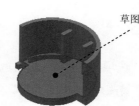

图 5.17 定义草图平面

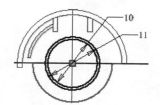

图 5.18 截面草图

（3）定义拉伸属性。单击 草图 选项卡 返回到三维 区域中的 按钮，在"拉伸"对话框 范围 区域中的下拉列表中选择 距离 选项，在"距离"文本框中输入 0.5，将拉伸类型设置为"方向 1"类型 。

（4）单击"拉伸"对话框中的 确定 按钮，完成拉伸特征 5 的创建。

Step 9 创建图 5.19 所示的拉伸特征 7。

（1）选择命令。在 创建 ▾ 区域中单击 按钮，系统弹出"创建拉伸"对话框。

（2）定义特征的截面草图。单击"创建拉伸"对话框中的 创建二维草图 按钮，选取图 5.20 所示的模型表面作为草图平面，进入草绘环境。绘制图 5.21 所示的截面草图。

图 5.19　拉伸特征 7

图 5.20　定义草图平面

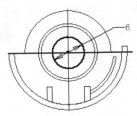

图 5.21　截面草图

（3）定义拉伸属性。单击 草图 选项卡 返回到三维 区域中的 按钮，在"拉伸"对话框 范围 区域中的下拉列表中选择 距离 选项，在"距离"文本框中输入 9，将拉伸类型设置为"方向 1"类型 。

（4）单击"拉伸"对话框中的 确定 按钮，完成拉伸特征 7 的创建。

Step 10　创建图 5.22 所示的拉伸特征 8。

（1）选择命令。在 创建 ▼ 区域中单击 按钮，系统弹出"创建拉伸"对话框。

（2）定义特征的截面草图。单击"创建拉伸"对话框中的 创建二维草图 按钮，选取图 5.23 所示的模型表面作为草图平面，进入草绘环境。绘制图 5.24 所示的截面草图。

图 5.22　拉伸特征 8

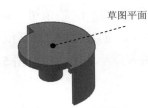

图 5.23　定义草图平面

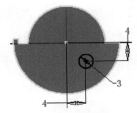

图 5.24　截面草图

（3）定义拉伸属性。单击 草图 选项卡 返回到三维 区域中的 按钮，在"拉伸"对话框 范围 区域中的下拉列表中选择 距离 选项，在"距离"文本框中输入 5，将拉伸类型设置为"方向 1"类型 。

（4）单击"拉伸"对话框中的 确定 按钮，完成拉伸特征 8 的创建。

Step 11　创建图 5.25 所示的拉伸特征 9。

（1）选择命令。在 创建 ▼ 区域中单击 按钮，系统弹出"创建拉伸"对话框。

（2）定义特征的截面草图。单击"创建拉伸"对话框中的 创建二维草图 按钮，选取图 5.26 所示的模型表面作为草图平面，进入草绘环境。绘制图 5.27 所示的截面草图。

（3）定义拉伸属性。单击 草图 选项卡 返回到三维 区域中的 按钮，在"拉伸"对话框 范围 区域中的下拉列表中选择 距离 选项，在"距离"文本框中输入 12，将拉伸类型设置为"方向 1"类型 。

（4）单击"拉伸"对话框中的 确定 按钮，完成拉伸特征 9 的创建。

图 5.25　拉伸特征 9

图 5.26　定义草图平面

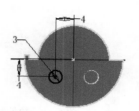
图 5.27　截面草图

Step 12　创建图 5.28 所示的工作平面 1。

（1）选择命令。在 定位特征 区域中单击"平面"按钮 下的 平面 按钮，选择 从平面偏移 命令。

（2）定义参考平面，在图形区选取 XZ 平面作为参考平面。

（3）定义偏移距离与方向，在"基准面"小工具条的文本框中输入要偏距的距离为 5。偏移方向为 Y 轴正方向。

（4）单击 ✓ 按钮，完成工作平面 1 的创建。

Step 13　创建图 5.29 所示的旋转特征 1。

（1）选择命令。在 创建 ▾ 区域中单击 按钮，系统弹出"创建旋转"对话框。

（2）定义特征的截面草图。单击"创建旋转"对话框中的 创建二维草图 按钮，选取工作平面 1 平面为草图平面，进入草绘环境，绘制图 5.30 所示的截面草图。

图 5.28　工作平面 1

图 5.29　旋转 1

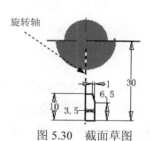
图 5.30　截面草图

（3）定义旋转属性。单击 草图 选项卡 返回到三维 区域中的 按钮，在 范围 区域的下拉列表中选中 全部 选项。

（4）单击"旋转"对话框中的 确定 按钮，完成旋转特征 1 的创建。

Step 14　创建图 5.31 所示的拉伸特征 10。

（1）选择命令。在 创建 ▾ 区域中单击 按钮，系统弹出"创建拉伸"对话框。

（2）定义特征的截面草图。单击"创建拉伸"对话框中的 创建二维草图 按钮，选取图 5.32 所示的平面为草图平面，进入草绘环境。绘制图 5.33 所示的截面草图。

（3）定义拉伸属性。单击 草图 选项卡 返回到三维 区域中的 按钮，在"拉伸"对话框 范围 区域中的下拉列表中选择 到 选项，选择图 5.34 所示的模型表面。

图 5.31　拉伸特征 10

草图平面

图 5.32　定义草图平面

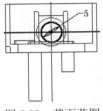

5

图 5.33　截面草图

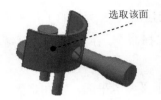

选取该面

图 5.34　选取拉伸终止面

（4）单击"拉伸"对话框中的 确定 按钮，完成拉伸特征 10 的创建。

Step 15 　创建图 5.35 所示的旋转特征 2。

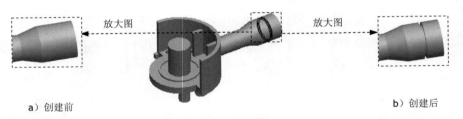

放大图　　　放大图

a）创建前　　　　　　　　　　　　　　　　　　　　b）创建后

图 5.35　旋转特征 2

（1）选择命令。在 创建 ▾ 区域中单击 按钮，系统弹出"创建旋转"对话框。

（2）定义特征的截面草图。单击"创建旋转"对话框中的 创建二维草图 按钮，选取工作平面 1 为草图平面，进入草绘环境，绘制图 5.36 所示的截面草图。

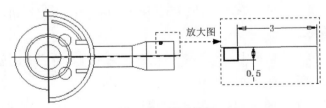

放大图

3

0.5

图 5.36　截面草图

（3）定义旋转属性。单击 草图 选项卡 返回到三维 区域中的 按钮，在"旋转"对话框中将布尔运算设置为"求差"类型 ，在 范围 区域的下拉列表中选中 全部 选项。

（4）单击"旋转"对话框中的 确定 按钮，完成旋转特征 2 的创建。

Step 16 创建图 5.37 所示的矩形阵列 1。

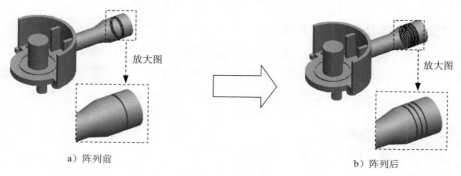

a）阵列前   b）阵列后

图 5.37　创建阵列

（1）选择命令。在 阵列 区域中单击 按钮。

（2）选择要阵列的特征。在图形区中选取旋转特征 2（或在浏览器中选择"旋转 2"特征）。

（3）定义阵列参数。

① 定义阵方向。在"矩形阵列"对话框中单击 方向1 区域中的 按钮，然后在浏览器中选取"Z 轴"为矩形阵列方向。

② 定义阵列实例数。在 方向1 区域的 按钮后的文本框中输入数值 3。

③ 定义阵列间距。在 方向1 区域的 按钮后的文本框中输入数值 1。

（4）单击 确定 按钮，完成矩形阵列的创建。

Step 17 创建图 5.38 所示的孔 1。

（1）选择命令。在 修改 区域中单击"孔"按钮 。

（2）定义孔的放置方式及参考。在"孔"对话框 放置 区域的下拉列表中选择 同心 选项，然后依次选取图 5.39 所示的面及 5.40 所示的边为放置的参考。

放置面

选取此边

图 5.38　孔 1　　　　图 5.39　定义孔的放置面　　　　图 5.40　定义孔的放置参考

（3）定义孔的样式及类型。在"孔"对话框中确认"直孔" 与"简单孔" 被选中。

（4）定义孔的参数。在"孔"对话框 终止方式 区域的下拉列表中选择 距离 选项；在"孔"

Chapter 5

对话框孔预览图像区域输入孔的直径为 3，深度为 6。

（5）单击"孔"对话框中的 确定 按钮，完成孔的创建。

Step 18 创建图 5.41 所示的拉伸特征 11。

（1）选择命令。在 创建▼ 区域中单击 按钮，系统弹出"创建拉伸"对话框。

（2）定义特征的截面草图。单击"创建拉伸"对话框中的 创建二维草图 按钮，选取 XZ 平面作为草图平面，进入草绘环境。绘制图 5.42 所示的截面草图，单击 按钮。

图 5.41　拉伸特征 11

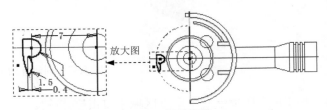

图 5.42　截面草图

（3）定义拉伸属性。再次单击 创建▼ 区域中单击 按钮，然后选取图 5.42 所示的圆形区域为截面轮廓，然后将布尔运算设置为"求差"类型 ，在 范围 区域中的下拉列表中选择 贯通 选项，将拉伸方向设置为"方向 1"类型 。

（4）单击"拉伸"对话框中的 确定 按钮，完成拉伸特征 3 的创建。

Step 19 创建草图 1。

（1）在 三维模型 选项卡 草图 区域中单击 按钮，然后选择工作平面 1 作为草图平面，系统进入草图设计环境。

（2）绘制图 5.43 所示的草图，单击 按钮，退出草绘环境。

Step 20 创建图 5.44 所示的加强筋 1。

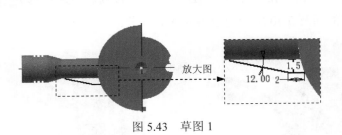

图 5.43　草图 1

图 5.44　加强筋 1

（1）选择命令。在 创建▼ 区域中单击 加强筋 按钮。

（2）指定加强筋轮廓。在图形区选取 Step19 中创建的截面草图。

（3）指定加强筋的类型。在"加强筋"对话框中单击"平行于草图平面" 按钮。

（4）定义加强筋特征的参数。

① 定义加强筋的拉伸方向。在"加强筋"对话框中，将结合图元的拉伸方向设置为

"方向 2"类型 ▨。

② 定义加强筋的厚度。在 厚度 文本框中输入 0.6，将加强筋的生成方向设置为"双向"
▨，其余参数接受系统默认设置。

（5）单击"加强筋"对话框中的 确定 按钮，完成加强筋特征的创建。

Step 21 创建图 5.45 所示的镜像 2。

图 5.45 镜像 2

（1）选择命令。在 阵列 区域中单击"镜像"按钮 ▨。

（2）选取要镜像的特征。在图形区中选取要镜像复制的加强筋特征（或在浏览器中
选择"加强筋 1"特征）。

（3）定义镜像中心平面。单击"镜像"对话框中的 ▨ 镜像平面 按钮，然后选取 YZ 平
面作为镜像中心平面。

（4）单击"镜像"对话框中的 确定 按钮，完成镜像操作。

Step 22 后面的详细操作过程请参见随书光盘中 video\ch05\reference\文件下的语音视频
讲解文件 HANDLE-BODY-r01.avi。

6

挖掘手

实例概述

本实例主要运用了拉伸、倒圆角、抽壳、阵列和镜像等特征命令，其中主体造型是通过实体倒了一个大圆角后抽壳而成，构思很巧妙。零件模型及模型树如图 6.1 所示。

图 6.1　模型及模型树

说明：本例前面的详细操作过程请参见随书光盘中 video\ch06\reference\文件下的语音视频讲解文件 DIG_HAND-r01.avi。

Step 1　打开文件 D:\inv13.3\work\ch06\DIG_HAND_ex.ipt。

Step 2　创建图 6.2b 所示的倒圆特征 1。

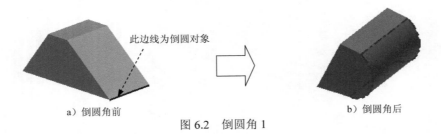

此边线为倒圆对象

a）倒圆角前　　　　　　　　　　　　b）倒圆角后

图 6.2　倒圆角 1

（1）选择命令。在 修改 ▼ 区域中单击 按钮。

（2）选取要倒圆的对象。在系统的提示下，选取图 6.2a 所示的模型边线为倒圆的对象。

（3）定义倒圆参数。在"倒圆角"小工具条的"半径 R"文本框中输入 170。

（4）单击"圆角"对话框中的 确定 按钮，完成圆角特征的定义。

Step 3　创建图 6.3b 所示的抽壳特征 1。

（1）选择命令。在 修改 ▼ 区域中单击 抽壳 按钮。

（2）定义薄壁厚度。在"抽壳"对话框 厚度 文本框中输入薄壁厚度值为 20。

（3）选择要移除的面。在系统 选择要去除的表面 的提示下，选择图 6.3a 所示的模型表面为要移除的面。

（4）单击"抽壳"对话框中的 确定 按钮，完成抽壳特征的创建。

Step 4　创建图 6.4 所示的拉伸特征 2。

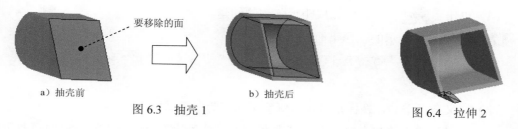

要移除的面

a）抽壳前　　　　　　　　　b）抽壳后

图 6.3　抽壳 1　　　　　　　　　　　　　　　图 6.4　拉伸 2

（1）选择命令。在 创建 ▼ 区域中单击 按钮，系统弹出"创建拉伸"对话框。

（2）定义特征的截面草图。单击"创建拉伸"对话框中的 创建二维草图 按钮，选取图 6.5 所示的模型表面为草图平面，进入草绘环境。绘制图 6.6 所示的截面草图。

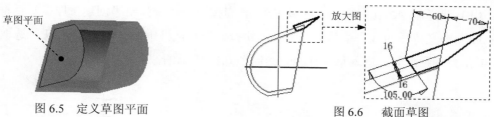

草图平面

放大图

60　70

16

16

105.00

图 6.5　定义草图平面　　　　　　　　　　　　图 6.6　截面草图

（3）定义拉伸属性。单击 草图 选项卡 返回到三维 区域中的 按钮，在"拉伸"对话框 范围 区域中的下拉列表中选择 距离 选项，在"距离"文本框中输入 40.0，并将拉伸方向设置为"方向 1"类型 。

（4）单击"拉伸"对话框中的 确定 按钮，完成拉伸特征 2 的创建。

Step 5　创建图 6.7 所示的矩形阵列 1。

（1）选择命令。在 阵列 区域中单击 按钮。

Chapter 6

（2）选择要阵列的特征。在图形区中选取拉伸特征 2（或在浏览器中选择"拉伸 2"特征）。

（3）定义阵列参数。

① 定义阵方向。在"矩形阵列"对话框中单击 ⮕ 按钮，然后选取图 6.8 所示的边线为矩形阵列方向。

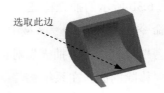

选取此边

图 6.7　阵列特征 1　　　　　　　　　　图 6.8　定义方向参考

② 定义阵列实例数。在 方向1 区域的 ••• 按钮后的文本框中输入数值 5。

③ 定义阵列角度。在 方向1 区域的 ◇ 按钮后的文本框中输入数值-80。

（4）单击 确定 按钮，完成矩形阵列的创建。

Step 6　创建图 6.9 所示的工作平面 1。

（1）选择命令。在 定位特征 区域中单击"平面"按钮 ⬚ 下的 平面 按钮，选择 ▯▯从平面偏移 命令。

（2）定义参考平面，在图形区选取 XY 平面作为参考平面。

（3）定义偏移距离与方向，在"基准面"小工具条的下拉列表中输入要偏距的距离为 192，偏移方向参考图 6.9。

（4）单击 ✔ 按钮完成工作平面 1 的创建。

Step 7　创建图 6.10 所示的拉伸特征 3。

（1）选择命令。在 创建 ▾ 区域中单击 ▯ 按钮，系统弹出"创建拉伸"对话框。

（2）定义特征的截面草图。单击"创建拉伸"对话框中的 创建二维草图 按钮，选取工作平面 1 作为草图平面，进入草绘环境。绘制图 6.11 所示的截面草图。

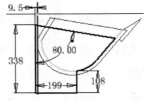

图 6.9　工作平面 1　　　　　图 6.10　拉伸 3　　　　　图 6.11　截面草图

（3）定义拉伸属性。单击 草图 选项卡 返回到三维 区域中的 ▯ 按钮，然后将布尔运算设置为"求差"类型 ⊟，在 范围 区域中的下拉列表中选择 贯通 选项，将拉伸方向设置为

"方向1"类型 。

（4）单击"拉伸"对话框中的 确定 按钮，完成拉伸特征 3 的创建。

Step 8 创建图 6.12 所示的镜像 1。

a）镜像前　　　　　　　　　b）镜像后

图 6.12　镜像 1

（1）选择命令。在 阵列 区域中单击"镜像"按钮 。

（2）选取要镜像的特征。在图形区中选取要镜像复制的拉伸特征 3（或在浏览器中选择"拉伸 3"特征）。

（3）定义镜像中心平面。单击"镜像"对话框中的 镜像平面 按钮，然后选取 XY 平面作为镜像中心平面。

（4）单击"镜像"对话框中的 确定 按钮，完成镜像操作。

Step 9　创建图 6.13 所示的拉伸特征 4。

（1）选择命令。在 创建 区域中单击 按钮，系统弹出"创建拉伸"对话框。

（2）定义特征的截面草图。单击"创建拉伸"对话框中的 创建二维草图 按钮，选取 XY 平面作为草图平面，进入草绘环境。绘制图 6.14 所示的截面草图。

图 6.13　拉伸 4

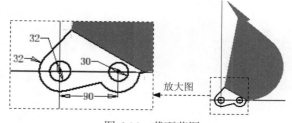

图 6.14　截面草图

（3）定义拉伸属性。单击 草图 选项卡 返回到三维 区域中的 按钮，在"拉伸"对话框 范围 区域中的下拉列表中选择 距离 选项，在"距离"文本框中输入 180，并将拉伸方向设置为"对称"类型 。

（4）单击"拉伸"对话框中的 确定 按钮，完成拉伸特征 4 的创建。

Step 10　创建图 6.15 所示的拉伸特征 5。

（1）选择命令。在 创建 区域中单击 按钮，系统弹出"创建拉伸"对话框。

（2）定义特征的截面草图。单击"创建拉伸"对话框中的 创建二维草图 按钮，选取图

6.16 所示的模型表面作为草图平面，进入草绘环境。绘制图 6.17 所示的截面草图，单击 ✓ 按钮。

图 6.15　拉伸 5

图 6.16　定义草图平面

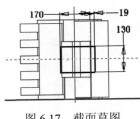

图 6.17　截面草图

（3）定义拉伸属性。再次单击 创建 ▾ 区域中的 按钮，然后将布尔运算设置为"求差"类型，在 范围 区域中的下拉列表中选择 贯通 选项，将拉伸方向设置为"方向 1"类型。

（4）单击"拉伸"对话框中的 确定 按钮，完成拉伸特征 5 的创建。

Step 11　保存零件模型文件，命名为 DIG_HAND。

7

淋浴喷头盖

 实例概述

　　本实例涉及部分零件特征，同时用到了初步的曲面命令，是做得比较巧妙的一个淋浴
头盖，其中旋转曲面与加厚特征都是首次出现。零件模型及模型树如图 7.1 所示。

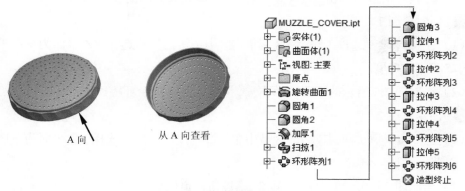

图 7.1　零件模型和模型树

　　说明：本例前面的详细操作过程请参见随书光盘中 video\ch07\reference\文件下的语音
视频讲解文件 MUZZLE_COVER-r01.avi。

Step 1　打开文件 D:\inv13.3\work\ch07\MUZZLE_COVER_ex.ipt。

Step 2　创建图 7.2b 所示的倒圆特征 1。选取图 7.2a 所示的模型边线为倒圆的对象，输入
　　　　倒圆角半径值 0.5。

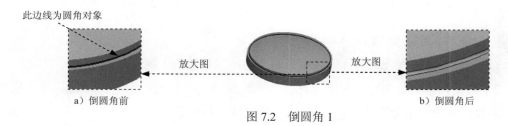

图 7.2　倒圆角 1

Step **3** 创建倒圆特征 2。选取图 7.3 所示的模型边线为倒圆对象，输入倒圆角半径值 1。
Step **4** 创建图 7.4 所示曲面的加厚。

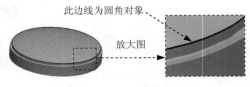

图 7.3 倒圆角 2   图 7.4 加厚 1

（1）选择命令。在 曲面 ▼ 区域中单击"加厚/偏移"按钮 。

（2）定义加厚曲面。在"加厚/偏移"对话框中选中 ⊙ 缝合曲面 单选项，然后选取整个旋转曲面为加厚曲面。

（3）定义厚度。在"加厚/偏移"对话框 距离 区域的文本框中输入数值 1.2。

（4）定义加厚方向。在"加厚/偏移"对话框将加厚方向设置为"方向 1"类型 。

（5）在该对话框中单击 确定 按钮，完成开放曲面的加厚。

Step **5** 创建草图 1。

（1）在 三维模型 选项卡 草图 区域单击 按钮，然后选择 YZ 平面为草图平面，系统进入草图设计环境。

（2）绘制图 7.5 所示的草图，单击 ✔ 按钮，退出草绘环境。

Step **6** 创建草图 2。

（1）在 三维模型 选项卡 草图 区域中单击 按钮，然后选择 XZ 平面为草图平面，系统进入草图设计环境。

（2）绘制图 7.6 所示的草图，单击 ✔ 按钮，退出草绘环境。

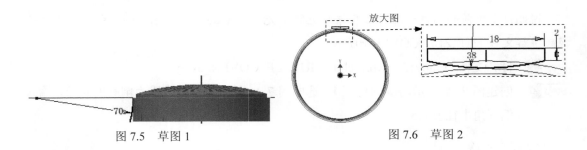

图 7.5 草图 1   图 7.6 草图 2

Step **7** 创建图 7.7 所示的扫掠 1。

（1）选择命令。在 创建 ▼ 区域中单击"扫掠"按钮 扫掠。

（2）定义扫掠类型。在"扫掠"对话框 类型 区域的下拉列表中选择 路径 选项，然后将布尔运算设置为"求差"类型 ，其他参数接受系统默认。

7
Chapter

（3）单击"扫掠"对话框中的 [确定] 按钮，完成扫掠特征的创建。

Step 8 创建图 7.8 所示的环形阵列 1。

创建此扫描切削特征

图 7.7   扫掠 1

a）阵列前

b）阵列后

图 7.8   环形阵列 1

（1）选择命令。在 [阵列] 区域中单击 ✛ 按钮。

（2）选择要阵列的特征。在图形区中选取扫掠特征（或在浏览器中选择"扫掠 1"特征）。

（3）定义阵列参数。

① 定义阵列轴。在"环形阵列"对话框中单击 ↖ 按钮，然后在浏览器中选取"Y 轴"为环形阵列轴。

② 定义阵列实例数。在 [放置] 区域的 ⁛ 按钮后的文本框中输入数值 20。

③ 定义阵列角度。在 [放置] 区域的 ◇ 按钮后的文本框中输入数值 360.0。

（4）单击 [确定] 按钮，完成环形阵列的创建。

Step 9 创建倒圆特征 3。选取图 7.9 所示的模型边线为倒圆对象，输入倒圆角半径值 0.2。

Step 10 创建图 7.10 所示的拉伸特征 1。

此边线为圆角对象

图 7.9   倒圆角 3

放大图

图 7.10   拉伸 1

（1）选择命令。在 [创建 ▾] 区域中单击 ▢ 按钮，系统弹出"创建拉伸"对话框。

（2）定义特征的截面草图。单击"创建拉伸"对话框中的 [创建二维草图] 按钮，选取 XZ 平面作为草图平面，进入草绘环境。绘制图 7.11 所示的截面草图，单击 ✔ 按钮。

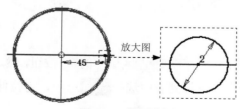

放大图

图 7.11   截面草图

（3）定义拉伸属性。再次单击 创建 ▼ 区域中单击 按钮，然后将布尔运算设置为"求差"类型 ，在 范围 区域中的下拉列表中选择 贯通 选项，将拉伸方向设置为"方向 1"类型 。

（4）单击"拉伸"对话框中的 确定 按钮，完成拉伸特征 1 的创建。

Step 11　创建图 7.12 所示的环形阵列 2。

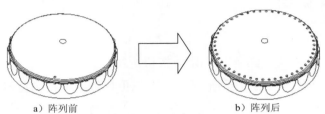

a）阵列前　　　　　　　b）阵列后

图 7.12　环形阵列 2

（1）选择命令。在 阵列 区域中单击 按钮。

（2）选择要阵列的特征。在图形区中选取拉伸特征 1（或在浏览器中选择"拉伸 1"特征）。

（3）定义阵列参数。

① 定义阵列轴。在"环形阵列"对话框中单击 按钮，然后在浏览器中选取"Y 轴"为环形阵列轴。

② 定义阵列实例数。在 放置 区域的 按钮后的文本框中输入数值 50。

③ 定义阵列角度。在 放置 区域的 按钮后的文本框中输入数值 360.0。

（4）单击 确定 按钮，完成环形阵列的创建。

Step 12　创建图 7.13 所示的拉伸特征 2。

（1）选择命令。在 创建 ▼ 区域中单击 按钮，系统弹出"创建拉伸"对话框。

（2）定义特征的截面草图。单击"创建拉伸"对话框中的 创建二维草图 按钮，选取 XZ 平面作为草图平面，进入草绘环境。绘制图 7.14 所示的截面草图，单击 按钮。

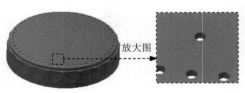

图 7.13　拉伸 2

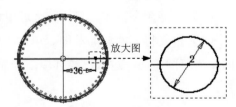

图 7.14　截面草图

（3）定义拉伸属性。再次单击 创建 ▼ 区域中的 按钮，然后将布尔运算设置为"求差"类型 ，在 范围 区域中的下拉列表中选择 贯通 选项，将拉伸方向设置为"方向 1"类型 。

（4）单击"拉伸"对话框中的 确定 按钮，完成拉伸特征 2 的创建。

Step 13 创建图 7.15 所示的环形阵列 3。

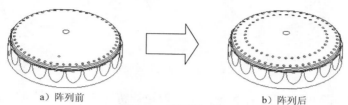

a）阵列前　　　　　　　　　　　b）阵列后

图 7.15　环形阵列 3

（1）选择命令。在 阵列 区域中单击 按钮。

（2）选择要阵列的特征。在图形区中选取拉伸特征 2（或在浏览器中选择"拉伸 2"特征）。

（3）定义阵列参数。

① 定义阵列轴。在"环形阵列"对话框中单击 按钮，然后在浏览器中选取"Y 轴"为环形阵列轴。

② 定义阵列实例数。在 放置 区域的 按钮后的文本框中输入数值 40。

③ 定义阵列角度。在 放置 区域的 按钮后的文本框中输入数值 360.0。

（4）单击 确定 按钮，完成环形阵列的创建。

Step 14 创建图 7.16 所示的拉伸特征 3。

（1）选择命令。在 创建 ▾ 区域中单击 按钮，系统弹出"创建拉伸"对话框。

（2）定义特征的截面草图。单击"创建拉伸"对话框中的 创建二维草图 按钮，选取 XZ 平面作为草图平面，进入草绘环境。绘制图 7.17 所示的截面草图，单击 按钮。

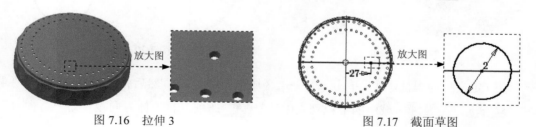

图 7.16　拉伸 3　　　　　　　　　　　图 7.17　截面草图

（3）定义拉伸属性。再次单击 创建 ▾ 区域中的 按钮，然后将布尔运算设置为"求差"类型 ，在 范围 区域中的下拉列表中选择 贯通 选项，将拉伸方向设置为"方向 1"类型 。

（4）单击"拉伸"对话框中的 确定 按钮，完成拉伸特征 3 的创建。

Step 15 创建图 7.18 所示的环形阵列 4。

（1）选择命令。在 阵列 区域中单击 按钮。

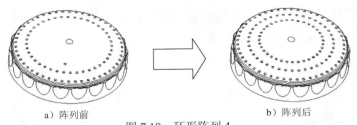

a）阵列前　　　　　　　　　　　b）阵列后

图 7.18　环形阵列 4

（2）选择要阵列的特征。在图形区中选取拉伸特征 3（或在浏览器中选择"拉伸 3"特征）。

（3）定义阵列参数。

① 定义阵列轴。在"环形阵列"对话框中单击 按钮，然后在浏览器中选取"Y 轴"为环形阵列轴。

② 定义阵列实例数。在 放置 区域的 按钮后的文本框中输入数值 35。

③ 定义阵列角度。在 放置 区域的 按钮后的文本框中输入数值 360.0。

（4）单击 确定 按钮，完成环形阵列的创建。

Step 16 创建图 7.19 所示的拉伸特征 4。

（1）选择命令。在 创建 ▼ 区域中单击 按钮，系统弹出"创建拉伸"对话框。

（2）定义特征的截面草图。单击"创建拉伸"对话框中的 创建二维草图 按钮，选取 XZ 平面作为草图平面，进入草绘环境。绘制图 7.20 所示的截面草图，单击 按钮。

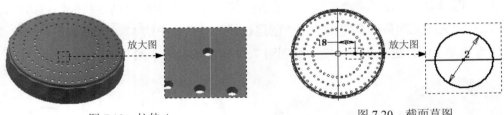

图 7.19　拉伸 4　　　　　　　　　　图 7.20　截面草图

（3）定义拉伸属性。再次单击 创建 ▼ 区域中的 按钮，然后将布尔运算设置为"求差"类型 ，在 范围 区域中的下拉列表中选择 贯通 选项，将拉伸方向设置为"方向 1"类型 。

（4）单击"拉伸"对话框中的 确定 按钮，完成拉伸特征 4 的创建。

Step 17 创建图 7.21 所示的环形阵列 5。

（1）选择命令。在 阵列 区域中单击 按钮。

（2）选择要阵列的特征。在图形区中选取拉伸特征 4（或在浏览器中选择"拉伸 4"特征）。

（3）定义阵列参数。

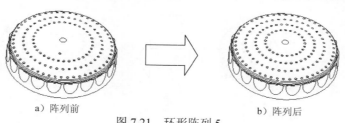

a）阵列前　　　　　　　　　　　b）阵列后

图 7.21　环形阵列 5

① 定义阵列轴。在"环形阵列"对话框中单击 按钮，然后在浏览器中选取"Y 轴"为环形阵列轴。

② 定义阵列实例数。在 放置 区域的 按钮后的文本框中输入数值 25。

③ 定义阵列角度。在 放置 区域的 按钮后的文本框中输入数值 360.0。

（4）单击 确定 按钮，完成环形阵列的创建。

Step 18　创建图 7.22 所示的拉伸特征 5。

（1）选择命令。在 创建 ▼ 区域中单击 按钮，系统弹出"创建拉伸"对话框。

（2）定义特征的截面草图。单击"创建拉伸"对话框中的 创建二维草图 按钮，选取 XZ 平面作为草图平面，进入草绘环境。绘制图 7.23 所示的截面草图，单击 按钮。

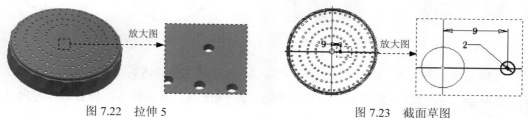

图 7.22　拉伸 5　　　　　　　　　　　图 7.23　截面草图

（3）定义拉伸属性。再次单击 创建 ▼ 区域中的 按钮，然后将布尔运算设置为"求差"类型 ，在 范围 区域中的下拉列表中选择 贯通 选项，将拉伸方向设置为"方向 1"类型 。

（4）单击"拉伸"对话框中的 确定 按钮，完成拉伸特征 5 的创建。

Step 19　创建图 7.24 所示的环形阵列 6。

（1）选择命令。在 阵列 区域中单击 按钮。

（2）选择要阵列的特征。在图形区中选取拉伸特征 5（或在浏览器中选择"拉伸 5"特征）。

（3）定义阵列参数。

① 定义阵列轴。在"环形阵列"对话框中单击 按钮，然后在浏览器中选取"Y 轴"为环形阵列轴。

② 定义阵列实例数。在 放置 区域的 按钮后的文本框中输入数值 12。

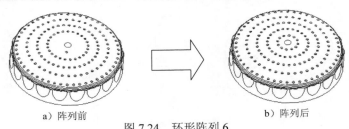

a）阵列前   b）阵列后

图 7.24   环形阵列 6

③ 定义阵列角度。在 放置 区域的 ◇ 按钮后的文本框中输入数值 360.0。

（4）单击 确定 按钮，完成环形阵列的创建。

Step 20   创建图 7.25 所示的拉伸特征 6。

（1）选择命令。在 创建 ▼ 区域中单击 按钮，系统弹出"创建拉伸"对话框。

（2）定义特征的截面草图。单击"创建拉伸"对话框中的 创建二维草图 按钮，选取 XZ 平面作为草图平面，进入草绘环境。绘制图 7.26 所示的截面草图，单击 ✔ 按钮。

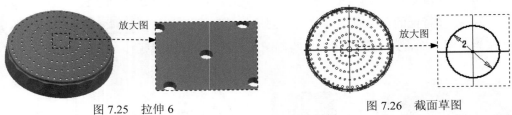

图 7.25   拉伸 6   图 7.26   截面草图

（3）定义拉伸属性。再次单击 创建 ▼ 区域中的 按钮，然后将布尔运算设置为"求差"类型 ，在 范围 区域中的下拉列表中选择 贯通 选项，将拉伸方向设置为"方向 1"类型 。

（4）单击"拉伸"对话框中的 确定 按钮，完成拉伸特征 6 的创建。

Step 21   保存零件模型文件，命名为 MUZZLE_COVER。

8 修正液笔盖

实例概述

本实例是一个修正液笔盖的设计，其总体上没有复杂的特征，但设计得十分精致，主要运用了旋转、偏移、阵列、拔模和倒圆角等特征命令，其中偏移特征的使用值得读者注意。零件模型及模型树如图 8.1 所示。

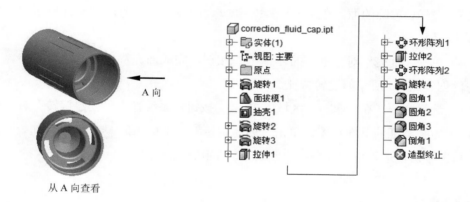

A 向

从 A 向查看

图 8.1　零件模型及模型树

说明：本例前面的详细操作过程请参见随书光盘中 video\ch08\reference\文件下的语音视频讲解文件 correction_fluid_cap-r01.avi。

Step 1　打开文件 D:\inv13.3\work\ch08\correction_fluid_cap_ex.ipt。

Step 2　创建图 8.2 所示的拔模 1。

（1）选择命令。在 修改 ▼ 区域中单击 拔模 按钮。

（2）定义拔模类型。在"面拔模"对话框中将拔模类型设置为"固定平面"类型 。

图 8.2　拔模 1

（3）定义固定面。在系统 选择平面或工作平面 的提示下，选取图 8.3 所示的面 1 为拔模固定平面。

（4）定义拔模面。在系统 选择拔模面 的提示下，选取图 8.3 所示的面 2 与面 3 为需要拔模的面。

（5）定义拔模属性。在"面拔模"对话框 拔模斜度 文本框中输入-1。

（6）定义拔模方向。拔模方向如图 8.3 所示。

（7）单击"面拔模"工具条中的 确定 按钮，完成从拔模特征的创建。

Step 3 创建图 8.4b 所示的抽壳特征 1。

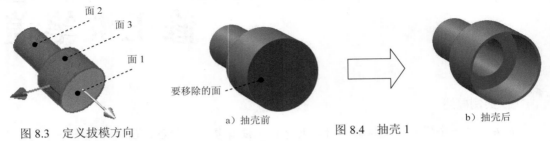

图 8.3 定义拔模方向　　　a）抽壳前　　图 8.4 抽壳 1　　b）抽壳后

（1）选择命令。在 修改 ▼ 区域中单击 抽壳 按钮。

（2）定义薄壁厚度。在"抽壳"对话框 厚度 文本框中输入薄壁厚度值为 0.5。

（3）选择要移除的面。在系统 选择要去除的表面 的提示下，选择图 8.4a 所示的模型表面为要移除的面。

（4）单击"抽壳"对话框中的 确定 按钮，完成抽壳特征的创建。

Step 4 创建图 8.5 所示的旋转特征 2。

（1）选择命令。在 创建 ▼ 区域中单击 按钮，系统弹出"创建旋转"对话框。

（2）定义特征的截面草图。单击"创建旋转"对话框中的 创建二维草图 按钮，选取 YZ 平面为草图平面，进入草绘环境，绘制图 8.6 所示的截面草图。

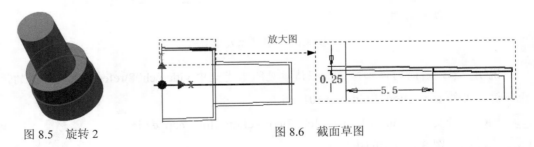

图 8.5 旋转 2　　　　　　　图 8.6 截面草图

（3）定义旋转属性。单击 草图 选项卡 返回到三维 区域中的 按钮，然后在"旋转"对话框中将布尔运算设置为"求差"类型 ，在 范围 区域的下拉列表中选中 全部 选项。

（4）单击"旋转"对话框中的 确定 按钮，完成旋转特征 2 的创建。

Step 5 创建图 8.7 所示的旋转特征 3。

（1）选择命令。在 创建 ▼ 区域中单击 按钮，系统弹出"创建旋转"对话框。

（2）定义特征的截面草图。单击"创建旋转"对话框中的 创建二维草图 按钮，选取 YZ 平面为草图平面，进入草绘环境，绘制图 8.8 所示的截面草图。

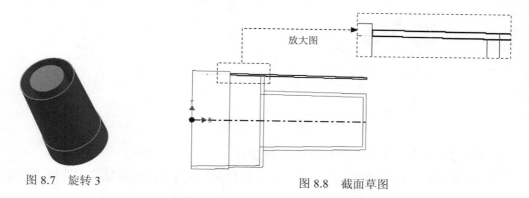

图 8.7　旋转 3　　　　　　　　　　　　　　　图 8.8　截面草图

（3）定义旋转属性。单击 草图 选项卡 返回到三维 区域中的 按钮，然后在"旋转"对话框中将布尔运算设置为"求和"类型 ，在 范围 区域的下拉列表中选中 全部 选项。

（4）单击"旋转"对话框中的 确定 按钮，完成旋转特征 3 的创建。

Step 6　创建图 8.9 所示的拉伸特征 1。

（1）选择命令。在 创建 ▼ 区域中单击 按钮，系统弹出"创建拉伸"对话框。

（2）定义特征的截面草图。单击"创建拉伸"对话框中的 创建二维草图 按钮，选取 XY 平面作为草图平面，进入草绘环境。绘制图 8.10 所示的截面草图。

图 8.9　拉伸 1

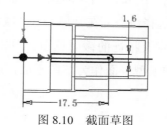

图 8.10　截面草图

（3）定义拉伸属性。单击 草图 选项卡 返回到三维 区域中的 按钮，在"拉伸"对话框 范围 区域中的下拉列表中选择 介于两面之间 选项，选取图 8.11 所示的面 1 为起始面，选取图 8.12 所示面 2 为终止面。

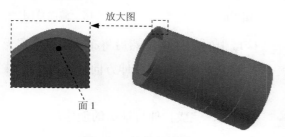

图 8.11　拉伸起始面　　　　　　　　　　　　　　图 8.12　拉伸终止面

（4）单击"拉伸"对话框中的 确定 按钮，完成拉伸特征 1 的创建。

Step 7 创建图 8.13 所示的环形阵列 1。

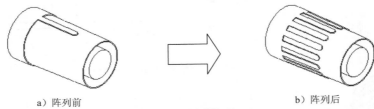

a）阵列前   b）阵列后

图 8.13   环形阵列 1

（1）选择命令。在 阵列 区域中单击 按钮。

（2）选择要阵列的特征。在图形区中选取拉伸特征 1（或在浏览器中选择"拉伸 1"特征）。

（3）定义阵列参数。

① 定义阵列轴。在"环形阵列"对话框中单击 按钮，然后在浏览器中选取"Y 轴"为环形阵列轴。

② 定义阵列实例数。在 放置 区域的 按钮后的文本框中输入数值 15。

③ 定义阵列角度。在 放置 区域的 按钮后的文本框中输入数值 360.0。

（4）单击 确定 按钮，完成环形阵列的创建。

Step 8 创建图 8.14 所示的拉伸特征 2。

（1）选择命令。在 创建 ▾ 区域中单击 按钮，系统弹出"创建拉伸"对话框。

（2）定义特征的截面草图。单击"创建拉伸"对话框中的 创建二维草图 按钮，选取图 8.15 所示的模型表面作为草图平面，进入草绘环境。绘制图 8.16 所示的截面草图，单击 按钮。

   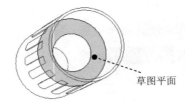   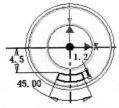

图 8.14   拉伸 2   图 8.15   草图平面   图 8.16   截面草图

（3）定义拉伸属性。再次单击 创建 ▾ 区域中的 按钮，然后将布尔运算设置为"求差"类型 ，在 范围 区域中的下拉列表中选择 贯通 选项，将拉伸方向设置为"方向 2"类型 。

（4）单击"拉伸"对话框中的 确定 按钮，完成拉伸特征 2 的创建。

Step 9 创建图 8.17 所示的环形阵列 2。

a）阵列前　　　　　　　　　　　　　　　　b）阵列后

图 8.17　环形阵列 2

（1）选择命令。在 阵列 区域中单击 按钮。

（2）选择要阵列的特征。在图形区中选取拉伸特征 2（或在浏览器中选择"拉伸 2"特征）。

（3）定义阵列参数。

① 定义阵列轴。在"环形阵列"对话框中单击 按钮，然后在浏览器中选取"Y 轴"为环形阵列轴。

② 定义阵列实例数。在 放置 区域的 按钮后的文本框中输入数值 4。

③ 定义阵列角度。在 放置 区域的 按钮后的文本框中输入数值 360.0。

（4）单击 确定 按钮，完成环形阵列的创建。

Step 10 创建图 8.18 所示的旋转特征 4。

（1）选择命令。在 创建 ▾ 区域中单击 按钮，系统弹出"创建旋转"对话框。

（2）定义特征的截面草图。单击"创建旋转"对话框中的 创建二维草图 按钮，选取 YZ 平面为草图平面，进入草绘环境，绘制图 8.19 所示的截面草图。

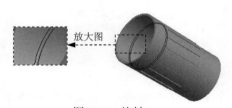

图 8.18　旋转 4

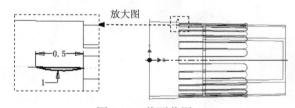

图 8.19　截面草图

（3）定义旋转属性。单击 草图 选项卡 返回到三维 区域中的 按钮，然后在"旋转"对话框中将布尔运算设置为"求和"类型 ，在 范围 区域的下拉列表中选中 全部 选项。

（4）单击"旋转"对话框中的 确定 按钮，完成旋转特征 4 的创建。

Step 11 后面的详细操作过程请参见随书光盘中 video\ch08\reference\文件下的语音视频讲解文件 correction_fluid_cap-r02.avi。

9

塑料凳

实例概述

  本实例详细讲解了一款塑料凳的设计过程，该设计过程运用了如下命令：实体拉伸、拔模、抽壳、阵列和倒圆角等。其中拔模的操作技巧性较强，需要读者用心体会。零件模型及模型树如图 9.1 所示。

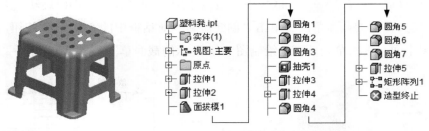

图 9.1　零件模型及模型树

  说明：本例前面的详细操作过程请参见随书光盘中 video\ch09\reference\文件下的语音视频讲解文件 PLASTIC_STOOL-r01.avi。

Step 1　打开文件 D:\inv13.3\work\ch09\PLASTIC_STOOL_ex.ipt。

Step 2　创建图 9.2 所示的拉伸特征 2。

  （1）选择命令。在 创建 ▼ 区域中单击 按钮，系统弹出"创建拉伸"对话框。

  （2）定义特征的截面草图。单击"创建拉伸"对话框中的 创建二维草图 按钮，选取图 9.2 所示的模型表面作为草图平面，进入草绘环境。绘制图 9.3 所示的截面草图。

  （3）定义拉伸属性。单击 草图 选项卡 返回到三维 区域中的 按钮，在"拉伸"对话框中将布尔运算设置为"求差"类型 ，在 范围 区域中的下拉列表中选择 距离 选项，在"距离"下拉列表中输入 190.0，将拉伸方向设置为"方向 2"类型 。

  （4）单击"拉伸"对话框中的 确定 按钮，完成拉伸特征 2 的创建。

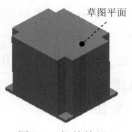

图 9.2 拉伸特征 2

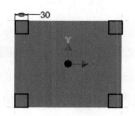

图 9.3 截面草图

Step 3 创建图 9.4 所示的拔模 1。

（1）选择命令。在 修改 ▼ 区域中单击 拔模 按钮。

（2）定义拔模类型。在"面拔模"对话框中将拔模类型设置为"固定平面"。

（3）定义固定面。在系统 选择平面或工作平面 的提示下，选取图 9.5 所示的面为拔模固定平面。

图 9.4 拔模 1

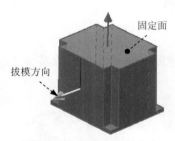

图 9.5 定义固定面与方向

（4）定义拔模面。在系统 选择拔模面 的提示下，选取所有模型侧面为需要拔模的面。

（5）定义拔模属性。在"面拔模"对话框 拔模斜度 文本框中输入 2。

（6）定义拔模方向。拔模方向如图 9.5 所示。

（7）单击"面拔模"工具条中的 确定 按钮，完成从拔模特征的创建。

Step 4 创建图 9.6b 所示的倒圆角特征 1。

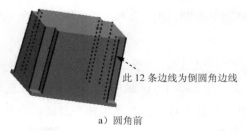

此 12 条边线为倒圆角边线

a）圆角前

b）圆角后

图 9.6 倒圆角 1

（1）选择命令。在 修改 ▼ 区域中单击 按钮。

（2）选取要倒圆的对象。在系统的提示下，选取图 9.6a 所示的模型边线为倒圆的对象。

（3）定义倒圆参数。在"倒圆角"小工具条"半径 R"文本框中输入 10。

（4）单击"圆角"对话框中的 确定 按钮，完成圆角特征的定义。

Step 5 创建图 9.7b 所示的倒圆角特征 2。倒圆角半径值为 20。

Step 6 创建图 9.8b 所示的倒圆特征 3。选取图 9.8a 所示的模型边线为倒圆的对象，输入倒圆角半径值 20。

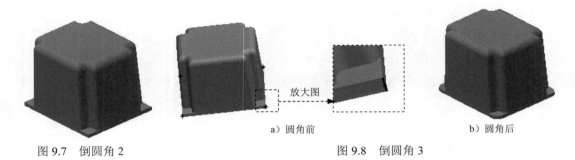

放大图

a）圆角前　　　　　　b）圆角后

图 9.7　倒圆角 2　　　　　　　　图 9.8　倒圆角 3

Step 7 创建图 9.9b 所示的抽壳特征 1。

要移除的面

a）抽壳前　　　　　　b）抽壳后

图 9.9　抽壳 1

（1）选择命令。在 修改 ▼ 区域中单击 抽壳 按钮。

（2）定义薄壁厚度。在"抽壳"对话框 厚度 文本框中输入薄壁厚度值 2.0。

（3）选择要移除的面。在系统 选择要去除的表面 的提示下，选择图 9.9a 所示的模型表面为要移除的面。

（4）单击"抽壳"对话框中的 确定 按钮，完成抽壳特征的创建。

Step 8 创建图 9.10 所示的拉伸特征 3。在 创建 ▼ 区域中单击 按钮，选取 XY 平面作为草图平面，绘制 9.11 所示的截面草图，在"拉伸"对话框将布尔运算设置为"求差"类型 ，然后在 范围 区域中的下拉列表中选择 贯通 选项，将拉伸方向设置为"对称"类型 。单击"拉伸"对话框中的 确定 按钮，完成拉伸特征 3 的创建。

图 9.10　拉伸特征 3

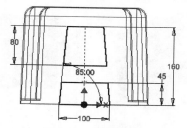

图 9.11　截面草图

Step 9　创建图 9.12 所示的拉伸特征 4。在 创建 ▼ 区域中单击 按钮，选取 YZ 平面作为草图平面，绘制图 9.13 所示的截面草图，在"拉伸"对话框将布尔运算设置为"求差"类型 ，然后在 范围 区域中的下拉列表中选择 贯通 选项，将拉伸方向设置为"对称"类型 。单击"拉伸"对话框中的 确定 按钮，完成拉伸特征 4 的创建。

图 9.12　拉伸特征 4

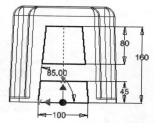

图 9.13　截面草图

Step 10　创建图 9.14b 所示的倒圆特征 4。选取图 9.14a 所示的模型边线为倒圆的对象，输入倒圆角半径值 3.0。

a）圆角前

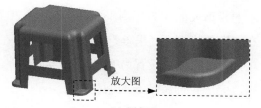

b）圆角后

图 9.14　倒圆角 4

Step 11　创建图 9.15b 所示的倒圆特征 5。选取图 9.15a 所示的模型边线为倒圆的对象，输入倒圆角半径值 15。

Step 12　创建图 9.16b 所示的倒圆特征 6。选取图 9.16a 所示的模型边线为倒圆的对象，输入倒圆角半径值 10。

Step 13　创建图 9.17b 所示的倒圆特征 7。选取图 9.17a 所示的模型边线为倒圆的对象，输入倒圆角半径值 5。

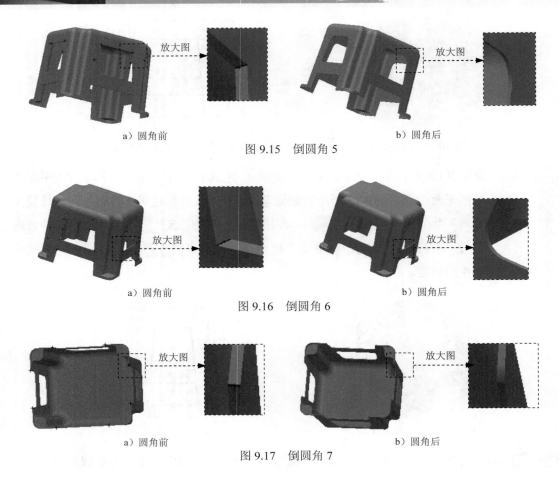

a）圆角前   b）圆角后

图 9.15　倒圆角 5

a）圆角前   b）圆角后

图 9.16　倒圆角 6

a）圆角前   b）圆角后

图 9.17　倒圆角 7

Step 14　创建图 9.18 所示的拉伸特征 5。在 创建 ▼ 区域中单击 按钮，选取图 9.19 所示的模型表面作为草图平面，绘制图 9.20 所示的截面草图，在"拉伸"对话框将布尔运算设置为"求差"类型 ，然后在 范围 区域中的下拉列表中选择 贯通 选项，将拉伸方向设置为"方向 2"类型 。单击"拉伸"对话框中的 确定 按钮，完成拉伸特征 5 的创建。

图 9.18　拉伸特征 5   图 9.19　草图平面

Step 15　创建图 9.21 所示的矩形阵列。

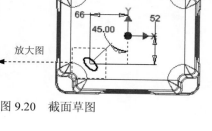

图 9.20　截面草图

（1）选择命令。在 阵列 区域中单击 按钮，系统弹出"矩形阵列"对话框。

（2）选择要阵列的特征。在图形区中选取拉伸特征 5（或在浏览器中选择"拉伸 5"特征）。

（3）定义阵列参数。

① 定义方向 1 参考边线。在"矩形阵列"对话框中单击 方向1 区域中的 按钮，然后选取图 9.22 所示的边线 1 为方向 1 的参考边线，阵列方向可参考图 9.22 所示。

图 9.21　矩形阵列

图 9.22　阵列边线选择

② 定义方向 1 参数。在 方向1 区域的 ⚬⚬⚬ 文本框中输入数值 5；在 ◇ 文本框中输入数值 34。

③ 定义方向 2 参考边线。在"矩形阵列"对话框中单击 方向2 区域中的 按钮，然后选取图 9.22 所示的边线 2 为方向 2 的参考边线，阵列方向可参考图 9.22 所示。

④ 定义方向 2 参数。在 方向1 区域的 ⚬⚬⚬ 文本框中输入数值 4；在 ◇ 文本框中输入数值 32。

（4）单击 确定 按钮，完成矩形阵列的创建。

Step 16　至此，零件模型创建完毕。选择下拉菜单 → 保存 命令，命名为 PLASTIC_STOOL 塑料凳，即可保存零件模型。

10

支撑座

实例概述

　　本实例介绍了一款支撑座的三维模型设计过程。主要是讲述实体拉伸、镜像、简单孔、边倒圆等特征命令的应用。希望通过此实例的学习，使读者对该命令有更好的理解。零件模型及相应的模型树如图 10.1 所示。

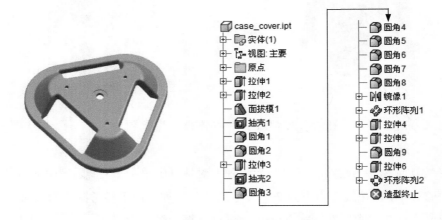

图 10.1　模型与模型树

　　说明：本例前面的详细操作过程请参见随书光盘中 video\ch10\reference\文件下的语音视频讲解文件 case_cover-r01.avi。

Step 1　打开文件 D:\inv13.3\work\ch10\case_cover_ex.ipt。

Step 2　创建图 10.2 所示的拉伸特征 2。在 创建 ▾ 区域中单击 按钮，选取图 10.2 所示的模型表面作为草图平面，绘制图 10.3 所示的截面草图，在"拉伸"对话框将布尔运算设置为"求和"类型 ，然后在 范围 区域中的下拉列表中选择 距离 选项，在"距离"文本框中输入 11，将拉伸方向设置为"方向 1"类型 。单击

"拉伸"对话框中的 ▢确定▢ 按钮，完成拉伸特征 2 的创建。

Step 3 创建图 10.4 所示的拔模特征 1。在 修改 ▾ 区域中单击 🗄拔模 按钮；在"面拔模"对话框中将拔模类型设置为"固定平面" 🗄；选取图 10.5 所示的面 1 为拔模固定平面，面 2 为需要拔模的面；在"面拔模"对话框的 拔模斜度 文本框中输入 35，拔模方向如图 10.6 所示。单击 ▢确定▢ 按钮，完成拔模特征的创建。

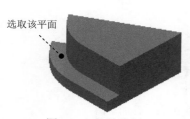

图 10.2　拉伸特征 2

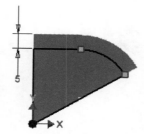

图 10.3　截面草图

图 10.4　拔模特征 1

Step 4 创建图 10.7 所示的抽壳特征 1。在 修改 ▾ 区域中单击 ▣抽壳 按钮，在"抽壳"对话框的 厚度 文本框中输入薄壁厚度值 5.0；选择图 10.8 所示的模型表面为要移除的面；单击"抽壳"对话框中的 ▢确定▢ 按钮，完成抽壳特征的创建。

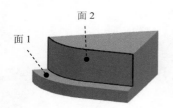

图 10.5　定义拔模固定面与拔模面

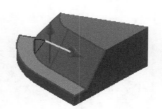

图 10.6　定义拔模方向

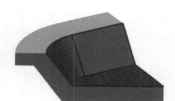

图 10.7　抽壳特征 1

Step 5 创建图 10.9b 所示的倒圆特征 1。选取图 10.9a 所示的模型边线 1 为倒圆的对象，输入倒圆角半径值 3.0。

图 10.8　定义移除面

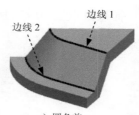

a) 圆角前

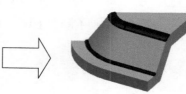

b) 圆角后

图 10.9　倒圆特征 1、2

Step 6 创建图 10.9b 所示的倒圆特征 2。选取图 10.9a 所示的模型边线 2 为倒圆的对象，输入倒圆角半径值 1.0。

Step 7　创建图 10.10 所示的拉伸特征 3。在 创建 ▼ 区域中单击 ⬜ 按钮，选取图 XZ 平面作为草图平面，绘制图 10.11 所示的截面草图，在"拉伸"对话框将布尔运算设置为"求差"类型 凸，然后在 范围 区域中的下拉列表中选择 贯通 选项，将拉伸方向设置为"方向 1"类型 ◣。单击"拉伸"对话框中的 确定 按钮，完成拉伸特征 3 的创建。

图 10.10　拉伸特征 3

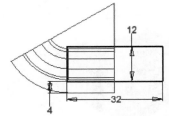

图 10.11　截面草图

Step 8　创建图 10.12 所示的抽壳特征 2。在 修改 ▼ 区域中单击 ▣ 抽壳 按钮，在"抽壳"对话框的 厚度 文本框中输入薄壁厚度值 2.5；选择图 10.13 所示的模型表面为要移除的面；在"抽壳"对话框的 特殊面厚度 区域单击 单击以添加 使其激活，选取图 10.14 所示的面为特殊面，在"厚度"区域的文本框中输入 1.2，单击 确定 按钮，完成抽壳特征 2 的创建。

选取此模型表面（共 5 个）

选取此模型表面（共 2 个）

图 10.12　抽壳特征 2

图 10.13　定义移除面

图 10.14　定义特殊面

Step 9　创建图 10.15b 所示的倒圆特征 3。选取图 10.15a 所示的模型边线 1 为倒圆的对象，输入倒圆角半径值 1.0。

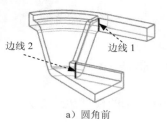

边线 2

边线 1

a）圆角前

b）圆角后

图 10.15　倒圆特征 3、4

Step 10 创建图 10.15b 所示的倒圆特征 4。选取图 10.15a 所示的模型边线 2 为倒圆的对象，输入倒圆角半径值 2.0。

Step 11 创建图 10.16b 所示的倒圆特征 5。选取图 10.16a 所示的模型边线 1 为倒圆的对象，输入倒圆角半径值 1.0。

图 10.16   倒圆特征 5、6

Step 12 创建图 10.16b 所示的倒圆特征 6。选取图 10.16a 所示的模型边线 2 为倒圆的对象，输入倒圆角半径值 2.5。

Step 13 创建图 10.17b 所示的倒圆特征 7。选取图 10.17a 所示的模型边线为倒圆的对象，输入倒圆角半径值 1.0。

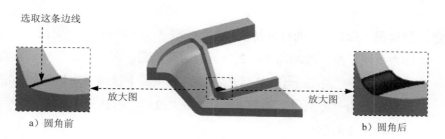

图 10.17   倒圆特征 7

Step 14 创建图 10.18b 所示的倒圆特征 8。选取图 10.18a 所示的模型边线为倒圆的对象，输入倒圆角半径值 1.0。

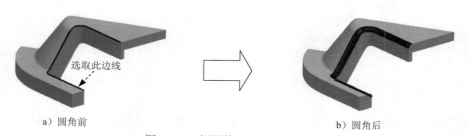

图 10.18   倒圆特征 8

Step 15 创建图 10.19 所示的镜像 1。在 阵列 区域中单击"镜像"按钮，在"镜像"对话框中单击"镜像实体"按钮，然后选取 YZ 平面作为镜像中心平面，单击"镜像"对话框中的   确定   按钮，完成镜像操作。

a）镜像前   b）镜像后

图 10.19　镜像 1

Step 16 创建图 10.20 所示的环形阵列 1。在 阵列 区域中单击 按钮，在"环形阵列"对话框中单击"阵列实体"按钮 ，选取"Y 轴"为环形阵列轴，阵列个数为 3，阵列角度为 360，单击 确定 按钮，完成环形阵列的创建。

a）创建前   b）创建后

图 10.20　环形阵列 1

Step 17 创建图 10.21 所示的拉伸特征 4。在 创建 ▼ 区域中单击 按钮，选取 XZ 平面作为草图平面，绘制图 10.22 所示的截面草图，在"拉伸"对话框将布尔运算设置为"求差"类型 ，然后在 范围 区域中的下拉列表中选择 贯通 选项，将拉伸方向设置为"方向 1"类型 。单击"拉伸"对话框中的 确定 按钮，完成拉伸特征 4 的创建。

图 10.21　拉伸特征 4   图 10.22　截面草图

Step 18 创建图 10.23 所示的拉伸特征 5。在 创建 ▼ 区域中单击 按钮，选取图 10.23 所示的模型表面作为草图平面，绘制图 10.24 所示的截面草图，在"拉伸"对话框将布尔运算设置为"求差"类型 ，然后在 范围 区域中的下拉列表中选择 距离 选项，在"距离"文本框输入 0.5，将拉伸方向设置为"方向 2"类型 。单击"拉伸"对话框中的 确定 按钮，完成拉伸特征 5 的创建。

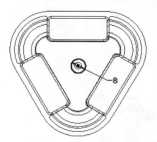

图 10.23 拉伸特征 5　　　　　　　　　图 10.24 截面草图

Step 19 创建图 10.25b 所示的倒圆特征 9。选取图 10.25a 所示的模型边线为倒圆的对象，
输入倒圆角半径值 1.0。

选取此边链

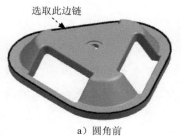

a）圆角前　　　　　　　　　　　　　　　　b）圆角后

图 10.25 边倒圆特征 6

Step 20 后面的详细操作过程请参见随书光盘中 video\ch10\reference\文件下的语音视频
讲解文件 case_cover-r02.avi。

11
基座

实例概述

    本实例介绍了基座模型的设计过程。设计过程中的关键点是工作平面及工作轴等基准特征的创建，通过此模型的学习，可以让读者知道如何根据实际需要来创建基准特征。零件模型及模型树如图 11.1 所示。

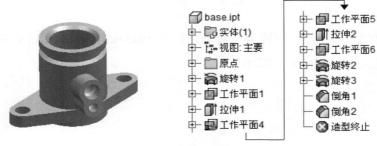

图 11.1　零件模型和模型树

    说明：本例前面的详细操作过程请参见随书光盘中 video\ch11\reference\文件下的语音视频讲解文件 base-r01.avi。

Step 1　打开文件 D:\inv13.3\work\ch11\base_ex.ipt。

Step 2　创建图 11.2 所示的工作平面 1。在 定位特征 区域中单击"平面"按钮 下的 平面 按钮，选择 从平面偏移 命令；选取 XZ 平面作为参考平面，输入要偏距的距离 10；单击 按钮，完成工作平面 1 的创建。

图 11.2　工作平面 1

Step 3　创建图 11.3 所示的拉伸特征 1。在 创建 ▼ 区域中单击 按钮，选取工作平面 1 作为草图平面，绘制图 11.4 所示的截面草图，在"拉伸"对话框 范围 区域中的下拉列表中选择 距离 选项，在"距离"文本框输入 20，并将拉伸方向设置为"方向 1"类型 ，单击"拉伸"对话框中的 确定 按钮，完成拉伸特征 1 的创建。

图 11.3　拉伸特征 1

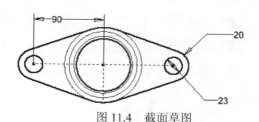

图 11.4　截面草图

Step 4　创建图 11.5 所示的工作平面 2（本步的详细操作过程请参见随书光盘中 video\ch11\reference\文件下的语音视频讲解文件 base-r02.avi）。

Step 5　创建图 11.6 所示的工作平面 3（本步的详细操作过程请参见随书光盘中 video\ch11\reference\文件下的语音视频讲解文件 base-r03.avi）。

Step 6　创建图 11.7 所示的工作平面 4。在 定位特征 区域中单击"平面"按钮 下的 平面 按钮，选择 从平面偏移 命令；选取工作平面 3 作为参考平面，输入要偏距的距离 100；单击 按钮，完成工作平面 4 的创建。

图 11.5　基准平面 2

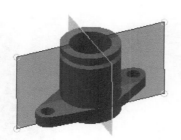

图 11.6　基准平面 3

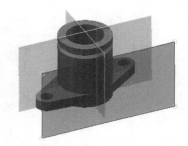

图 11.7　工作平面 4

Step 7　创建图 11.8 所示的工作轴 1。在 定位特征 区域中单击"工作轴"按钮 后的小三角 ，选择 两个平面的交集 命令；选取工作平面 4 与图 11.9 所示的面作为参考平面；单击 按钮，完成工作轴 1 的创建。

图 11.8　工作轴 1

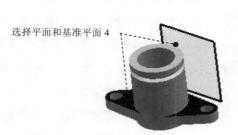

选择平面和基准平面 4

图 11.9　定义轴的对象

Chapter 11

Step 8　创建图 11.10 所示的工作平面 5（本步的详细操作过程请参见随书光盘中 video\ch11\reference\文件下的语音视频讲解文件 base-r04.avi）。

Step 9　创建图 11.11 所示的拉伸特征 2。在 创建 ▼ 区域中单击 按钮，选取工作平面 5 作为草图平面，绘制 11.12 所示的截面草图，在"拉伸"对话框 范围 区域中的下拉列表中选择 到表面或平面 选项，并将拉伸方向设置为"方向 2"类型 ，单击"拉伸"对话框中的 确定 按钮，完成拉伸特征 2 的创建。

图 11.10　工作平面 5　　　　　　　　　　图 11.11　拉伸特征 2

Step 10　创建图 11.13 所示的工作轴 2。在 定位特征 区域中单击"工作轴"按钮 后的小三角 ，选择 通过旋转面或特征 命令；选取图 11.13 所示的面作为参考平面；单击 按钮，完成工作轴 2 的创建。

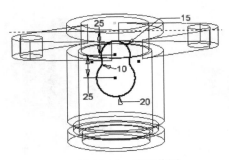

选取此面

图 11.12　截面草图　　　　　　　　　　图 11.13　工作轴 2

Step 11　创建图 11.14 所示的工作轴 3。在 定位特征 区域中单击"工作轴"按钮 后的小三角 ，选择 通过旋转面或特征 命令；选取图 11.14 所示的面作为参考平面；单击 按钮，完成工作轴 3 的创建。

Step 12　创建图 11.15 所示的工作平面 6（本步的详细操作过程请参见随书光盘中 video\ch11\reference\文件下的语音视频讲解文件 base-r05.avi）。

Step 13　创建图 11.16 所示的旋转特征 2。在 创建 ▼ 区域中选择 命令，选取工作平面 6 为草图平面，绘制图 11.17 所示的截面草图；在"旋转"对话框中将布尔运算设置为"求差"类型 ，在 范围 区域的下拉列表中选中 全部 选项；单击"旋转"对话框中的 确定 按钮，完成旋转特征 2 的创建。

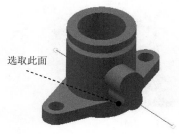

图 11.14 工作轴 3

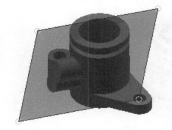

图 11.15 工作平面 6

图 11.16 旋转特征 2

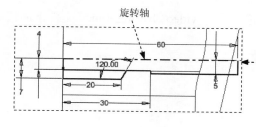

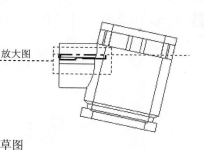

图 11.17 截面草图

Step 14 创建图 11.18 所示的旋转特征 3。在 创建 ▼ 区域中选择 ⏣ 命令，选取工作平面 6 为草图平面，绘制图 11.19 所示的截面草图；在"旋转"对话框中将布尔运算设置为"求差"类型 ⏣，在 范围 区域的下拉列表中选中 全部 选项；单击"旋转"对话框中的 确定 按钮，完成旋转特征 3 的创建。

图 11.18 旋转特征 3

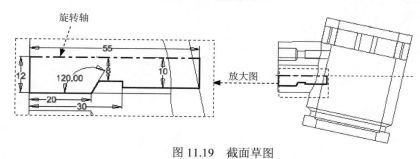

图 11.19 截面草图

Step 15 创建图 11.20b 所示的倒角特征 1。选取图 11.20a 所示的模型边线为倒角的对象，输入倒角值 5.0。

11
Chapter

63

图 11.20　倒角特征 1

Step 16 后面的详细操作过程请参见随书光盘中 video\ch11\reference\ 文件下的语音视频讲解文件 base-r06.avi。

12
提手

 实例概述

本实例设计的零件具有对称性，因此在进行设计的过程中要充分利用"镜像"特征命令。下面介绍了该零件的设计过程，零件模型和模型树如图 12.1 所示。

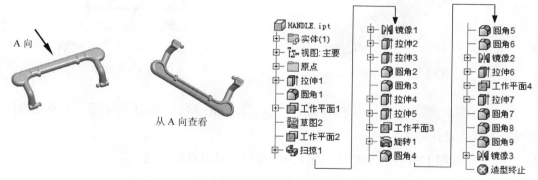

图 12.1　零件模型及模型树

说明：本例前面的详细操作过程请参见随书光盘中 video\ch12\reference\文件下的语音视频讲解文件 HANDLE-r01.avi。

Step 1　打开文件 D:\inv13.3\work\ch12\HANDLE_ex.ipt。

Step 2　创建图 12.2b 所示的倒圆特征 1。

a）圆角前　　　　　　　　　　　　　　　　　　　　b）圆角后

图 12.2　倒圆角 1

（1）选择命令。在 修改 ▼ 区域中单击按钮。

（2）选取要倒圆的对象。在系统的提示下，选取图 12.2a 所示的模型边线为倒圆的对象。

（3）定义倒圆参数。在"倒圆角"小工具条的"半径 R"文本框中输入 4。

（4）单击"圆角"对话框中的 确定 按钮，完成圆角特征的定义。

Step 3 创建图 12.3 所示的工作平面 1。

（1）选择命令。在 定位特征 区域中单击"平面"按钮下的 平面 按钮，选择 从平面偏移 命令。

（2）定义参考平面。在图形区选取 YZ 平面作为参考平面。

（3）定义偏移距离与方向。在"基准面"小工具条的文本框中输入要偏距的距离 46。

（4）单击 按钮，完成工作平面 1 的创建。

Step 4 创建图 12.4 所示的草图 2。

图 12.3　工作平面 1

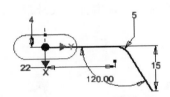

图 12.4　草图 2

（1）在 三维模型 选项卡 草图 区域中单击 按钮，然后选择工作平面 1 为草图平面，系统进入草图设计环境。

（2）绘制图 12.4 所示的草图，单击 按钮，退出草绘环境。

说明：若方位不对，可通过 View Cube 工具调整。

Step 5 创建图 12.5 所示的工作平面 2。在 定位特征 区域中单击"平面"按钮下的 平面 按钮，选择 与轴垂直且通过点 命令；在图形区选取图 12.6 所示的直线为参考线，然后再选取图 12.6 所示的点为参考点，完成工作平面 2 的创建。

图 12.5　工作平面 2

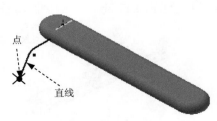

图 12.6　选取参考

Step 6 创建图 12.7 所示的草图 3。在 三维模型 选项卡 草图 区域中单击 按钮，选取工作平面 2 作为草图平面，绘制图 12.8 所示的草图。

图 12.7　草图 3（建模环境）

图 12.8　草图 3（草图环境）

Step 7 创建图 12.9 所示的扫掠 1。

（1）选择命令。在 创建 ▾ 区域中单击"扫掠"按钮 扫掠。

（2）定义扫掠轨迹。在"扫掠"对话框中单击 按钮，然后在图形区中选取草图 2 作为扫掠轨迹，完成扫掠轨迹的选取。

（3）定义扫掠类型。在"扫掠"对话框 类型 区域的下拉列表中选择 路径 选项，其他参数接受系统默认。

（4）单击"扫掠"对话框中的 确定 按钮，完成扫掠特征的创建。

Step 8 创建图 12.10 所示的镜像 1。

（1）选择命令。在 阵列 区域中单击"镜像"按钮 。

（2）选取要镜像的特征。在图形区中选取要镜像复制的扫掠特征（或在浏览器中选择"扫掠 1"特征）。

（3）定义镜像中心平面。单击"镜像"对话框中的 镜像平面 按钮，然后选取 YZ 平面作为镜像中心平面。

（4）单击"镜像"对话框中的 确定 按钮，完成镜像操作。

Step 9 创建图 12.11 所示的拉伸特征 2。

图 12.9　扫掠 1

图 12.10　镜像 1

图 12.11　拉伸特征 2

（1）选择命令。在 创建 ▾ 区域中单击 按钮，系统弹出"创建拉伸"对话框。

（2）定义特征的截面草图。单击"创建拉伸"对话框中的 创建二维草图 按钮，选取图 12.12 所示的模型表面作为草图平面，进入草绘环境。绘制图 12.13 所示的截面草图。

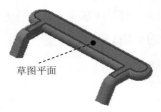

图 12.12　草图平面

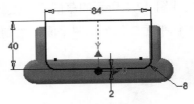

图 12.13　截面草图

（3）定义拉伸属性。单击 草图 选项卡 返回到三维 区域中的 按钮，首先将布尔运算设置为"求差"类型 ，在 范围 区域中的下拉列表中选择 贯通 选项，将拉伸方向设置为"方向 2"类型 。

（4）单击"拉伸"对话框中的 确定 按钮，完成拉伸特征 2 的创建。

Step 10　创建图 12.14 所示的拉伸特征 3。在 创建 ▼ 区域中单击 按钮，选取图 12.15 所示的模型表面作为草图平面，绘制图 12.16 所示的截面草图，在"拉伸"对

图 12.14　拉伸特征 3

话框将布尔运算设置为"求差"类型 ，然后在 范围 区域中的下拉列表中选择 距离 选项，在"距离"文本框中输入 3，将拉伸方向设置为"方向 2"类型 。单击"拉伸"对话框中的 确定 按钮，完成拉伸特征 3 的创建。

图 12.15　草图平面

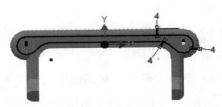

图 12.16　截面草图

Step 11　创建图 12.17b 所示的倒圆特征 2。选取图 12.17a 所示的模型边线为倒圆的对象，输入倒圆角半径值 4.0。

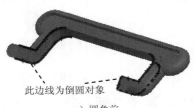

a）圆角前

b）圆角后

图 12.17　倒圆角 2

Step 12　创建图 12.18b 所示的倒圆特征 3。选取图 12.18a 所示的模型边线为倒圆的对象，输入倒圆角半径值 4.0。

a）圆角前　　　　　　　　　　　　　　　　b）圆角后

图 12.18　倒圆角 3

Step 13　创建图 12.19 所示的拉伸特征 4。在 创建 ▼ 区域中单击 按钮，选取工作平面 1 作为草图平面，绘制图 12.20 所示的截面草图，在"拉伸"对话框 范围 区域中的下拉列表中选择 距离 选项，在"距离"文本框中输入 8，并将拉伸方向设置为"对称"类型 ，单击"拉伸"对话框中的 确定 按钮，完成拉伸特征 4 的创建。

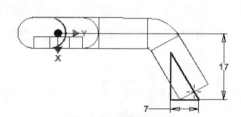

图 12.19　拉伸特征 4　　　　　　　　　　　图 12.20　截面草图

Step 14　创建图 12.21 所示的拉伸特征 5。在 创建 ▼ 区域中单击 按钮，选取工作平面 1 作为草图平面，绘制图 12.22 所示的截面草图，在"拉伸"对话框 范围 区域中的下拉列表中选择 距离 选项，在"距离"文本框中输入 10，并将拉伸方向设置为"对称"类型 ，单击"拉伸"对话框中的 确定 按钮，完成拉伸特征 5 的创建。

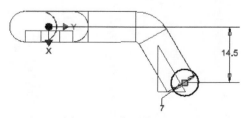

图 12.21　拉伸特征 5　　　　　　　　　　　图 12.22　截面草图

12
Chapter

Step 15 创建图 12.23 所示的工作平面 3。在 定位特征 区域中单击"平面"按钮 下的 平面 按钮，选择 从平面偏移 命令；选取 XZ 平面作为参考平面，输入要偏距的距离 14.5；单击 按钮，完成工作平面 3 的创建。

Step 16 创建图 12.24 所示的旋转特征 1。

图 12.23　工作平面 3　　　　　　　　图 12.24　旋转特征 1

（1）选择命令。在 创建 ▼ 区域中单击 按钮，系统弹出"创建旋转"对话框。

（2）定义特征的截面草图。单击"创建旋转"对话框中的 创建二维草图 按钮，选取工作平面 3 为草图平面，进入草绘环境，绘制图 12.25 所示的截面草图。

（3）定义旋转属性。单击 草图 选项卡 返回到三维 区域中的 按钮，在"旋转"对话框中选取图 12.25 所示的旋转轴，在 范围 区域的下拉列表中选中 全部 选项。

（4）单击"旋转"对话框中的 确定 按钮，完成旋转特征 1 的创建。

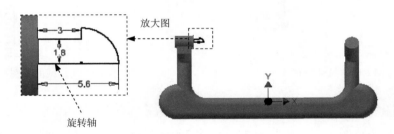

图 12.25　截面草图

Step 17 后面的详细操作过程请参见随书光盘中 video\ch12\reference\文件下的语音视频讲解文件 HANDLE-r02-01.avi 和 HANDLE-r02-02.avi。

13

齿轮泵体

 实例概述

本实例主要采用的是一些基本的实体创建命令，如实体拉伸、拔模、实体旋转、切削、阵列、孔、螺纹修饰和倒角等，重点是培养构建三维模型的思想，其中对各种孔的创建需要特别注意。零件模型及模型树如图 13.1 所示。

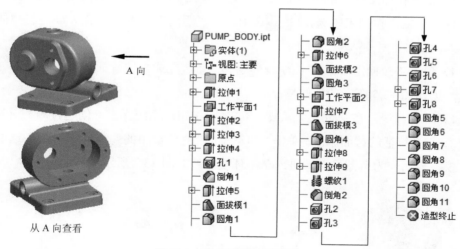

图 13.1 零件模型及模型树

说明：本例前面的详细操作过程请参见随书光盘中 video\ch13\reference\文件下的语音视频讲解文件 PUMP_BODY-r01.avi。

Step 1 打开文件 D:\inv13.3\work\ch13\PUMP_BODY_ex.ipt。

Step 2 创建图 13.2 所示的工作平面 1。

（1）选择命令。在 定位特征 区域中单击"平面"按钮 下的 平面 按钮，选择 从平面偏移 命令。

（2）定义参考平面，在图形区选取图 13.2 所示的模型表面作为参考平面。

（3）定义偏移距离与方向，在"基准面"小工具条的文本框中输入要偏距的距离-55。偏移方向参考图 13.2。

（4）单击 ✓ 按钮，完成工作平面 1 的创建。

Step 3 创建图 13.3 所示的拉伸特征 2。

（1）选择命令。在 创建 ▼ 区域中单击 ▮ 按钮，系统弹出"创建拉伸"对话框。

（2）定义特征的截面草图。单击"创建拉伸"对话框中的 创建二维草图 按钮，选取工作平面 1 作为草图平面，进入草绘环境。绘制图 13.4 所示的截面草图。

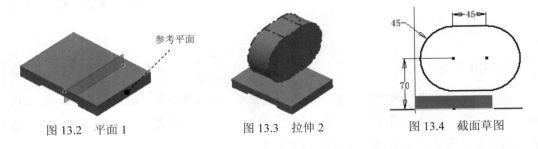

图 13.2　平面 1　　　　　图 13.3　拉伸 2　　　　　图 13.4　截面草图

（3）定义拉伸属性。单击 草图 选项卡 返回到三维 区域中的 ▮ 按钮，在"拉伸"对话框 范围 区域中的下拉列表中选择 距离 选项，在"距离"文本框中输入 48，将拉伸方向设置为"方向 2"类型 ◪ 。

（4）单击"拉伸"对话框中的 确定 按钮，完成拉伸特征 2 的创建。

Step 4 创建图 13.5 所示的拉伸特征 3。

（1）选择命令。在 创建 ▼ 区域中单击 ▮ 按钮，系统弹出"创建拉伸"对话框。

（2）定义特征的截面草图。单击"创建拉伸"对话框中的 创建二维草图 按钮，选取图 13.6 所示的模型表面作为草图平面，进入草绘环境。绘制图 13.7 所示的截面草图。

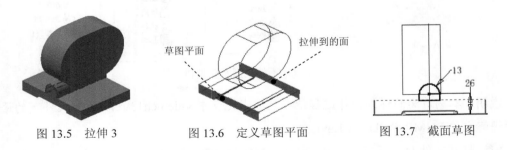

图 13.5　拉伸 3　　　　　图 13.6　定义草图平面　　　　　图 13.7　截面草图

（3）定义拉伸属性。单击 草图 选项卡 返回到三维 区域中的 ▮ 按钮，在"拉伸"对话框 范围 区域中的下拉列表中选择 到 选项，选择图 13.6 所示的模型表面。

（4）单击"拉伸"对话框中的 确定 按钮，完成拉伸特征 3 的创建。

Step 5　创建图 13.8 所示的拉伸特征 4。

（1）选择命令。在 创建 ▼ 区域中单击 按钮，系统弹出"创建拉伸"对话框。

（2）定义特征的截面草图。单击"创建拉伸"对话框中的 创建二维草图 按钮，选取图 13.9 所示的模型表面作为草图平面，进入草绘环境。绘制图 13.10 所示的截面草图。

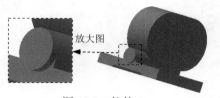

图 13.8　拉伸 4

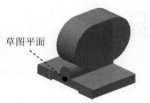

图 13.9　定义草图平面

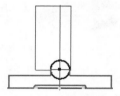

图 13.10　截面草图

（3）定义拉伸属性。单击 草图 选项卡 返回到三维 区域中的 按钮，在"拉伸"对话框 范围 区域中的下拉列表中选择 距离 选项，在"距离"文本框中输入 5，将拉伸方向设置为"方向 1"类型 。

（4）单击"拉伸"对话框中的 确定 按钮，完成拉伸特征 4 的创建。

Step 6　创建图 13.11 所示的孔 1。

（1）选择命令。在 修改 ▼ 区域中单击"孔"按钮 。

（2）定义孔的放置方式及参考。在"孔"对话框 放置 区域的下拉列表中选择 ◎ 同心 选项，然后依次选取图 13.12 所示的面及 13.13 所示的边为放置参考。

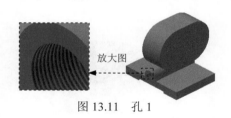

图 13.11　孔 1

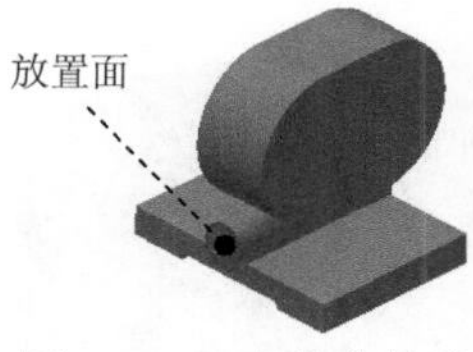

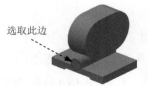

图 13.12　定义孔的放置面

（3）定义孔的样式及类型。在"孔"对话框中确认"直孔" 与"螺纹孔" 被选中，在 螺纹 区域的 螺纹类型 下拉列表中选择 GB Metric profile 选项，在 尺寸 下拉列表中选择 18 选项，在 规格 下拉列表中选择 M18 选项，其余参数接受系统默认。

（4）定义孔的参数。在"孔"对话框 终止方式 区域的下拉列表中选择 距离 选项；在"孔"对话框孔预览图像区域输入图 13.14 所示的参数。

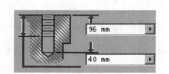

选取此边

图 13.13　定义孔的放置边

96 mm

40 mm

图 13.14　定义孔参数

（5）单击"孔"对话框中的 确定 按钮，完成孔的创建。

Step 7 创建图 13.15b 所示的倒角特征 1。

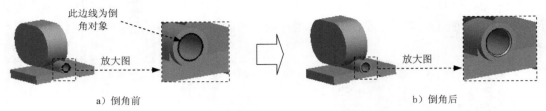

此边线为倒角对象

放大图

a）倒角前

放大图

b）倒角后

图 13.15 倒角 1

（1）选择命令。在 修改 ▼ 区域中单击 倒角 按钮。

（2）定义倒角类型。在"倒角"对话框中定义倒角类型为"倒角边长"选项 。

（3）选取模型中要倒角的边线，在系统的提示下，选取图 13.15a 所示的模型边线为倒角的对象。

（4）定义倒角参数。在"倒角"对话框中的 倒角边长 文本框中输入 1。

（5）单击"倒角"对话框中的 确定 按钮，完成倒角特征的定义。

Step 8 创建图 13.16 所示的拉伸特征 5。

（1）选择命令。在 创建 ▼ 区域中单击 按钮，系统弹出"创建拉伸"对话框。

（2）定义特征的截面草图。单击"创建拉伸"对话框中的 创建二维草图 按钮，选取图 13.16 所示的模型表面作为草图平面，进入草绘环境。绘制图 13.17 所示的截面草图。

草图平面

图 13.16 拉伸 5

30

图 13.17 截面草图

（3）定义拉伸属性。单击 草图 选项卡 返回到三维 区域中的 按钮，在"拉伸"对话框 范围 区域中的下拉列表中选择 距离 选项，在"距离"文本框中输入 9，将拉伸方向设置为"方向 1"类型 。

（4）单击"拉伸"对话框中的 确定 按钮，完成拉伸特征 2 的创建。

Step 9 创建图 13.18 所示的面拔模 1。

（1）选择命令。在 修改 ▼ 区域中单击 拔模 按钮。

（2）定义拔模类型。在"面拔模"对话框中将拔模类型设置为"固定平面" 。

（3）定义固定面。在系统 选择平面或工作平面 的提示下，选取图 13.18a 的固定平面。

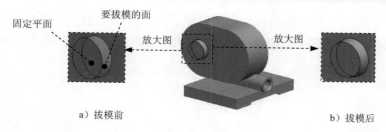

a）拔模前　　　　　　　　　　　　　　　　　b）拔模后

图 13.18　面拔模 1

（4）定义拔模面。在系统 选择拔模面 的提示下，选取图 13.18a 所示要拔模的面。

（5）定义拔模属性。在"面拔模"对话框的 拔模斜度 文本框中输入 8。

（6）单击"面拔模"工具条中的 确定 按钮，完成面拔模特征 1 的创建。

Step 10　创建图 13.19b 所示的倒圆特征 1。

a）倒圆角前　　　　　　　　　　　　　　　　b）倒圆角后

图 13.19　倒圆角 1

（1）选择命令。在 修改 ▼ 区域中单击 按钮。

（2）选取要倒圆的对象。在系统的提示下，选取图 13.19a 所示的模型边线为倒圆的对象。

（3）定义倒圆参数。在"倒圆角"小工具条的"半径 R"文本框中输入 3。

（4）单击"圆角"对话框中的 确定 按钮，完成圆角特征的定义。

Step 11　创建图 13.20b 所示的倒圆特征 2。选取图 13.20a 所示的模型边线为倒圆的对象，输入倒圆角半径值 2。

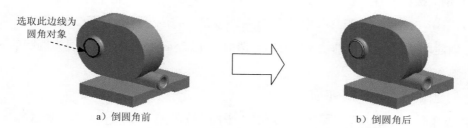

a）倒圆角前　　　　　　　　　　　　　　　　b）倒圆角后

图 13.20　倒圆角 2

Step 12　创建图 13.21 所示的拉伸特征 6。

（1）选择命令。在 创建 ▼ 区域中单击 按钮，系统弹出"创建拉伸"对话框。

（2）定义特征的截面草图。单击"创建拉伸"对话框中的 创建二维草图 按钮，选取图 13.22 所示的模型表面作为草图平面，进入草绘环境。绘制图 13.23 所示的截面草图。

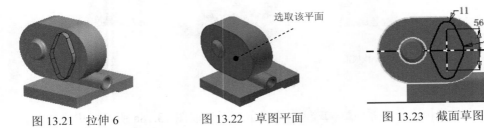

图 13.21　拉伸 6　　　　　图 13.22　草图平面　　　　　图 13.23　截面草图

（3）定义拉伸属性。单击 草图 选项卡 返回到三维 区域中的 按钮，在"拉伸"对话框 范围 区域中的下拉列表中选择 距离 选项，在"距离"文本框中输入 9，将拉伸方向设置为"方向 1"类型 。

（4）单击"拉伸"对话框中的 确定 按钮，完成拉伸特征 2 的创建。

Step 13　创建图 13.24 所示的面拔模 2。

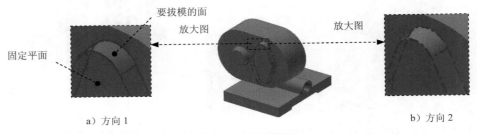

a）方向 1　　　　　　　　　　　　　　　　　b）方向 2

图 13.24　面拔模 2

（1）选择命令，在 修改 ▼ 区域中单击 拔模 按钮。

（2）定义拔模类型。在"面拔模"对话框中将拔模类型设置为"固定平面" 。

（3）定义固定面。在系统 选择平面或工作平面 的提示下，选取图 13.24a 的固定平面。

（4）定义拔模面。在系统 选择拔模面 的提示下，选取图 13.24a 所示要拔模的面。

（5）定义拔模属性。在"面拔模"对话框中的 拔模斜度 文本框中输入 8。

（6）单击"面拔模"工具条中的 确定 按钮，完成面拔模特征 2 的创建。

Step 14　创建图 13.25b 所示的倒圆特征 3。选取图 13.25a 所示的模型边线为倒圆的对象，输入倒圆角半径值 2。

Step 15　创建图 13.26 所示的平面 2。

（1）选择命令。在 定位特征 区域中单击"平面"按钮 下的 平面 按钮，选择 从平面偏移 命令。

（2）定义参考平面。在图形区选取 XZ 平面作为参考平面。

（3）定义偏移距离与方向。在"基准面"小工具条的文本框中输入要偏距的距离为

118。偏移方向参考图 13.26。

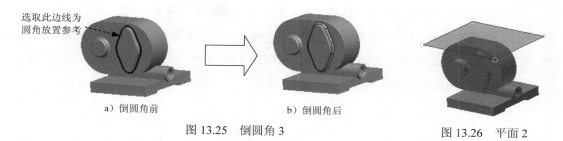

选取此边线为
圆角放置参考

a）倒圆角前　　　　　　b）倒圆角后

图 13.25　倒圆角 3　　　　　　　　　图 13.26　平面 2

（4）单击 ✓ 按钮，完成偏距基准面的创建。

Step 16 创建图 13.27 所示的拉伸特征 7。

（1）选择命令。在 创建 ▾ 区域中单击 █ 按钮，系统弹出"创建拉伸"对话框。

（2）定义特征的截面草图。单击"创建拉伸"对话框中的 创建二维草图 按钮，选取图 13.27 所示的模型表面作为草图平面，进入草绘环境。绘制图 13.28 所示的截面草图。

草图平面

—22

22.5

图 13.27　拉伸 7　　　　　　　　　图 13.28　截面草图

（3）定义拉伸属性。单击 草图 选项卡 返回到三维 区域中的 █ 按钮，在"拉伸"对话框 范围 区域中的下拉列表中选择 到 选项，选取工作平面 2 为拉伸终止对象。

（4）单击"拉伸"对话框中的 确定 按钮，完成拉伸特征 7 的创建。

Step 17 创建图 13.29 所示的面拔模 3。

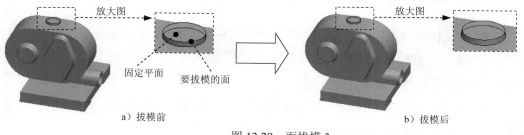

放大图　　　　　　　　　　　　　　　放大图

固定平面　要拔模的面

a）拔模前　　　　　　　　　　　　　　b）拔模后

图 13.29　面拔模 3

（1）选择命令。在 修改 ▾ 区域中单击 拔模 按钮。

（2）定义拔模类型。在"面拔模"对话框中将拔模类型设置为"固定平面" 。

（3）定义固定面。在系统 选择平面或工作平面 的提示下，选取图 13.29a 的固定平面。

（4）定义拔模面。在系统 选择拔模面 的提示下，选取图 13.29a 所示要拔模的面。

（5）定义拔模属性。在"面拔模"对话框中的 拔模斜度 文本框中输入 8。

（6）单击"面拔模"工具条中的 确定 按钮，完成面拔模特征 3 的创建。

Step 18　创建图 13.30b 所示的倒圆特征 4。选取图 13.30a 所示的模型边线为倒圆的对象，
　　　　　输入倒圆角半径值 2.5。

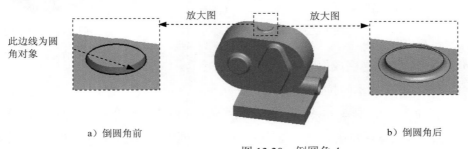

此边线为圆
角对象

a）倒圆角前　　　　　　　　　　　　　　　　b）倒圆角后

图 13.30　倒圆角 4

Step 19　创建图 13.31 所示的拉伸特征 8。

（1）选择命令。在 创建 ▼ 区域中单击 按钮，系统弹出"创建拉伸"对话框。

（2）定义特征的截面草图。单击"创建拉伸"对话框中的 创建二维草图 按钮，选取图
13.32 所示的模型表面作为草图平面，进入草绘环境。绘制图 13.33 所示的截面草图，单
击 按钮。

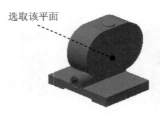
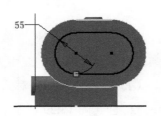

选取该平面

55

图 13.31　拉伸特征 8　　　　　图 13.32　草图平面　　　　　图 13.33　截面草图

（3）定义拉伸属性。再次单击 创建 ▼ 区域中的 按钮，然后将布尔运算设置为"求
差"类型 ，在 范围 区域中的下拉列表中选择 距离 选项，在"距离"文本框中输入 33，
将拉伸类型设置为"方向 2"类型 。

（4）单击"拉伸"对话框中的 确定 按钮，完成拉伸特征 3 的创建。

Step 20　创建图 13.34 所示的拉伸特征 9。

（1）选择命令。在 创建 ▼ 区域中单击 按钮，系统弹出"创建拉伸"对话框。

（2）定义特征的截面草图。单击"创建拉伸"对话框中的 创建二维草图 按钮，选取图
13.35 所示的模型表面作为草图平面，进入草绘环境。绘制图 13.36 所示的截面草图，单
击 按钮。

图 13.34 拉伸特征 9

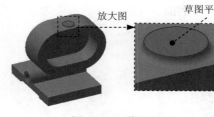
图 13.35 草图平面

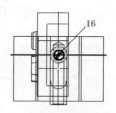
图 13.36 截面草图

（3）定义拉伸属性。再次单击 创建 ▼ 区域中的 █ 按钮，然后将布尔运算设置为"求差"类型 █，在 范围 区域中的下拉列表中选择 距离 选项，在"距离"文本框中输入 33，将拉伸类型设置为"方向 2"类型 █。

（4）单击"拉伸"对话框中的 确定 按钮，完成拉伸特征 3 的创建。

Step 21 创建图 13.37 所示的螺纹 1。

（1）选择命令。在 修改 ▼ 区域中单击 █ 螺纹 按钮。

（2）定义螺纹属性。在"螺纹"对话框中选中 ☑ 全螺纹 复选框。

（3）定义螺纹放置面。选取图 13.38 所示孔的内表面。

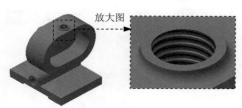
图 13.37 螺纹 1

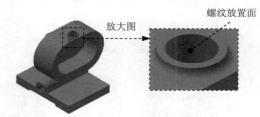
图 13.38 定义螺纹放置面

（4）单击"螺纹"对话框中的 确定 按钮，完成螺纹 1 的创建。

Step 22 创建图 13.39b 所示的倒角特征 2。选取图 13.39a 所示的边线为倒角的对象，输入倒角值 1.0。

图 13.39 倒角 2

Step 23 创建图 13.40 所示的孔 2。

（1）选择命令，在 修改 ▼ 区域中单击"孔"按钮 █。

（2）定义孔的放置方式及参考。在"孔"对话框 放置 区域的下拉列表中选择 ◎ 同心选项，然后依次选取图 13.41 所示的面及 13.42 所示的边为放置的参考。

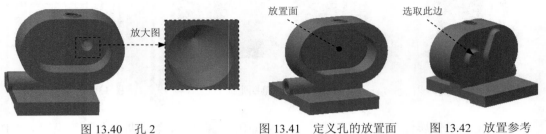

图 13.40　孔 2　　　　　　图 13.41　定义孔的放置面　　　　图 13.42　放置参考

（3）定义孔的样式及类型。在"孔"对话框中确认"直孔" ▌▌与"简单孔" ⊙ ▍▍被选中。

（4）定义孔的参数。在"孔"对话框 终止方式 区域的下拉列表中选择 距离 选项；在"孔"对话框孔预览图像区域输入孔的直径为 16，深度为 15。

（5）单击"孔"对话框中的 确定 按钮，完成孔的创建。

Step 24　创建图 13.43 所示的孔 3。

（1）选择命令。在 修改 ▼ 区域中单击"孔"按钮 ⦿。

（2）定义孔的放置方式及参考。在"孔"对话框 放置 区域的下拉列表中选择 ◎ 同心 选项，然后依次选取图 13.44 所示的面及 13.45 所示的边为放置的参考。

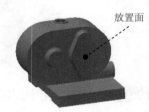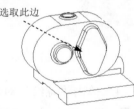

图 13.43　孔 3　　　　　　图 13.44　定义孔的放置面　　　　图 13.45　放置参考

（3）定义孔的样式及类型。在"孔"对话框中确认"直孔" ▌▌与"简单孔" ⊙ ▍▍被选中。

（4）定义孔的参数。在"孔"对话框 终止方式 区域的下拉列表中选择 距离 选项；在"孔"对话框孔预览图像区域输入孔的直径为 30，深度为 14。

（5）单击"孔"对话框中的 确定 按钮，完成孔的创建。

Step 25　后面的详细操作过程请参见随书光盘中 video\ch13\reference\文件下的语音视频讲解文件 PUMP_BODY-r02.avi。

14

泵箱

 实例概述

在设计该实例的过程中充分利用了"孔"、"阵列"和"镜像"等命令，在进行截面草图绘制的过程中要注意草图平面。零件模型和模型树如图 14.1 所示。

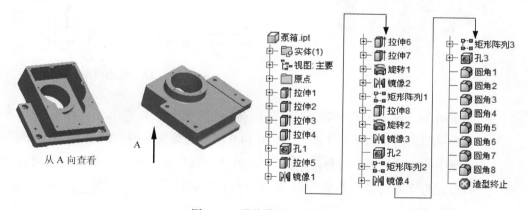

图 14.1　零件模型及模型树

说明：本例前面的详细操作过程请参见随书光盘中 video\ch14\reference\文件下的语音视频讲解文件-泵箱-r01.avi。

Step 1　打开文件 D:\inv13.3\work\ch14\泵箱_ex.ipt。

Step 2　创建图 14.2 所示的拉伸特征 2。在 创建 ▾ 区域中单击 按钮，选取图 14.3 所示的模型表面（不是与 XZ 基准平面重合的面）作为草图平面，绘制图 14.4 所示的截面草图，在"拉伸"对话框将布尔运算设置为"求差"类型 ，然后在 范围 区域中的下拉列表中选择 距离 选项，在"距离"文本框中输入 90，将拉伸方向设置为"方向 2"类型 。单击"拉伸"对话框中的 确定 按钮，完成拉伸特征 2 的创建。

图 14.2 拉伸特征 2

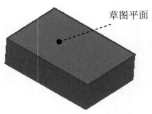

图 14.3 定义草图平面

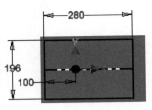

图 14.4 截面草图

Step 3 创建图 14.5 所示的拉伸特征 3。在 创建▼ 区域中单击 按钮，选取 XY 平面作为草图平面，绘制图 14.6 所示的截面草图，在"拉伸"对话框将布尔运算设置为"求差"类型 ，然后在 范围 区域中的文本框中选择 贯通 选项，将拉伸方向设置为"对称"类型 。单击"拉伸"对话框中的 确定 按钮，完成拉伸特征 3 的创建。

图 14.5 拉伸特征 3

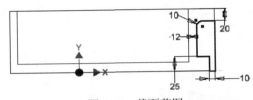

图 14.6 截面草图

Step 4 创建图 14.7 所示的拉伸特征 4。在 创建▼ 区域中单击 按钮，选取图 14.8 所示的模型表面作为草图平面，绘制图 14.9 所示的截面草图，在"拉伸"对话框 范围 区域中的下拉列表中选择 距离 选项，在"距离"文本框中输入 30，并将拉伸方向设置为"方向 2"类型 ，单击"拉伸"对话框中的 确定 按钮，完成拉伸特征 4 的创建。

图 14.7 拉伸特征 4

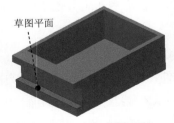

图 14.8 定义草图平面

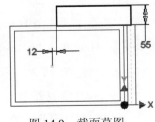

图 14.9 截面草图

Step 5 创建图 14.10 所示的草图。

（1）在 三维模型 选项卡 草图 区域中单击 按钮，然后选择图 14.11 所示的模型表面为草图平面，系统进入草图设计环境。

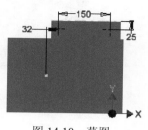

图 14.10　草图

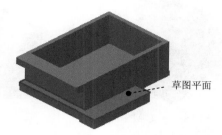

图 14.11　定义草图平面

（2）绘制图 14.10 所示的草图，单击 ✔ 按钮，退出草绘环境。

Step 6　创建图 14.12 所示的孔 1。

（1）选择命令。在 `修改 ▼` 区域中单击"孔"按钮 ▣。

（2）定义孔的放置方式及参考。在"孔"对话框 `放置` 区域的下拉列表中选择 `从草图` 选项。

（3）定义孔的样式及类型。在"孔"对话框中确认"沉头孔" 与"简单孔" 被选中。

（4）定义孔的参数。在"孔"对话框 `终止方式` 区域的下拉列表中选择 `贯通` 选项；在"孔"对话框孔预览图像区域输入图 14.13 所示的参数。

（5）单击"孔"对话框中的 `确定` 按钮，完成孔的创建。

Step 7　创建图 14.14 所示的拉伸特征 5。在 `创建 ▼` 区域中单击 按钮，选取图 14.15 所示的模型表面作为草图平面，绘制图 14.16 所示的截面草图，在"拉伸"对话框将布尔运算设置为"求差"类型 ，然后在 `范围` 区域中的下拉列表中选择 `贯通` 选项，将拉伸方向设置为"方向 2"类型 。单击"拉伸"对话框中的 `确定` 按钮，完成拉伸特征 5 的创建。

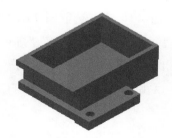

图 14.12　孔 1

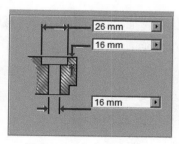

图 14.13　定义孔参数

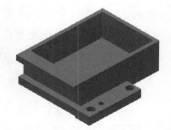

图 14.14　拉伸特征 5

Step 8　创建图 14.17 所示的镜像 1。

（1）选择命令。在 `阵列` 区域中单击"镜像"按钮。

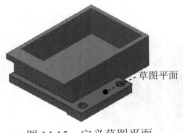

图 14.15 定义草图平面

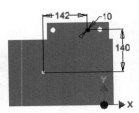

图 14.16 截面草图

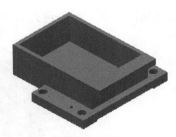

图 14.17 镜像 1

（2）选取要镜像的特征。在图形区中选取要镜像复制的"拉伸 4"、"孔 1"、"拉伸 5"特征。

（3）定义镜像中心平面。单击"镜像"对话框中的 镜像平面 按钮，然后选取 XY 平面作为镜像中心平面。

（4）单击"镜像"对话框中的 确定 按钮，完成镜像操作。

Step 9 创建图 14.18 所示的拉伸特征 6。在 创建 ▼ 区域中单击 按钮，选取图 14.19 所示的模型表面作为草图平面，绘制图 14.20 所示的截面草图，在"拉伸"对话框中将拉伸方向设置为"不对称"类型 ，在 范围 区域中的下拉列表中选择 距离 选项，在"距离"文本框中输入分别输入 18、55，单击"拉伸"对话框中的 确定 按钮，完成拉伸特征 6 的创建。

图 14.18 拉伸特征 6

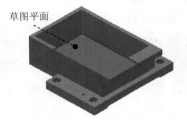

图 14.19 定义草图平面

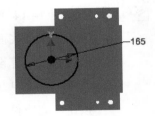

图 14.20 截面草图

Step 10 创建图 14.21 所示的拉伸特征 7。在 创建 ▼ 区域中单击 按钮，选取图 14.19 所示的模型表面作为草图平面，绘制图 14.22 所示的截面草图，在"拉伸"对话框将布尔运算设置为"求差"类型 ，然后在 范围 区域中的下拉列表中选择 贯通 选项，将拉伸方向设置为"对称"类型 。单击"拉伸"对话框中的 确定 按钮，完成拉伸特征 7 的创建。

Step 11 创建图 14.23 所示的旋转特征 1。

（1）选择命令。在 创建 ▼ 区域中单击 按钮，系统弹出"创建旋转"对话框。

（2）定义特征的截面草图。单击"创建旋转"对话框中的 创建二维草图 按钮，选取图 14.24 所示的模型表面为草图平面，进入草绘环境，绘制图 14.25 所示的截面草图。

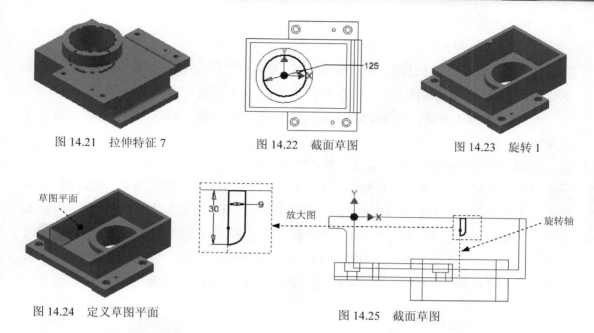

图 14.21　拉伸特征 7　　　　图 14.22　截面草图　　　　图 14.23　旋转 1

草图平面

放大图　　　　　　　　　　　　　　　旋转轴

图 14.24　定义草图平面　　　　　　　图 14.25　截面草图

（3）定义旋转属性。单击 草图 选项卡 返回到三维 区域中的 按钮，然后在"旋转"对话框中选取图 14.25 所示的旋转轴，在 范围 区域的下拉列表中选中 全部 选项。

（4）单击"旋转"对话框中的 确定 按钮，完成旋转特征 1 的创建。

Step 12　创建图 14.26 所示的镜像 2。

（1）选择命令。在 阵列 区域中单击"镜像"按钮 。

（2）选取要镜像的特征。在图形区中选取要镜像复制的"旋转 1"特征。

（3）定义镜像中心平面。单击"镜像"对话框中的 镜像平面 按钮，然后选取 XY 平面作为镜像中心平面。

（4）单击"镜像"对话框中的 确定 按钮，完成镜像操作。

Step 13　创建图 14.27 所示的矩形阵列 1。

图 14.26　镜像 2

图 14.27　矩形阵列 1

14

Chapter

（1）选择命令。在 阵列 区域中单击 按钮，系统弹出"矩形阵列"对话框。

（2）选择要阵列的特征。在图形区中选取旋转特征 1 与镜像 2（或在浏览器中选择"旋转 1"与"镜像 2"特征）。

（3）定义阵列参数。

① 定义方向 1 参考边线。在"矩形阵列"对话框中单击 方向1 区域中的 按钮，然后选取图 14.28 所示的边线 1 为方向 1 的参考边线，阵列方向可参考图 14.28 所示。

② 定义方向 1 参数。在 方向1 区域的 °°° 文本框中输入数值 2；在 ◇ 文本框中输入数值 100。

（4）单击 确定 按钮，完成矩形阵列的创建。

Step 14 创建图 14.29 所示的拉伸特征 8。在 创建 ▼ 区域中单击 按钮，选取图 14.30 所示的模型表面作为草图平面，绘制图 14.31 所示的截面草图，在"拉伸"对话框将布尔运算设置为"求和"类型 ，在 范围 区域中的下拉列表中选择 距离 选项，在"距离"文本框中输入 15，并将拉伸方向设置为"方向 2"类型 ，单击"拉伸"对话框中的 确定 按钮，完成拉伸特征 8 的创建。

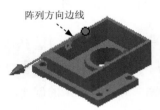

图 14.28　阵列方向边线

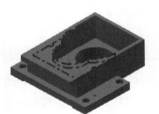

图 14.29　拉伸特征 8

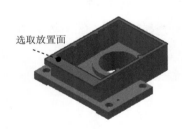

图 14.30　定义草图平面

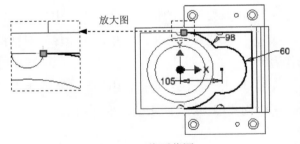

图 14.31　截面草图

Step 15 创建图 14.32 所示的旋转特征 2。在 创建 ▼ 区域中选择 命令，选取图 14.33 所示的模型表面为草图平面，绘制图 14.34 所示的截面草图；在"旋转"对话框 范围 区域的下拉列表中选中 全部 选项；单击"旋转"对话框中的 确定 按钮，完成旋转特征 2 的创建。

Step 16 创建图 14.35 所示的镜像 3。在 阵列 区域中单击"镜像"按钮 ，选取"旋转 2"为要镜像的特征，然后选取 XY 平面作为镜像中心平面，单击"镜像"对话框中的 确定 按钮，完成镜像操作。

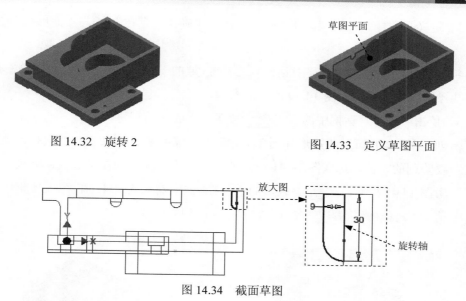

图 14.32　旋转 2　　　　　　　　　图 14.33　定义草图平面

图 14.34　截面草图

Step 17　创建图 14.36 所示的孔 2。

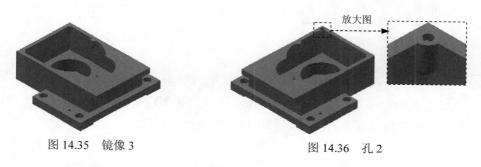

图 14.35　镜像 3　　　　　　　　　图 14.36　孔 2

（1）选择命令。在 修改 ▼ 区域中单击"孔"按钮 。

（2）定义孔的放置方式及参考。在"孔"对话框 放置 区域的下拉列表中选择 ◎ 同心 选项，在系统的提示下，选取图 14.37 所示的模型表面为孔的放置面，选取图 14.38 所示的边线为放置参考。

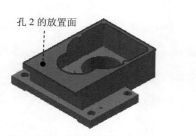

图 14.37　定义孔的放置面

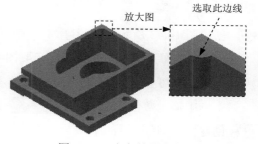

图 14.38　定义放置参考

（3）定义孔的样式及类型。在"孔"对话框中确认"直孔" ▊ 与"简单孔" ◉▊ 被选中。

（4）定义孔的参数。在"孔"对话框 终止方式 区域的下拉列表中选择 距离 选项；在"孔"对话框孔预览图像区域输入图 14.39 所示的参数。

（5）单击"孔"对话框中的 确定 按钮，完成孔的创建。

Step 18 创建图 14.40 所示的矩形阵列 2。在 阵列 区域中单击 ▦ 按钮，选取孔特征 2 作为要阵列的特征，选取图 14.41 所示的边线 1 为方向 1 的参考边线，阵列方向可参考图 14.41 所示；在 方向 1 区域的 ∞∞ 文本框中输入数值 4；在 ◇ 文本框中输入数值 100。单击 确定 按钮，完成矩形阵列的创建。

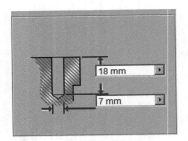

图 14.39　定义孔参数

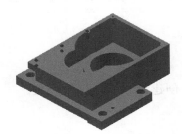

图 14.40　矩形阵列 2

Step 19 创建图 14.42 所示的镜像 4。在 阵列 区域中单击"镜像"按钮 ▥▥，选取"孔 2"与"矩形阵列 2"为要镜像的特征，然后选取 XY 平面作为镜像中心平面，单击"镜像"对话框中的 确定 按钮，完成镜像操作。

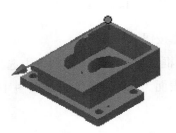

图 14.41　定义阵列参考边线

图 14.42　镜像 4

Step 20 创建图 14.43 所示的矩形阵列 3。在 阵列 区域中单击 ▦ 按钮，选取"旋转 2"与"孔 2"作为要阵列的特征，选取图 14.44 所示的边线 1 为方向 1 的参考边线，阵列方向可参考图 14.44 所示；在 方向 1 区域的 ∞∞ 文本框中输入数值 2；在 ◇ 文本框中输入数值 96。单击 确定 按钮，完成矩形阵列的创建。

Step 21 创建图 14.45 所示的草图。

（1）在 三维模型 选项卡 草图 区域中单击 ▨ 按钮，然后选择图 14.46 所示的模型表面为草图平面，系统进入草图设计环境。

图 14.43　矩形阵列 3

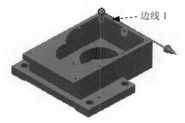

图 14.44　定义参考边线

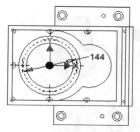

图 14.45　草图

（2）绘制图 14.45 所示的草图（草图中包含 4 个点），单击 ✔ 按钮，退出草绘环境。

Step 22 创建图 14.47 所示的孔 3。

（1）选择命令。在 修改 ▾ 区域中单击"孔"按钮 🔘。

（2）定义孔的放置方式及参考。在"孔"对话框 放置 区域的下拉列表中选择 从草图 选项。

（3）定义孔的样式及类型。在"孔"对话框中确认"沉头孔"按钮 与"简单孔"按钮 🔘 被选中。

（4）定义孔的参数。在"孔"对话框 终止方式 区域的下拉列表中选择 距离 选项；在"孔"对话框孔预览图像区域输入图 14.48 所示的参数。

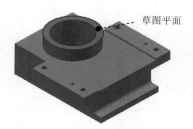

图 14.46　定义草图平面

图 14.47　孔 3

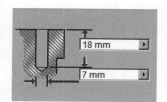

图 14.48　定义孔参数

（5）单击"孔"对话框中的 确定 按钮，完成孔的创建。

Step 23 后面的详细操作过程请参见随书光盘中 video\ch14\reference\文件下的语音视频讲解文件-泵箱-r02.avi。

15

箱壳

实例概述

本实例介绍了箱壳的设计过程。此例是对前面几个实例以及相关命令的总结性练习，模型本身是一个单纯的机械零件，但是通过练习本例，读者可以熟练掌握拉伸特征、孔特征、倒圆特征及扫掠特征的应用。零件模型及相应的模型树如图 15.1 所示。

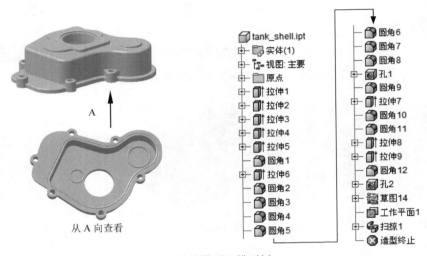

图 15.1　零件模型及模型树

说明：本例前面的详细操作过程请参见随书光盘中 video\ch15\reference\文件下的语音视频讲解文件 tank_shell-r01.avi。

Step 1　打开文件 D：\inv13.3\work\ch15\ tank_shell_ex.ipt。

Step 2　创建图 15.2 所示的拉伸特征 3。在 创建 ▾ 区域中单击 按钮，选取 XZ 平面作为草图平面，绘制图 15.3 所示的截面草图，在"拉伸"对话框将布尔运算设置为"求差"类型 ，然后在 范围 区域中的下拉列表中选择 距离 选项，在"距离"文本框中输入 110，将拉伸方向设置为"方向 1"类型 。单击"拉伸"对话框中的 确定 按钮，完成拉伸特征 3 的创建。

图 15.2　拉伸特征 3

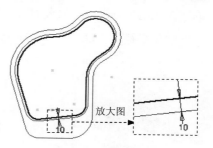

放大图

图 15.3　截面草图

Step 3　创建图 15.4 所示的拉伸特征 4。在 创建 ▼ 区域中单击 按钮，选取 XZ 平面作为草图平面，绘制图 15.5 所示的截面草图，在"拉伸"对话框选取图 15.5 所示的 6 个封闭的圆作为截面草图，然后将布尔运算设置为"求和"类型 ，在 范围 区域中的下拉列表中选择 距离 选项，在"距离"文本框中输入 50，将拉伸方向设置为"方向 1"类型 。单击"拉伸"对话框中的 确定 按钮，完成拉伸特征 4 的创建。

图 15.4　拉伸特征 4

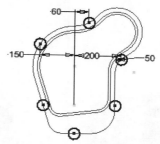

图 15.5　截面草图

Step 4　创建图 15.6 所示的拉伸特征 5。在 创建 ▼ 区域中单击 按钮，选取图 15.7 所示的模型表面作为草图平面，绘制图 15.8 所示的截面草图，在"拉伸"对话框将布尔运算设置为"求和"类型 ，然后在 范围 区域中的下拉列表中选择 距离 选项，在"距离"文本框中输入 10，将拉伸方向设置为"方向 1"类型 。单击"拉伸"对话框中的 确定 按钮，完成拉伸特征 5 的创建。

图 15.6　拉伸特征 5

草图平面

图 15.7　定义草图平面

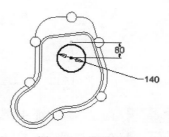

图 15.8　截面草图

Step 5 创建图 15.9b 所示的倒圆特征 1。选取图 15.9a 所示的模型边线为倒圆的对象，输入倒圆角半径值 10.0。

a）圆角前   图 15.9　边倒圆特征 1   b）圆角后

Step 6 创建图 15.10 所示的拉伸特征 6。在 创建 ▼ 区域中单击 按钮，选取图 15.11 所示的模型表面作为草图平面，绘制图 15.12 所示的截面草图，在"拉伸"对话框将布尔运算设置为"求和"类型 ，然后在 范围 区域中的下拉列表中选择 距离 选项，在"距离"下拉列表中输入 14，将拉伸方向设置为"方向 1"类型 。单击"拉伸"对话框中的 确定 按钮，完成拉伸特征 6 的创建。

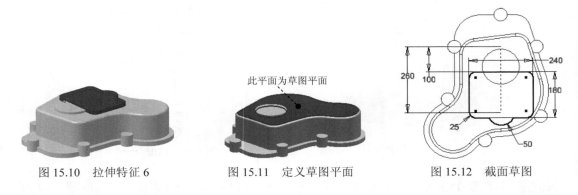

图 15.10　拉伸特征 6　　　　图 15.11　定义草图平面　　　　图 15.12　截面草图

Step 7 创建倒圆特征 2。操作步骤参照 Step5，选取图 15.13 所示的模型边线为倒圆的对象，输入倒圆角半径值 20.0。

Step 8 创建倒圆特征 3。选取图 15.14 所示的模型边线为倒圆的对象，倒圆角半径值 3.0。

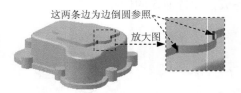
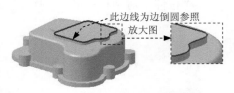

图 15.13　选取边倒圆参照　　　　　　　　图 15.14　选取边倒圆参照

Step 9 创建倒圆特征 4。选取图 15.15 所示的模型边线为倒圆的对象，倒圆角半径值 2.0。

Step 10 创建倒圆特征 5。选取图 15.16 所示的模型边线为倒圆的对象，倒圆角半径值 10.0。

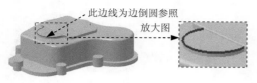
图 15.15　选取边倒圆参照

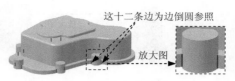
图 15.16　选取边倒圆参照

Step 11　创建倒圆特征 6。选取图 15.17 所示的模型边线为倒圆的对象，倒圆角半径值 10.0。

Step 12　创建倒圆特征 7。选取图 15.18 所示的模型边线为倒圆的对象，倒圆角半径值 5.0。

Step 13　创建倒圆特征 8。选取图 15.19 所示的模型边线为倒圆的对象，倒圆角半径值 5.0。

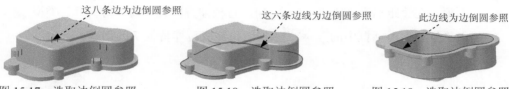
图 15.17　选取边倒圆参照　　　图 15.18　选取边倒圆参照　　　图 15.19　选取边倒圆参照

Step 14　创建图 15.20 所示的草图。在 三维模型 选项卡 草图 区域中单击 按钮，选取 XZ 平面作为草图平面，绘制图 15.20 所示的草图（共 6 个点）。

Step 15　创建图 15.21 所示的孔 1。

图 15.20　草图 1

图 15.21　孔 1

（1）选择命令。在 修改 ▾ 区域中单击"孔"按钮 。

（2）定义孔的放置方式及参考。在"孔"对话框 放置 区域的下拉列表中选择 从草图 选项。

（3）定义孔的样式及类型。在"孔"对话框中确认"直孔" 与"简单孔" 被选中。

（4）定义孔的参数。在"孔"对话框 终止方式 区域的下拉列表中选择 贯通 选项；在"孔"对话框孔预览图像区域输入孔的直径为 26.0。

（5）单击"孔"对话框中的 确定 按钮，完成孔的创建。

Step 16　创建倒圆特征 9。选取图 15.22 所示的模型边线为倒圆的对象，倒圆角半径值 5.0。

a）圆角前   b）圆角后

图 15.22   倒圆特征 9

Step 17   创建图 15.23 所示的拉伸特征 7。在 创建 ▾ 区域中单击 按钮，选取图 15.24
所示的模型表面作为草图平面，绘制图 15.25 所示的截面草图，在"拉伸"对话
框将布尔运算设置为"求和"类型 ，然后在 范围 区域中的下拉列表中选择 距离
选项，在"距离"文本框中输入 14，将拉伸方向设置为"方向 1"类型 。单
击"拉伸"对话框中的 确定 按钮，完成拉伸特征 7 的创建。

图 15.23   拉伸特征 7   图 15.24   定义草图平面   图 15.25   截面草图

Step 18   创建倒圆特征 10。选取图 15.26 所示的模型边线为倒圆的对象，倒圆角半径值 2.0。

Step 19   创建倒圆特征 11。选取图 15.27 所示的模型边线为倒圆的对象，倒圆角半径值 3.0。

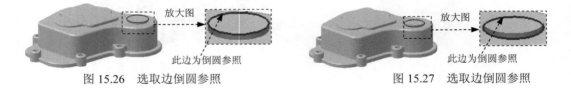

图 15.26   选取边倒圆参照   图 15.27   选取边倒圆参照

Step 20   创建图 15.28 所示的拉伸特征 8。在 创建 ▾ 区域中单击 按钮，选取图 15.29
所示的模型表面作为草图平面，绘制图 15.30 所示的截面草图，在"拉伸"对话
框将布尔运算设置为"求和"类型 ，然后在 范围 区域中的下拉列表中选择 距离
选项，在"距离"下拉列表中输入 10，将拉伸方向设置为"方向 1"类型 。
单击"拉伸"对话框中的 确定 按钮，完成拉伸特征 8 的创建。

Step 21   创建图 15.31 所示的拉伸特征 9。在 创建 ▾ 区域中单击 按钮，选取图 15.32
所示的模型表面作为草图平面，绘制图 15.33 所示的截面草图，在"拉伸"对话
框将布尔运算设置为"求差"类型 ，然后在 范围 区域中的下拉列表中选择 贯通

选项，将拉伸方向设置为"方向 1"类型 。单击"拉伸"对话框中的 确定 按钮，完成拉伸特征 9 的创建。

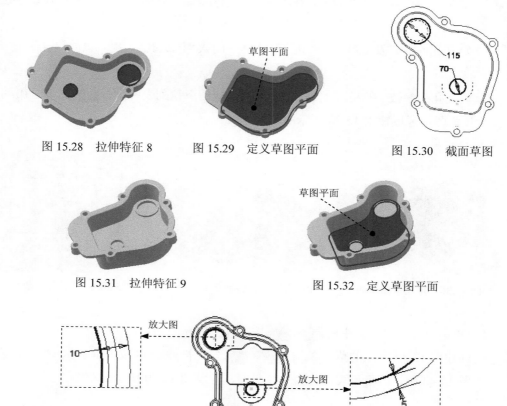

图 15.28 拉伸特征 8   图 15.29 定义草图平面   图 15.30 截面草图

图 15.31 拉伸特征 9   图 15.32 定义草图平面

图 15.33 截面草图

Step 22 创建倒圆特征 12。选取图 15.34 所示的模型边线为倒圆的对象，倒圆角半径值 2.0。

Step 23 创建图 15.35 所示的草图。在 三维模型 选项卡 草图 区域中单击 按钮，选取图 15.36 所示的模型表面作为草图平面，绘制图 15.35 所示的草图。

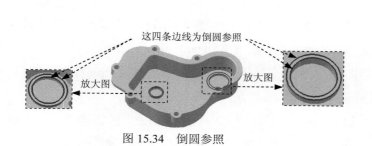

图 15.34 倒圆参照

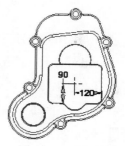

图 15.35 草图 2

Step 24 创建图 15.37 所示的孔 2。

（1）选择命令。在 修改 ▾ 区域中单击"孔"按钮 🔘。

（2）定义孔的放置方式及参考。在"孔"对话框 放置 区域的下拉列表中选择 🔲 从草图
选项。

（3）定义孔的样式及类型。在"孔"对话框中确认"沉头孔" 🔳 与"简单孔" 🔘▐ 被选中。

（4）定义孔的参数。在"孔"对话框 终止方式 区域的下拉列表中选择 贯通 选项；在"孔"对话框孔预览图像区域输入 15.38 所示的参数。

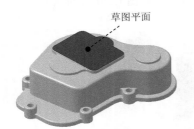

图 15.36 定义草图平面

图 15.37 孔特征 2

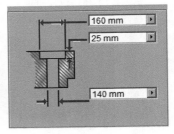

图 15.38 定义孔参数

（5）单击"孔"对话框中的 确定 按钮，完成孔的创建。

Step 25 创建图 15.39 所示的草图 3。在 三维模型 选项卡 草图 区域中单击 📝 按钮，选取图 15.40 所示的模型表面作为草图平面，绘制图 15.39 所示的草图。

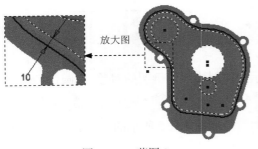

图 15.39 草图 3

图 15.40 定义草图平面

Step 26 创建图 15.41 所示的工作平面 1（本步的详细操作过程请参见随书光盘中 video\ch15\reference\文件下的语音视频讲解文件 tank_shell-r02.avi）。

Step 27 创建图 15.42 所示的草图 4。在 三维模型 选项卡 草图 区域中单击 📝 按钮，选取工作平面 1 作为草图平面，绘制图 15.42 所示的草图。

Step 28 创建图 15.43 所示的扫掠 1。在 创建 ▾ 区域中单击"扫掠"按钮 🌀 扫掠，选取 Step25 绘制的草图 3 所示线作为扫掠轨迹，在"扫掠"对话框 类型 区域的下拉列

表中选择 路径 选项，其他参数接受系统默认，单击"扫掠"对话框中的 确定 按钮，完成扫掠特征的创建。

图 15.41　工作平面 1

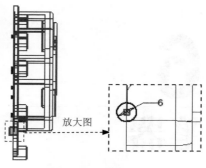

放大图

图 15.42　草图 4

图 15.43　扫掠特征

Step 29 至此，零件模型创建完毕。选择下拉菜单 ➡ 保存 命令，命名为 tank_shell，即可保存零件模型。

16

削笔器

实例概述

    本实例讲述的是削笔器（铅笔刀）的设计过程，首先通过"旋转"、"镜像"、"拉伸"等命令设计出模型的整体轮廓，再通过扫掠命令设计出最终模型。零件模型及模型树如图 16.1 所示。

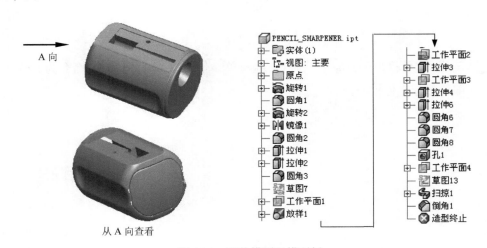

图 16.1　零件模型及模型树

    说明： 本例前面的详细操作过程请参见随书光盘中 video\ch16\reference\文件下的语音视频讲解文件 PENCIL_SHARPENER-r01.avi。

Step 1　打开文件 D:\inv13.3\work\ch16\PENCIL_SHARPENER_ex.ipt。

Step 2　创建图 16.2b 所示的倒圆特征 1。选取图 16.2a 所示的边线为倒圆的对象，输入倒圆角半径值 5。

Step 3　创建图 16.3 所示的旋转特征 2。

a）倒圆角前　　　　　　　　　　　　　　　b）倒圆角后

图 16.2　圆角 1

（1）选择命令。在 创建 ▼ 区域中单击 按钮，系统弹出"创建旋转"对话框。

（2）定义特征的截面草图。单击"创建旋转"对话框中的 创建二维草图 按钮，选取 YZ 平面为草图平面，进入草绘环境，绘制图 16.4 所示的截面草图。

图 16.3　旋转 2

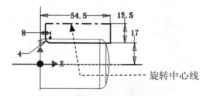

图 16.4　截面草图

（3）定义旋转属性。单击 草图 选项卡 返回到三维 区域中的 按钮，然后在"旋转"对话框中将布尔运算设置为"求差"类型 ，在 范围 区域的下拉列表中选中 全部 选项。

（4）单击"旋转"对话框中的 确定 按钮，完成旋转特征 2 的创建。

Step 4　创建图 16.5 所示的镜像 1。

a）镜像前　　　　　　　　　　　　　　　b）镜像后

图 16.5　镜像 1

（1）选择命令，在 阵列 区域中单击"镜像"按钮 。

（2）选取要镜像的特征。在图形区中选取要镜像复制的旋转 2 特征（或在浏览器中选择"旋转 2"特征）。

（3）定义镜像中心平面。单击"镜像"对话框中的 镜像平面 按钮，然后选取 XY 平面作为镜像中心平面。

（4）单击"镜像"对话框中的 确定 按钮，完成镜像操作。

Step 5　创建图 16.6b 所示的倒圆特征 2。选取图 16.6a 所示的边线为倒圆的对象，输入倒圆角半径值 2。

a）倒圆角前   b）倒圆角后

图 16.6　圆角 2

Step 6　创建图 16.7 所示的拉伸特征 1。

（1）选择命令。在 创建 ▾ 区域中单击 按钮，系统弹出"创建拉伸"对话框。

（2）定义特征的截面草图。单击"创建拉伸"对话框中的 创建二维草图 按钮，选取图 16.8 所示的模型表面作为草图平面，进入草绘环境。绘制图 16.9 所示的截面草图，单击 按钮。

图 16.7　拉伸 1

草图平面

图 16.8　定义草图平面

（3）定义拉伸属性。再次单击 创建 ▾ 区域中的 按钮，选取图 16.10 所示的区域为截面轮廓，然后将布尔运算设置为"求差"类型 ，在 范围 区域中的下拉列表中选择 贯通 选项，将拉伸方向设置为"方向 2"类型 。

（4）单击"拉伸"对话框中的 确定 按钮，完成拉伸特征 1 的创建。

Step 7　创建图 16.11 所示的拉伸特征 2。

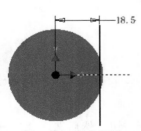

18.5

图 16.9　截面草图

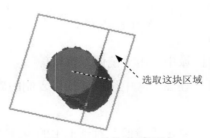

选取这块区域

图 16.10　选取截面区域

图 16.11　拉伸 2

（1）选择命令。在 创建 ▾ 区域中单击 按钮，系统弹出"创建拉伸"对话框。

（2）定义特征的截面草图。单击"创建拉伸"对话框中的 创建二维草图 按钮，选取图 16.12 所示的模型表面平面作为草图平面，进入草绘环境。绘制图 16.13 所示的截面草图。

图 16.12　草图平面

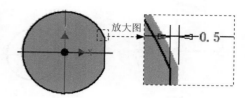

图 16.13　截面草图

（3）定义拉伸属性。单击 草图 选项卡 返回到三维 区域中的 按钮，在"拉伸"对话框 范围 区域中的下拉列表中选择 距离 选项，在"距离"文本框中输入 2，并将拉伸方向设置为"方向 1"类型 。

（4）单击"拉伸"对话框中的 确定 按钮，完成拉伸特征 1 的创建。

Step 8　创建图 16.14b 所示的倒圆角特征 3。选取图 16.14a 所示的边线为倒圆角的边线，输入倒圆角半径值 3.0。

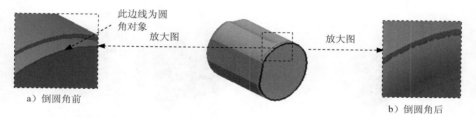

图 16.14　倒圆角 3

Step 9　创建草图 2。选取图 16.15 所示的模型表面作为草图平面，绘制图 16.16 所示的草图。

Step 10　创建图 16.17 所示的工作平面 1。在 定位特征 区域中单击"平面"按钮 下的 平面 按钮，选择 从平面偏移 命令；选取 XZ 平面作为参考平面，输入要偏距的距离 30；单击 按钮完成工作平面 1 的创建。

图 16.15　定义草图平面

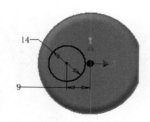

图 16.16　草图 2

图 16.17　工作平面 1

Step 11　创建草图 3。选取工作平面 1 作为草图平面，绘制图 16.18 所示的草图。

Step 12　创建图 16.19 所示的放样 1。

（1）选择命令，在 创建 ▼ 区域中单击 放样 按钮。

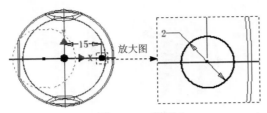
图 16.18　草图 3

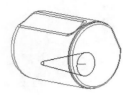
图 16.19　放样 1

（2）选择截面轮廓。依次选取草图 1 为第一个横截面，草图 2 为第二个横截面。

（3）选择轨迹线。本例中不使用轨迹线。

（4）单击"放样"对话框中的 确定 按钮，完成特征的创建。

Step 13　创建图 16.20 所示的工作平面 2。在 定位特征 区域中单击"平面"按钮 下的 平面 按钮，选择 从平面偏移 命令；选取图 16.21 所示的模型表面作为参考平面，输入要偏距的距离-2；单击 ✓ 按钮，完成工作平面 2 的创建。

图 16.20　工作平面 2

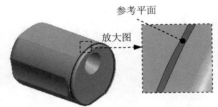
图 16.21　定义参考平面

Step 14　创建图 16.22 所示的拉伸特征 3。

（1）选择命令。在 创建 ▾ 区域中单击 按钮，系统弹出"创建拉伸"对话框。

（2）定义特征的截面草图。单击"创建拉伸"对话框中的 创建二维草图 按钮，选取工作平面 2 作为草图平面，进入草绘环境。绘制图 16.23 所示的截面草图，单击 ✓ 按钮。

图 16.22　拉伸 3

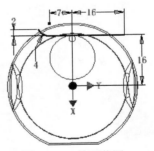
图 16.23　截面草图

（3）定义拉伸属性。再次单击 创建 ▾ 区域中的 按钮，然后将布尔运算设置为"求差"类型 ，在 范围 区域中的下拉列表中选择 贯通 选项，将拉伸方向设置为"方向 2"类型 。

（4）单击"拉伸"对话框中的 确定 按钮，完成拉伸特征 3 的创建。

Step 15 创建图 16.24 所示的工作平面 3。在 定位特征 区域中单击"平面"按钮 下的 平面 按钮，选择 从平面偏移 命令；选取工作平面 2 作为参考平面，输入要偏距的距离-40；单击 ✔ 按钮，完成工作平面 3 的创建。

Step 16 创建图 16.25 所示的拉伸特征 4。

（1）选择命令。在 创建 ▼ 区域中单击 按钮，系统弹出"创建拉伸"对话框。

（2）定义特征的截面草图。单击"创建拉伸"对话框中的 创建二维草图 按钮，选取工作平面 3 作为草图平面，进入草绘环境。绘制图 16.26 所示的截面草图，单击 ✔ 按钮。

图 16.24　工作平面 3

图 16.25　拉伸特征 4

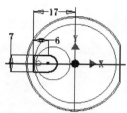
图 16.26　截面草图

（3）定义拉伸属性。再次单击 创建 ▼ 区域中的 按钮，然后将布尔运算设置为"求差"类型 ，在 范围 区域中的下拉列表中选择 到 选项，选择工作平面 1 作为拉伸到的面。

（4）单击"拉伸"对话框中的 确定 按钮，完成拉伸特征 4 的创建。

Step 17 创建图 16.27 所示的拉伸特征 5。

（1）选择命令。在 创建 ▼ 区域中单击 按钮，系统弹出"创建拉伸"对话框。

（2）定义特征的截面草图。单击"创建拉伸"对话框中的 创建二维草图 按钮，选取工作平面 3 作为草图平面，进入草绘环境。绘制图 16.28 所示的截面草图，单击 ✔ 按钮。

图 16.27　拉伸 5

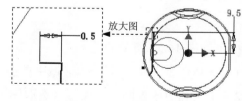
图 16.28　截面草图

（3）定义拉伸属性。再次单击 创建 ▼ 区域中的 按钮，然后将布尔运算设置为"求差"类型 ，在 范围 区域中的下拉列表中选择 到 选项，选择工作平面 2 作为拉伸到的面。

（4）单击"拉伸"对话框中的 确定 按钮，完成拉伸特征 5 的创建。

Step 18 创建图 16.29b 所示的倒圆特征 4。选取图 16.29a 所示的边线为倒圆的对象，输入倒圆角半径值 1。

图 16.29　圆角 4

Step 19 创建图 16.30b 所示的倒圆特征 5。选取图 16.30a 所示的边线为倒圆的对象，输入倒圆角半径值 0.4。

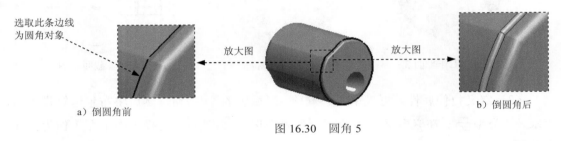

图 16.30　圆角 5

Step 20 创建图 16.31b 所示的倒圆特征 6。选取图 16.31a 所示的边线为倒圆角的边线；输入圆角半径值 0.5。

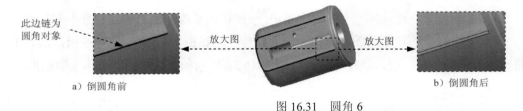

图 16.31　圆角 6

Step 21 创建图 16.32 所示的孔 1。

（1）选择命令。在 修改 ▼ 区域中单击"孔"按钮 。

（2）定义孔的放置面。在图形区选取图 16.32 所示的模型表面为孔的放置面。

（3）定义孔的放置方式及参考。在"孔"对话框 放置 区域的下拉列表中选择 线性 选项，然后选取图 16.33 所示的边线为放置的参考，定位尺寸为 2.5，再选取图 16.34 所示的边为放置参考，定位尺寸为 24。

（4）定义孔的样式及类型。在"孔"对话框中确认"直孔" 与"螺纹孔" 被选中，在 螺纹 区域的 螺纹类型 下拉列表中选择 ISO Metric profile 选项，在 尺寸 下拉列表中选择 3 选项，在 规格 下拉列表中选择 M3x0.5 选项，其余参数接受系统默认。

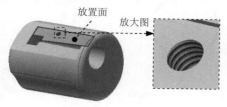

图 16.32 孔 1

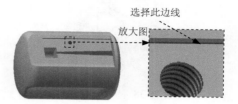

图 16.33 定位参考 1

（5）定义孔的参数。在"孔"对话框 终止方式 区域的下拉列表中选择 距离 选项；在 "孔"对话框孔预览图像区域输入孔的距离 4。

（6）单击"孔"对话框中的 确定 按钮，完成孔的创建。

Step 22 创建图 16.35 所示的工作平面 4。在 定位特征 区域中单击"平面"按钮 ⊡ 下的 平面 按钮，选择 ⫾从平面偏移 命令；选取 XZ 平面作为参考平面，输入要偏距的距离 55；单击 ✓ 按钮，完成工作平面 4 的创建。

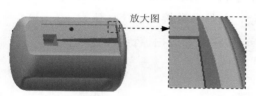

图 16.34 定位参考 2

图 16.35 工作平面 4

Step 23 创建草图 3。选取工作平面 4 作为草图平面，绘制图 16.36 所示的草图 3。

Step 24 创建图 16.37 所示的投影曲线。

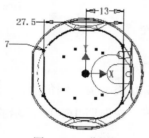

图 16.36 草图 3

图 16.37 投影曲线

（1）在 三维模型 选项卡 草图 区域中单击 ✎创建三维草图 按钮。

（2）单击"投影到曲面"按钮 ⌒，选择图 16.38 所示的面作为投影面。

（3）单击 曲线 左侧的 ⬚ 按钮，选择草图 3 作为投影曲线。在 输出 区域选择类型为 ⬚。

（4）单击"将曲线投影到曲面"对话框中的 确定 按钮，完成投影曲线的创建。

Step 25 创建草图 4。选取 XY 平面作为草图平面，绘制图 16.39 所示的草图。

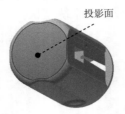

图 16.38　定义投影面

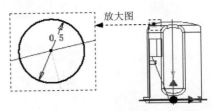

图 16.39　草图 4

说明：草图 4 的圆心与投影曲线重合。

Step 26　创建图 16.40 所示的扫掠 1。

（1）选择命令，在 创建 ▼ 区域中单击"扫掠"按钮 扫掠。

（2）定义扫掠轨迹。在"扫掠"对话框中单击 按钮，然后在图形区中选取投影曲线作为扫掠轨迹，完成扫掠轨迹的选取。

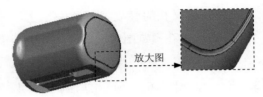

图 16.40　扫掠 1

（3）定义扫掠类型。在"扫掠"对话框中将布尔运算设置为"求差" ，在"扫掠"对话框 类型 区域的下拉列表中选择 路径 选项，其他参数接受系统默认。

（4）单击"扫掠"对话框中的 确定 按钮，完成扫掠特征的创建。

Step 27　创建图 16.41b 所示的倒角特征 1。

a）倒角前　　　　　　　　　　　　　　　　　　　b）倒角后

图 16.41　倒角

（1）选择命令。在 修改 ▼ 区域中单击 倒角 按钮。

（2）定义倒角类型。在"倒角"对话框中定义倒角类型为"倒角边长" 。

（3）选取模型中要倒角的边线，在系统的提示下，选取图 16.41a 所示的模型边线为倒角的对象。

（4）定义倒角参数。在"倒角"对话框 倒角边长 文本框中输入 0.2。

（5）单击"倒角"对话框中的 确定 按钮完成倒角特征的定义。

Step 28　保存零件模型文件。

17

插头

实例概述

本实例主要讲述了一款插头的设计过程，该设计过程中运用了拉伸、扫掠、基准面、阵列和旋转等命令。其中阵列的操作技巧性较强，需要读者用心体会。插头模型及模型树如图 17.1 所示。

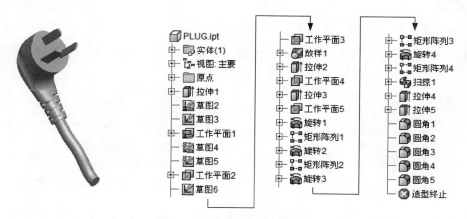

图 17.1　零件模型及模型树

说明：本例前面的详细操作过程请参见随书光盘中 video\ch17\reference\文件下的语音视频讲解文件 PLUG-r01.avi。

Step 1　打开文件 D:\inv13.3\work\ch17\PLUG_ex.ipt。

Step 2　创建草图 1。

（1）在 三维模型 选项卡 草图 区域中单击 按钮，然后选择 YZ 平面为草图平面，系统进入草图设计环境。

（2）绘制图 17.2 所示的草图，单击 按钮，退出草绘环境。

Step 3　创建草图 2。选取 YZ 平面为草图平面，绘制图 17.3 所示的草图。

Step **4**   创建图 17.4 所示的工作平面 1。在 定位特征 区域中单击"平面"按钮 ⬜ 下的 平面 按
钮，选择 ⬜ 与轴垂直且通过点 命令；在图形区选取图 17.5 所示的点 1 为参考点，然后再
选取图 17.5 所示的直线为参考线，即可创建通过点 1 且垂直于参考曲线的平面。

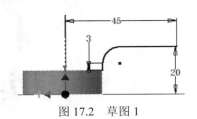

图 17.2　草图 1

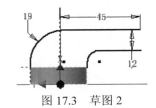

图 17.3　草图 2

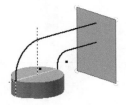

图 17.4　工作平面 1

Step **5**   创建图 17.6 所示的草图 3。选取工作平面 1 草图平面，绘制图 17.7 所示的草图。

图 17.5　定义参考点与参考线

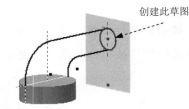

图 17.6　草图 3（建模环境）

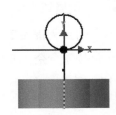

图 17.7　草图 3（草图环境）

Step **6**   创建草图 4。选取图 17.8 所示的模型表面作为草图平面，绘制图 17.9 所示的草图。

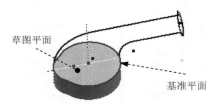

图 17.8　草图 4（建模环境）

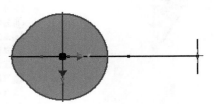

图 17.9　草图 4（草图环境）

Step **7**   创建图 17.10 所示的工作平面 2。在 定位特征 区域中单击"平面"按钮 ⬜ 下的 平面
按钮，选择 ⬜ 从平面偏移 命令；选取图 17.11 所示的工作平面 1 作为参考平面，输入
要偏距的距离-23；单击 ✓ 按钮，完成工作平面 2 的创建。

Step **8**   创建图草图 5。选取图工作平面 2 作为草图平面，绘制图 17.12 所示的草图。

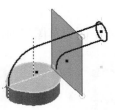

图 17.10　工作平面 2

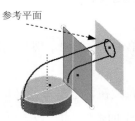

图 17.11　定义参考平面

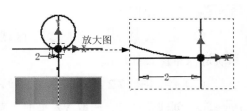

图 17.12　草图 5

说明：草图 5 为一条长度为 2 的直线。

Step 9 创建图 17.13 所示的工作平面 3。在 定位特征 区域中单击"平面"按钮 □ 下的 平面 按钮，选择 三点 命令；选取图 17.14 所示的三个点作为参考点，单击 ✔ 按钮，完成工作平面 3 的创建。

图 17.13　工作平面 3

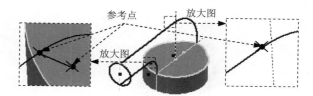

图 17.14　定义参考点

Step 10 创建图 17.15 所示的草图 6。选取工作平面 3 作为草图平面，绘制图 17.16 所示的草图。

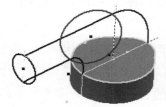

图 17.15　草图 6（建模环境）

图 17.16　草图 6（草图环境）

Step 11 创建图 17.17 所示的放样 1。

（1）选择命令，在 创建▼ 区域中单击 放样 按钮。

（2）选择截面轮廓。依次选取图 17.18 所示的草图 4 为横截面 1，选取草图 6 为横截面 2，选取草图 3 为横截面 3。

图 17.17　放样 1

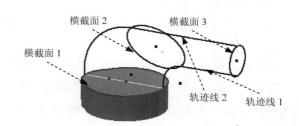

图 17.18　定义横截面与轨迹线

（3）选择轨迹线。选取图 17.18 所示的轨迹线 1 与轨迹线 2 为轨迹线。

（4）单击 条件 选项卡，将草图5（剖视图）与 草图4（剖视图）的条件设置为"方向条件" 。

（5）单击"放样"对话框中的 确定 按钮，完成特征的创建。

Step **12** 创建图 17.19 所示的拉伸特征 2。

（1）选择命令。在 创建▼ 区域中单击 █ 按钮，系统弹出"创建拉伸"对话框。

（2）定义特征的截面草图。单击"创建拉伸"对话框中的 创建二维草图 按钮，选取 XZ 平面作为草图平面，进入草绘环境。绘制图 17.20 所示的截面草图，单击 ✔ 按钮。

图 17.19　拉伸 2

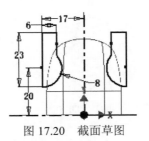

图 17.20　截面草图

（3）定义拉伸属性。再次单击 创建▼ 区域中的 █ 按钮，然后将布尔运算设置为"求差"类型 🗗，在 范围 区域中的下拉列表中选择 贯通 选项，将拉伸方向设置为"对称"类型 🗶。

（4）单击"拉伸"对话框中的 确定 按钮，完成拉伸特征 2 的创建。

Step **13** 创建图 17.21 所示的工作平面 4。在 定位特征 区域中单击"平面"按钮 🗗 下的 平面 按钮，选择 📄从平面偏移 命令；选取图 17.22 所示的 XY 平面作为参考平面，输入要偏距的距离 6；单击 ✔ 按钮，完成工作平面 4 的创建。

Step **14** 创建图 17.23 所示的拉伸特征 3。

图 17.21　工作平面 4

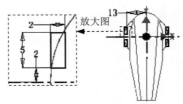

图 17.22　截面草图

图 17.23　拉伸 3

（1）选择命令。在 创建▼ 区域中单击 █ 按钮，系统弹出"创建拉伸"对话框。

（2）定义特征的截面草图。单击"创建拉伸"对话框中的 创建二维草图 按钮，选取平面 4 作为草图平面，进入草绘环境。绘制图 17.22 所示的截面草图，单击 ✔ 按钮。

（3）定义拉伸属性。再次单击 创建▼ 区域中的 █ 按钮，然后将布尔运算设置为"求差"类型 🗗，在 范围 区域中的下拉列表中选择 贯通 选项，将拉伸方向设置为"方向 1"类型 🗶。

（4）单击"拉伸"对话框中的 确定 按钮，完成拉伸特征 3 的创建。

Step **15** 创建图 17.24 所示的工作点。在 定位特征 区域中单击"工作点"按钮 ◈ 右侧的 ▾

按钮，选择 边回路的中心点 命令。选择图 17.25 所示的圆弧。

Step 16 创建图 17.26 所示的工作平面 5。在 定位特征 区域中单击"平面"按钮 下的 平面
按钮，选择 平行于平面且通过点 命令；选取 XY 平面作为参考平面，再选取 17.24 所示
的工作点作为参考点；单击 ✔ 按钮，完成工作平面 5 的创建。

图 17.24　工作点

图 17.25　定义回路

图 17.26　工作平面 5

Step 17 创建图 17.27 所示的旋转特征 1。

（1）选择命令。在 创建 ▼ 区域中单击 按钮，系统弹出"创建旋转"对话框。

（2）定义特征的截面草图。单击"创建旋转"对话框中的 创建二维草图 按钮，选取工作
平面 5 为草图平面，进入草绘环境，绘制图 17.28 所示的截面草图。

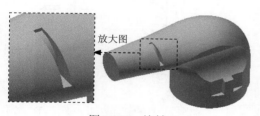

图 17.27　旋转 1

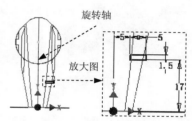

图 17.28　截面草图

（3）定义旋转属性。单击 草图 选项卡 返回到三维 区域中的 按钮，然后在"旋转"
对话框中将布尔运算设置为"求差"类型 ，在 范围 区域的下拉列表中选中 角度 选项，
输入角度值 90，并将旋转方向调整为"方向 1"类型 。

（4）单击"旋转"对话框中的 确定 按钮，完成旋转特征 1 的创建。

Step 18 创建图 17.29 所示的矩形阵列 1。

a）阵列前

b）阵列后

图 17.29　阵列 1

（1）选择命令。在 阵列 区域中单击 按钮。

（2）选择要阵列的特征。在图形区中选取旋转特征 1（或在浏览器中选择"旋转 1"特征）。

（3）定义阵列参数。

① 定义阵列方向。在"矩形阵列"对话框中单击 方向1 区域中的 ▣ 按钮，然后选取 Y 轴为矩形阵列方向，单击 ▣ 按钮更改阵列方向。

② 定义阵列实例数。在 方向1 区域的 ⚬⚬⚬ 按钮后的文本框中输入数值 3。

③ 定义阵列角度。在 方向1 区域的 ◈ 按钮后的文本框中输入数值 6。

（4）单击 确定 按钮，完成矩形阵列的创建。

Step 19 创建图 17.30 所示的旋转特征 2。

（1）选择命令。在 创建 ▾ 区域中单击 ▤ 按钮，系统弹出"创建旋转"对话框。

（2）定义特征的截面草图。单击"创建旋转"对话框中的 创建二维草图 按钮，选取工作平面 5 为草图平面，进入草绘环境，绘制图 17.31 所示的截面草图。

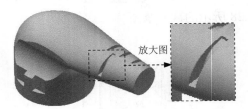

图 17.30 旋转特征 2

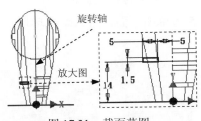

图 17.31 截面草图

（3）定义旋转属性。单击 草图 选项卡 返回到三维 区域中的 ▤ 按钮，然后在"旋转"对话框中将布尔运算设置为"求差"类型 ▣，在 范围 区域的下拉列表中选中 角度 选项，输入角度值 90。并将旋转方向调整为"方向 2"类型 ▣。

（4）单击"旋转"对话框中的 确定 按钮，完成旋转特征 2 的创建。

Step 20 创建图 17.32 所示的矩形阵列 2。

a）阵列前　　　　　　　　　　　b）阵列后

图 17.32 阵列 2

（1）选择命令，在 阵列 区域中单击 ▦ 按钮。

（2）选择要阵列的特征。在图形区中选取旋转特征 2（或在浏览器中选择"旋转 2"特征）。

（3）定义阵列参数。

① 定义阵列方向。在"矩形阵列"对话框中单击 方向1 区域中的 ▷ 按钮，然后选取 Y 轴为矩形阵列方向，单击 ✦ 按钮更改阵列方向。

② 定义阵列实例数。在 方向1 区域的 ⋯ 按钮后的文本框中输入数值 3。

③ 定义阵列角度。在 方向1 区域的 ◇ 按钮后的文本框中输入数值 6。

（4）单击 确定 按钮，完成矩形阵列的创建。

Step 21　创建图 17.33 所示的旋转特征 3。

（1）选择命令。在 创建 ▾ 区域中单击 🗐 按钮，系统弹出"创建旋转"对话框。

（2）定义特征的截面草图。单击"创建旋转"对话框中的 创建二维草图 按钮，选取工作平面 5 为草图平面，进入草绘环境，绘制图 17.34 所示的截面草图。

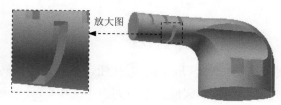

图 17.33　旋转特征 3

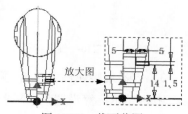

图 17.34　截面草图

（3）定义旋转属性。单击 草图 选项卡 返回到三维 区域中的 🗐 按钮，然后在"旋转"对话框中将布尔运算设置为"求差"类型 🗗，在 范围 区域的下拉列表中选中 角度 选项，输入角度值 90，并将旋转方向调整为"方向 2"类型 ◁。

（4）单击"旋转"对话框中的 确定 按钮，完成旋转特征 3 的创建。

Step 22　创建图 17.35 所示的矩形阵列 3。

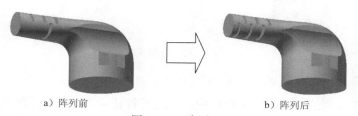

a）阵列前　　　　　　　　　　　b）阵列后

图 17.35　阵列 3

（1）选择命令，在 阵列 区域中单击 ⊞ 按钮。

（2）选择要阵列的特征。在图形区中选取旋转特征 3（或在浏览器中选择"旋转 3"特征）。

（3）定义阵列参数。

① 定义阵列方向。在"矩形阵列"对话框中单击 方向1 区域中的 ▷ 按钮，然后选取 Y 轴为矩形阵列方向，单击 ✦ 按钮更改阵列方向。

② 定义阵列实例数。在 方向1 区域的 ⋯ 按钮后的文本框中输入数值 3。

③ 定义阵列角度。在 方向1 区域的 ◇ 按钮后的文本框中输入数值 6。

（4）单击 确定 按钮，完成矩形阵列的创建。

Step 23 创建图 17.36 所示的旋转特征 4。

（1）选择命令。在 创建 ▼ 区域中单击 按钮，系统弹出"创建旋转"对话框。

（2）定义特征的截面草图。单击"创建旋转"对话框中的 创建二维草图 按钮，选取工作平面 5 为草图平面，进入草绘环境，绘制图 17.37 所示的截面草图。

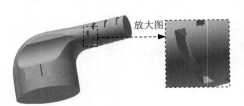

图 17.36 旋转特征 4

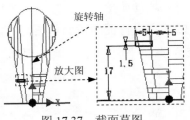

图 17.37 截面草图

（3）定义旋转属性。单击 草图 选项卡 返回到三维 区域中的 按钮，然后在"旋转"对话框中将布尔运算设置为"求差"类型 ，在 范围 区域的下拉列表中选中 角度 选项，输入角度值 90。并将旋转方向调整为"方向 1"类型 。

（4）单击"旋转"对话框中的 确定 按钮，完成旋转特征 4 的创建。

Step 24 创建图 17.38 所示的矩形阵列 4。

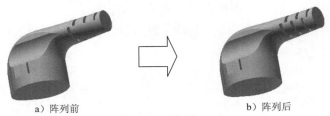

a）阵列前   b）阵列后

图 17.38   阵列 4

（1）选择命令，在 阵列 区域中单击 按钮。

（2）选择要阵列的特征。在图形区中选取旋转特征 4（或在浏览器中选择"旋转 4"特征）。

（3）定义阵列参数。

① 定义阵列方向。在"矩形阵列"对话框中单击 方向1 区域中的 按钮，然后选取 Y轴为矩形阵列方向，单击 按钮更改阵列方向。

② 定义阵列实例数。在 方向1 区域的 ⋯ 按钮后的文本框中输入数值 3。

③ 定义阵列角度。在 方向1 区域的 ◇ 按钮后的文本框中输入数值 6。

（4）单击 确定 按钮，完成矩形阵列的创建。

Step 25　创建草图 7。选取 YZ 平面作为草图平面，绘制图 17.39 所示的草图。

Step 26　创建草图 8。选取图 17.40 所示的模型表面作为草图平面，绘制图 17.41 所示的草图。

图 17.39　草图 7

图 17.40　草图平面

图 17.41　草图 8

Step 27　创建图 17.42 所示的扫掠 1。

（1）选择命令。在 创建 ▾ 区域中单击"扫掠"按钮 🌀 扫掠 。

（2）定义扫掠轨迹。在"扫掠"对话框中单击 ▨ 按钮，然后在图形区中选取草图 7 作为扫掠轨迹，完成扫掠轨迹的选取。

（3）定义扫掠类型。在"扫掠"对话框 类型 区域的下拉列表中选择 路径 选项，其他参数接受系统默认。

（4）单击"扫掠"对话框中的 确定 按钮，完成扫掠特征的创建。

Step 28　创建图 17.43 所示的拉伸特征 3。

（1）选择命令。在 创建 ▾ 区域中单击 ▥ 按钮，系统弹出"创建拉伸"对话框。

（2）定义特征的截面草图。单击"创建拉伸"对话框中的 创建二维草图 按钮，选取 XY 平面作为草图平面，进入草绘环境。绘制图 17.44 所示的截面草图。

图 17.42　扫掠 1　　　　图 17.43　拉伸 3　　　　图 17.44　截面草图

（3）定义拉伸属性。单击 草图 选项卡 返回到三维 区域中的 ▥ 按钮，在"拉伸"对话框 范围 区域中的下拉列表中选择 距离 选项，在"距离"文本框中输入 22.0，并将拉伸方向设置为"方向 2"类型 ▨ 。

（4）单击"拉伸"对话框中的 确定 按钮，完成拉伸特征 3 的创建。

Step 29　创建图 17.45 所示的拉伸特征 4。

（1）选择命令。在 创建 ▾ 区域中单击 ▥ 按钮，系统弹出"创建拉伸"对话框。

（2）定义特征的截面草图。单击"创建拉伸"对话框中的 创建二维草图 按钮，选取 XY 平面作为草图平面，进入草绘环境。绘制图 17.46 所示的截面草图。

图 17.45　拉伸特征 4　　　　　　　　　　　图 17.46　截面草图

（3）定义拉伸属性。单击 草图 选项卡 返回到三维 区域中的 按钮，在"拉伸"对话框 范围 区域中的下拉列表中选择 距离 选项，在"距离"文本框中输入 22.0，并将拉伸方向设置为"方向 2"类型 。

（4）单击"拉伸"对话框中的 确定 按钮，完成拉伸特征 4 的创建。

Step 30　创建图 17.47b 所示的完全圆角 1。

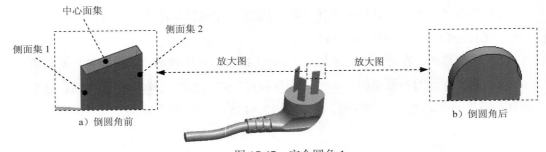

图 17.47　完全圆角 1

（1）选择命令。在 修改 ▼ 区域中单击 按钮。

（2）定义圆角类型。在"圆角"对话框单击"全圆角"按钮 。

（3）定义侧面集与中心面集。在图形区依次选取图 17.47a 所示的侧面集 1、中心面集及侧面集 2。

（4）单击"圆角"对话框中的 确定 按钮，完成完全圆角特征的定义。

Step 31　参照 Step30 创建图 17.48b 所示的完全圆角 2 与完全圆角 3。

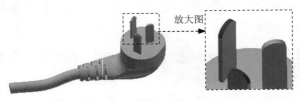

图 17.48　完全圆角 2、3

Step 32   创建图 17.49b 所示的圆角 4。选取图 17.49a 所示的边线为倒圆的对象，输入倒圆角半径值 0.5。

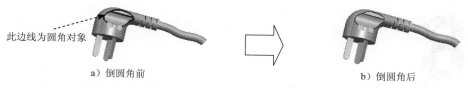

a）倒圆角前   b）倒圆角后

图 17.49   圆角 4

Step 33   创建图 17.50b 所示的圆角 5。选取图 17.50a 所示的边线为倒圆的对象，输入倒圆角半径值 0.5。

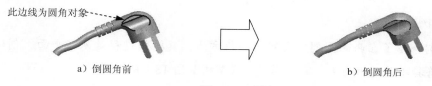

a）倒圆角前   b）倒圆角后

图 17.50   圆角 5

Step 34   保存零件模型文件。

18

曲面上创建文字

 实例概述

  本实例介绍了在曲面上创建文字的一般方法，其操作过程是先在平面上创建草绘文字，然后将其印贴到曲面上，零件模型及模型树如图 18.1 所示。

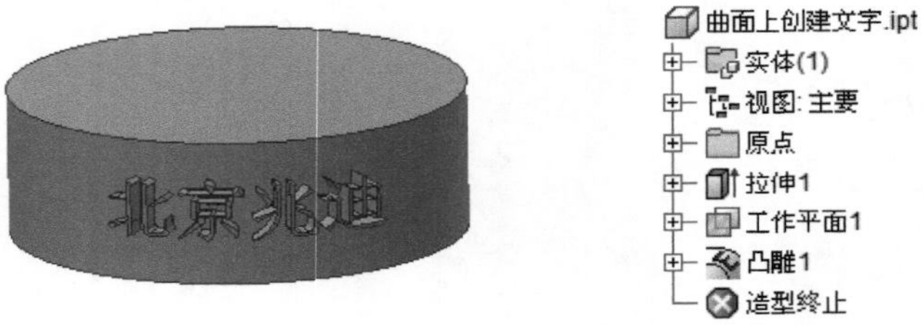

图 18.1 零件模型及模型树

  说明：本例前面的详细操作过程请参见随书光盘中 video\ch18\reference\文件下的语音视频讲解文件-曲面上创建文字-r01.avi。

Step 1 打开文件 D:\inv13.3\work\ch18\曲面上创建文字_ex.ipt。

Step 2 创建图 18.2 所示的平面 1。

  （1）选择命令。在 定位特征 区域中单击"平面"按钮 下的 平面 按钮，选择 与曲面相切且平行于平面 命令。

  （2）定义参考平面。在图形区选取图 18.3 所示的圆柱面与 XY 平面作为参考平面。

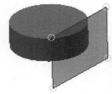

图 18.2 平面 1

Step 3 创建图 18.4 所示的草图 2。在 三维模型 选项卡 草图 区域中单击 按钮，选取平面 1 作为草图平面，单击 草图 选项卡 绘制 ▼ 区域中的 **A 文本** 按钮，在图形区合适的位置单击，系统弹出图 18.5 所示的文本格式对话框，设置图 18.5 所示的参数，单击 确定 按钮，系统返回到草绘环境，添加图 18.4 所示的定位尺寸，绘制图 18.4 所示的草图。

选取此面

图 18.3　参考面

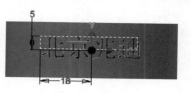

图 18.4　草图 2

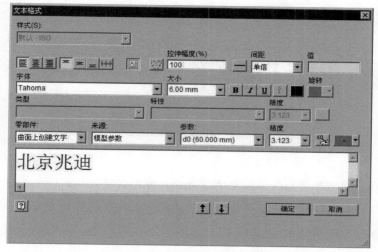

图 18.5　"文本格式"对话框

Step 4 创建图 18.6 所示的凸雕拉伸 1。

（1）选择命令。单击 三维模型 功能区域选项卡 创建 ▼ 区域中的 ✦ 凸雕 按钮。

（2）定义截面轮廓。选取图 18.4 所示的草图 2。

（3）定义方向和高度。调整方向至图 18.7 所示。在 深度 文本框中输入 3.00。

（4）在"凸雕"对话框中选中 ☑ 折叠到面 复选框，然后选取图 18.8 所示的面。

图 18.6　凸雕特征 1

图 18.7　定义方向

选取该面

图 18.8　定义折叠面

（5）单击"凸雕"对话框中的 确定 按钮，完成凸雕拉伸 1 的创建。

Step 5 保存模型文件。选择下拉菜单 ━━▶ 保存 命令，文件名称为"曲面上创建文字"。

19

微波炉调温旋钮

 实例概述

　　本实例是日常生活中常见的微波炉调温旋钮。首先创建旋转曲面和基准曲线,通过基准曲线构建出放样曲面,再利用放样曲面来塑造实体,然后进行倒圆角、抽壳,从而得到最终模型。零件模型及模型树如图 19.1 所示。

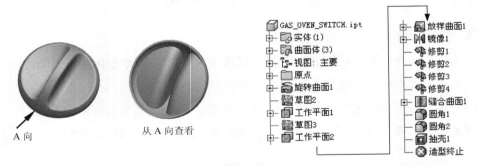

图 19.1　零件模型及模型树

Step 1　新建零件模型,进入建模环境。

Step 2　创建图 19.2 所示的旋转曲面 1。

　　(1)选择命令。在 创建 ▾ 区域中单击 按钮,系统弹出"创建旋转"对话框。

　　(2)定义特征的截面草图。单击"创建旋转"对话框中的 创建二维草图 按钮,选取 XY 平面为草图平面,进入草绘环境,绘制图 19.3 所示的截面草图。

　　(3)定义旋转属性。单击 草图 选项卡 返回到三维 区域中的 按钮,在 输出 区域中选择为"曲面"类型 ,在 范围 区域的下拉列表中选中 全部 选项。

　　(4)单击"旋转"对话框中的 确定 按钮,完成旋转曲面 1 的创建。

Step 3　创建草图 1。

（1）在 三维模型 选项卡 草图 区域中单击 按钮，然后选择 XY 平面为草图平面，系统进入草图设计环境。

（2）绘制图 19.4 所示的草图，单击 按钮，退出草绘环境。

图 19.2　旋转 1

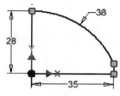

图 19.3　截面草图

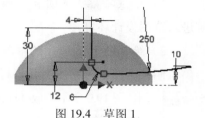

图 19.4　草图 1

说明：半径 250 的圆弧圆心位于 Y 轴上。

Step 4　创建图 19.5 所示的平面 1。

（1）选择命令。在 定位特征 区域中单击"平面"按钮 下的 平面 按钮，选择 从平面偏移 命令。

（2）定义参考平面。在图形区选取 XY 平面作为参考平面。

（3）定义偏移距离与方向。在"基准面"小工具条的下拉列表中输入要偏距的距离 35。偏移方向参考图 19.5 所示。

（4）单击 按钮，完成偏距基准面的创建。

Step 5　创建草图 2。

（1）在 三维模型 选项卡 草图 区域中单击 按钮，然后选择平面 1 为草图平面，系统进入草图设计环境。

（2）绘制图 19.6 所示的草图，单击 按钮，退出草绘环境。

说明：半径 300 的圆弧圆心位于 Y 轴上。

Step 6　创建图 19.7 所示的平面 2。

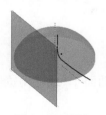

图 19.5　平面 1

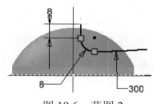

图 19.6　草图 2

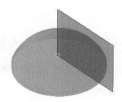

图 19.7　平面 2

（1）选择命令。在 定位特征 区域中单击"平面"按钮 下的 平面 按钮，选择 从平面偏移 命令。

（2）定义参考平面，在图形区选取 XY 平面作为参考平面。

（3）定义偏移距离与方向。在"基准面"小工具条的下拉列表中输入要偏距的距离-35。

偏移方向参考图 19.7。

（4）单击 ✔ 按钮，完成偏距基准面的创建。

Step 7　创建草图 3。

（1）在 三维模型 选项卡 草图 区域中单击 ✎ 按钮，然后选取平面 2 为草图平面，系统进入草图设计环境。

（2）绘制图 19.8 所示的草图，单击 ✔ 按钮，退出草绘环境。

说明：草图 3 为草图 2 投影得到。

Step 8　创建图 19.9 所示的放样曲面 1。

（1）选择命令。在 创建 ▼ 区域中单击 放样 按钮，

（2）定义放样轮廓。选取图 19.10 所示的曲线 1、曲线 2 和曲线 3 为轮廓。

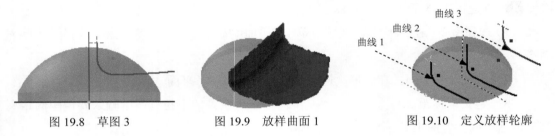

图 19.8　草图 3　　　　图 19.9　放样曲面 1　　　　图 19.10　定义放样轮廓

（3）定义输出类型。在"扫掠"对话框 输出 区域确认"曲面"类型 ⬛ 被选中。

（4）在该对话框中单击 确定 按钮，完成放样曲面的创建。

Step 9　创建图 19.11 所示的镜像 1。

a）镜像前　　　　b）镜像后

图 19.11　镜像 1

（1）选择命令。在 阵列 区域中单击"镜像"按钮 ▷◁。

（2）选取要镜像的特征。在图形区中选取要镜像复制的放样曲面 1（或在浏览器中选择"放样曲面 1"特征）。

（3）定义镜像中心平面。单击"镜像"对话框中的 镜像平面 按钮，然后选取 YZ 平面作为镜像中心平面。

（4）单击"镜像"对话框中的 确定 按钮，完成镜像操作。

Step 10　创建图 19.12 所示曲面的修剪 1。

（1）选择命令。在 曲面 ▼ 区域中单击"修剪曲面"按钮 ✂

（2）定义切割工具。选取图 19.12a 所示的边线为修剪工具。

图 19.12　修剪 1

（3）定义要删除的面。选取图 19.12a 所示的面为要删除的面。

（4）单击 确定 按钮，完成曲面修剪的创建。

Step 11　创建图 19.13 所示曲面的修剪 2。

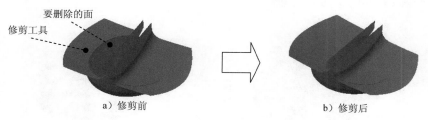

图 19.13　修剪 2

（1）选择命令。在 曲面 ▾ 区域中单击"修剪曲面"按钮 ✂

（2）定义切割工具。选取图 19.13a 所示的边线为修剪工具。

（3）定义要删除的面。选取图 19.13a 所示的面为要删除的面。

（4）单击 确定 按钮，完成曲面修剪的创建。

Step 12　创建图 19.14 所示曲面的修剪 3。

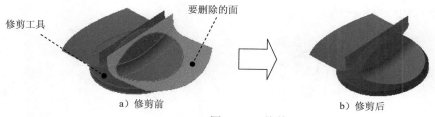

图 19.14　修剪 3

（1）选择命令。在 曲面 ▾ 区域中单击"修剪曲面"按钮 ✂

（2）定义切割工具。选取图 19.14a 所示的边线为修剪工具。

（3）定义要删除的面。选取图 19.14a 所示的面为要删除的面。

（4）单击 确定 按钮，完成曲面修剪的创建。

Step 13　创建图 19.15 所示曲面的修剪 4。

19
Chapter

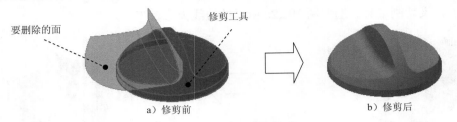

a）修剪前　　　　　　　　　　　　b）修剪后

图 19.15　修剪 4

（1）选择命令。在 **曲面 ▾** 区域中单击"修剪曲面"按钮 ✂。

（2）定义切割工具。选取图 19.15a 所示的边线为修剪工具。

（3）定义要删除的面。选取图 19.15a 所示的面为要删除的面。

（4）单击 **确定** 按钮，完成曲面修剪的创建。

Step 14　创建图 19.16 所示曲面的缝合。

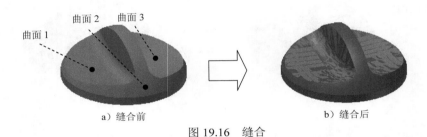

a）缝合前　　　　　　　　　　　　b）缝合后

图 19.16　缝合

（1）选择命令。在 **曲面 ▾** 区域中单击"缝合曲面"按钮 ▤。

（2）定义缝合对象。选取图 19.16a 所示的曲面 1、曲面 2 和曲面 3 为缝合对象。

（3）在该对话框中单击 **应用** 按钮，单击 **完毕** 按钮，完成缝合曲面的创建。

Step 15　创建图 19.17b 所示的倒圆特征 1。选取图 19.17a 所示的模型边线为倒圆的对象，输入倒圆角半径值 2。

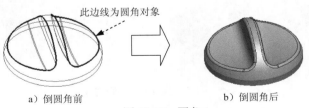

a）倒圆角前　　　　　　　　　　　　b）倒圆角后

图 19.17　圆角 1

Step 16　创建图 19.18 所示的倒圆特征 2。选取图 19.18a 所示的模型边线为倒圆的对象，输入倒圆角半径值 5。

Step 17　创建图 19.19b 所示的抽壳特征 1。

（1）选择命令。在 **修改 ▾** 区域中单击 抽壳 按钮。

此边线为圆角对象

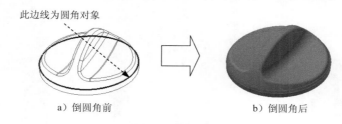

a）倒圆角前　　　　　　　　　　　　b）倒圆角后

图 19.18　圆角 2

要抽壳的面

a）抽壳前　　　　　　　　　　　　b）抽壳后

图 19.19　抽壳 1

（2）定义薄壁厚度。在"抽壳"对话框的 厚度 文本框中输入薄壁厚度值 1.5。

（3）选择要移除的面。在系统选择要去除的表面的提示下，选择图 19.19a 所示的模型表面为要移除的面。

（4）单击"抽壳"对话框中的 确定 按钮，完成抽壳特征的创建。

Step 18 保存零件模型文件，命名为 GAS_OVEN_SWITCH。

20

排气管

实例概述

该实例中使用的命令较多，主要运用了拉伸、扫掠、放样、圆角及抽壳等。设计思路是先创建互相交叠的拉伸、扫掠、放样特征，再对其进行抽壳，从而得到模型的主体结构。其中扫掠和放样的综合使用是重点，务必保证草图的正确性，否则此后的圆角将难以创建。该零件模型及模型树如图 20.1 所示。

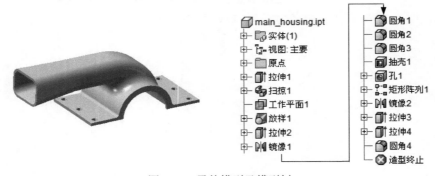

图 20.1　零件模型及模型树

说明：本例前面的详细操作过程请参见随书光盘中 video\ch20\reference\文件下的语音视频讲解文件 main_housing-r01.avi。

Step 1　打开文件 D:\inv13.3\work\ch20\main_housing_ex.ipt。

Step 2　创建图 20.2 所示的草图 2。

（1）在 三维模型 选项卡 草图 区域中单击 按钮，然后选择 YZ 平面为草图平面，系统进入草图设计环境。

图 20.2　草图 2（建模环境）

（2）绘制图 20.3 所示的草图，单击 按钮，退出草绘环境。

Step 3　创建图 20.4 所示的草图 3。在 三维模型 选项卡 草图 区域中单击 📝 按钮，选取 XY 平面作为草图平面，绘制图 20.5 所示的草图。

图 20.3　草图 2（草图环境）

图 20.4　草图 3（建模环境）

图 20.5　草图 3（草图环境）

Step 4　创建图 20.6 所示的扫掠 1。

（1）选择命令，在 创建 ▾ 区域中单击"扫掠"按钮 🔄 扫掠 。

（2）定义扫掠轨迹。在"扫掠"对话框中单击 ▶ 按钮，然后在图形区中选取草图 2 作为扫掠轨迹，完成扫掠轨迹的选取。

（3）定义扫掠类型。在"扫掠"对话框 类型 区域的下拉列表中选择 路径 ，其他参数接受系统默认，

（4）单击"扫掠"对话框中的 确定 按钮，完成扫掠特征的创建。

Step 5　创建图 20.7 所示的平面 1。

（1）选择命令。在 定位特征 区域中单击"平面"按钮 📦 下的 平面 按钮，选择 📦 从平面偏移 命令。

（2）定义参考平面，在图形区选取图 20.8 所示的模型表面作为参考平面。

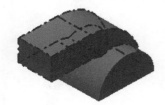

图 20.6　扫掠 1

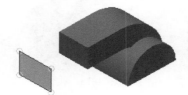

图 20.7　平面 1

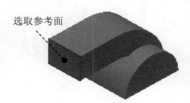

选取参考面

图 20.8　参考平面

（3）定义偏移距离与方向，在"基准面"小工具条的文本框中输入要偏距的距离 160。偏移方向参考图 20.7 所示。

（4）单击 ✔ 按钮，完成偏距基准面的创建。

Step 6　创建图 20.9 所示的草图 4。在 三维模型 选项卡 草图 区域中单击 📝 按钮，选取平面 1 作为草图平面，绘制图 20.10 所示的草图。

Step 7　创建图 20.11 所示的放样 1。

（1）选择命令。在 创建 ▾ 区域中单击 🔘 放样 按钮。

（2）选择截面轮廓。依次选取图 20.12 所示的截面为第一个横截面，选取草图 4 为第

二个横截面。

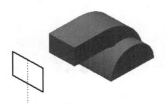
图 20.9　草图 4（建模环境）

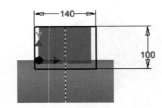
图 20.10　草图 4（草图环境）

图 20.11　放样 1

（3）选择轨迹线。本例中不使用轨迹线。

（4）单击"放样"对话框中的 确定 按钮，完成特征的创建。

Step 8　创建图 20.13 所示的拉伸特征 2。在"创建 ▼"区域中单击 按钮，选取 XY 平面作为草图平面，绘制图 20.14 所示的截面草图，在"拉伸"对话框 范围 区域中的下拉列表中选择 距离 选项，在"距离"文本框中输入 10，并将拉伸方向设置为"方向 1"类型 ，单击"拉伸"对话框中的 确定 按钮，完成拉伸特征 2 的创建。

图 20.12　定义第一个截面

图 20.13　拉伸特征 2

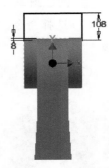
图 20.14　截面草图

Step 9　创建图 20.15 所示的镜像 1。

（1）选择命令。在 阵列 区域中单击"镜像"按钮 。

（2）选取要镜像的特征。在图形区中选取要镜像复制的拉伸 2 特征（或在浏览器中选择"拉伸 2"特征）。

（3）定义镜像中心平面。单击"镜像"对话框中的 镜像平面 按钮，然后选取 XZ 平面作为镜像中心平面。

（4）单击"镜像"对话框中的 确定 按钮，完成镜像操作。

Step 10　创建图 20.16b 所示的倒圆特征 1。

（1）选择命令。在"修改 ▼"区域中单击 按钮。

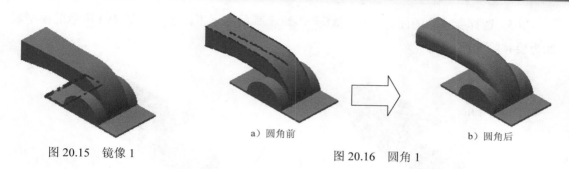

图 20.15　镜像 1

a）圆角前

图 20.16　圆角 1　b）圆角后

（2）选取要倒圆的对象。在系统的提示下，选取图 20.16a 所示的模型边线为倒圆的对象。

（3）定义倒圆参数。在"倒圆角"小工具条的"半径 R"文本框中输入 30。

（4）单击"圆角"对话框中的 确定 按钮，完成圆角特征的定义。

Step 11　创建图 20.17b 所示的倒圆特征 2。选取图 20.17a 所示的模型边线为倒圆的对象，输入倒圆角半径值 30.0。

a）圆角前　b）圆角后

图 20.17　圆角 2

Step 12　创建图 20.18b 所示的倒圆特征 3。选取图 20.18a 所示的模型边线为倒圆的对象，输入倒圆角半径值 400.0。

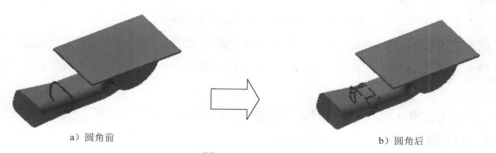

a）圆角前　b）圆角后

图 20.18　圆角 3

Step 13　创建图 20.19b 所示的抽壳特征 1。

（1）选择命令。在 修改 ▼ 区域中单击 抽壳 按钮。

（2）定义薄壁厚度。在"抽壳"对话框的 厚度 文本框中输入薄壁厚度值 8.0。

（3）选择要移除的面。在系统 选择要去除的表面 的提示下，选择图 20.19a 所示的模型表面为要移除的面。

要移除的面

a）抽壳前　　　　　　　　　　　　　b）抽壳后

图 20.19　抽壳 1

（4）单击"抽壳"对话框中的 确定 按钮，完成抽壳特征的创建。

Step 14　创建图 20.20 所示的草图 6。在 三维模型 选项卡 草图 区域中单击 按钮，选取图 20.21 作为草图平面，绘制图 20.20 所示的草图。

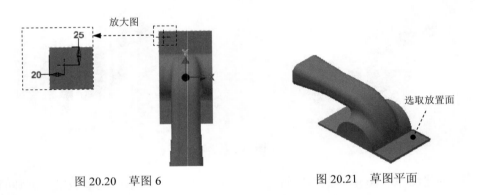

放大图

25

20

选取放置面

图 20.20　草图 6　　　　　　　　　　　图 20.21　草图平面

Step 15　创建图 20.22 所示的孔 1。

（1）选择命令。在 修改 ▼ 区域中单击"孔"按钮 。

（2）定义孔的放置方式。在"孔"对话框 放置 区域的下拉列表中选择 从草图 选项。

（3）定义孔的样式及类型。在"孔"对话框中确认"直孔" 与"简单孔" 被选中。

（4）定义孔的参数。在"孔"对话框 终止方式 区域的下拉列表中选择 贯通 选项；在"孔"对话框孔预览图像区域输入孔的直径值 18。

（5）单击"孔"对话框中的 确定 按钮，完成孔的创建。

Step 16　创建图 20.23 所示的矩形阵列 1。

（1）选择命令。在 阵列 区域中单击 按钮，系统弹出"矩形阵列"对话框。

（2）选择要阵列的特征。在图形区中选取孔特征 1（或在浏览器中选择"孔 1"特征）。

（3）定义阵列参数。

① 定义方向 1 参考边线。在"矩形阵列"对话框中单击 方向1 区域中的 ▷ 按钮，然后选取图 20.24 所示的边线 1 为方向 1 的参考边线，阵列方向可参考图 20.24。

图 20.22　孔 1　　　　　　图 20.23　矩形阵列 1　　　　　图 20.24　定义参考边线

② 定义方向 1 参数。在 方向1 区域的 ⚬⚬⚬ 文本框中输入数值 3；在 ◇ 文本框中输入数值 90。

（4）单击 确定 按钮，完成矩形阵列的创建。

Step 17 创建图 20.25 所示的镜像 2。

（1）选择命令。在 阵列 区域中单击"镜像"按钮 ▷◁▷。

（2）选取要镜像的特征。在图形区中选取要镜像复制的"孔 1"与"矩形阵列 1"特征（或在浏览器中选择"孔 1"与"矩形阵列 1"特征）。

（3）定义镜像中心平面。单击"镜像"对话框中的 ▷ 镜像平面 按钮，然后选取 XZ 平面作为镜像中心平面。

（4）单击"镜像"对话框中的 确定 按钮，完成镜像操作。

Step 18 创建图 20.26 所示的拉伸特征 3。在 创建 ▾ 区域中单击 ▯ 按钮，选取图 20.27 所示的模型表面作为草图平面，绘制图 20.28 所示的截面草图，在"拉伸"对话框将布尔运算设置为"求差"类型 ▣ ，然后在 范围 区域中的下拉列表中选择 距离 选项，在"距离"文本框中输入 8，将拉伸方向设置为"方向 2"类型 ◥ 。单击"拉伸"对话框中的 确定 按钮，完成拉伸特征 3 的创建。

图 20.25　镜像 2　　　　　　图 20.26　拉伸特征 3　　　　　图 20.27　草图平面

Step 19 创建图 20.29 所示的拉伸特征 4。在 创建 ▾ 区域中单击 ▯ 按钮，选取图 20.30

所示的模型表面作为草图平面，绘制图 20.31 所示的截面草图，在"拉伸"对话框将布尔运算设置为"求差"类型 🖳，然后在 范围 区域中的下拉列表中选择 距离 选项，在"距离"文本框中输入 8，将拉伸方向设置为"方向 2"类型 📐。单击"拉伸"对话框中的 确定 按钮，完成拉伸特征 4 的创建。

图 20.28　截面草图

图 20.29　拉伸特征 4

图 20.30　草图平面

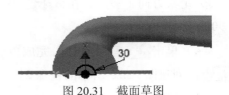

图 20.31　截面草图

Step 20　创建图 20.32b 所示的倒圆特征 4。选取图 20.32a 所示的模型边线为倒圆的对象，输入倒圆角半径值 10.0。

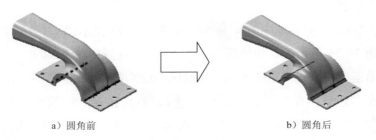

a）圆角前　　　　　　　　　　　b）圆角后

图 20.32　圆角 4

Step 21　至此，零件模型创建完毕。选择下拉菜单 🔽 ➡ 💾 保存 命令，命名为 main_housing，即可保存零件模型。

21
饮水机手柄

实例概述

　　该实例主要运用了如下命令：实体拉伸、草绘、旋转和扫掠等，其中手柄的连接弯曲杆处是通过扫掠特征创建而成，构思很巧。该零件模型及模型树如图 21.1 所示。

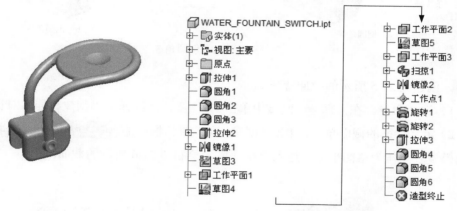

图 21.1　零件模型及模型树

　　说明：本例前面的详细操作过程请参见随书光盘中 video\ch21\reference\文件下的语音视频讲解文件 WATER_FOUNTAIN_SWITCH-r01.avi。

Step 1 打开文件 D:\inv13.3\work\ch21\WATER_FOUNTAIN_SWITCH_ex.ipt。

Step 2 创建图 21.2b 所示的倒圆特征 1。选取图 21.2a 所示的模型边线为倒圆的对象，输入倒圆角半径值 10。

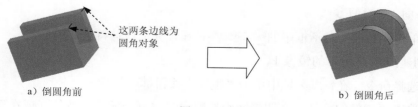

a）倒圆角前　　　　　　　　　　　　　　b）倒圆角后

图 21.2　倒圆角 1

Step 3　创建图 21.3b 所示的倒圆特征 2。选取图 21.3a 所示的模型边线为倒圆的对象，输入倒圆角半径值 5。

这两条边线为圆角对象

a）倒圆角前　　　　　　　　　　　　　　　　　b）倒圆角后

图 21.3　倒圆角 2

Step 4　创建图 21.4b 所示的倒圆特征 3。选取图 21.4a 所示的边线为倒圆角的边线，输入倒圆角半径值 3.0。

这两条边链为圆角对象

a）倒圆角前　　　　　　　　　　　　　　　　　b）倒圆角后

图 21.4　倒圆角 3

Step 5　创建图 21.5 所示的拉伸特征 2。

（1）选择命令。在 创建 ▾ 区域中单击 按钮，系统弹出"创建拉伸"对话框。

（2）定义特征的截面草图。单击"创建拉伸"对话框中的 创建二维草图 按钮，选取图 21.5 所示的模型表面作为草图平面，进入草绘环境。绘制图 21.6 所示的截面草图。

草图平面

图 21.5　拉伸 2

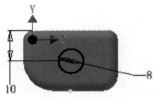

图 21.6　截面草图

（3）定义拉伸属性。单击 草图 选项卡 返回到三维 区域中的 按钮，在"拉伸"对话框 范围 区域中的下拉列表中选择 距离 选项，在"距离"文本框中输入 4，并将拉伸方向设置为"方向 1"类型 。

（4）单击"拉伸"对话框中的 确定 按钮，完成拉伸特征 2 的创建。

Step 6　创建图 21.7 所示的镜像 1。

（1）选择命令。在 阵列 区域中单击"镜像"按钮 。

（2）选取要镜像的特征。在图形区中选取要镜像复制的拉伸特征（或在浏览器中选择"拉伸 2"特征）。

a）镜像前　　　　　　　　　　　　　　　　　b）镜像后

图 21.7　镜像 1

（3）定义镜像中心平面。单击"镜像"对话框中的 镜像平面 按钮，然后选取 XZ 平面作为镜像中心平面。

（4）单击"镜像"对话框中的 确定 按钮，完成镜像操作。

Step 7　创建草图 1。

（1）在 三维模型 选项卡 草图 区域中单击 按钮，然后选择 YZ 平面为草图平面，系统进入草图设计环境。

（2）绘制图 21.8 所示的草图，单击 按钮，退出草绘环境。

Step 8　创建图 21.9 所示的工作平面 1。

（1）在 定位特征 区域中单击"平面"按钮 下的 平面 按钮，选择 平面绕边旋转的角度 命令。

（2）定义参考平面（图 21.10），选取 XZ 平面作为参考平面。

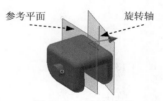

参考平面　　　旋转轴

图 21.8　草图 1　　　　　　图 21.9　工作平面 1　　　　　图 21.10　定义参考

（3）定义旋转轴及旋转角度，选取草图 1 为旋转轴，输入要旋转的角度-15。

（4）单击 按钮，完成工作平面 1 的创建。

Step 9　创建草图 2。

（1）在 三维模型 选项卡 草图 区域中单击 按钮，然后选择工作平面 1 为草图平面，系统进入草图设计环境。

（2）绘制图 21.11 所示的草图，单击 按钮，退出草绘环境。

Step 10　创建图 21.12 所示的工作平面 2。

（1）在 定位特征 区域中单击"平面"按钮 下的 平面 按钮，选择 平行于平面且通过点 命令；

（2）定义参考平面。选取 XY 平面作为参考平面。

（3）定义参考点。选取图 21.12 所示草图 2 的端点作为参考点。

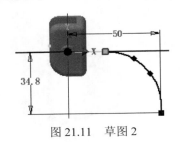

图 21.11　草图 2

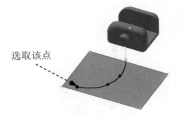

图 21.12　工作平面 2

（4）单击 ✔ 按钮，完成工作平面 2 的创建。

Step 11 创建草图 3。

（1）在 三维模型 选项卡 草图 区域中单击 📝 按钮，然后选择工作平面 2 为草图平面，系统进入草图设计环境。

（2）绘制图 21.13 所示的草图，单击 ✔ 按钮，退出草绘环境。

Step 12 创建图 21.14 所示的工作平面 3。

（1）在 定位特征 区域中单击"平面"按钮 ▱ 下的 平面 按钮，选择 ▯ 平行于平面且通过点 命令。

（2）定义参考平面。选取 XY 平面作为参考平面。

（3）定义参考点。选取图 21.15 所示的点作为参考点。

图 21.13　草图 3

图 21.14　工作平面 3

图 21.15　定义参考

（4）单击 ✔ 按钮，完成工作平面 3 的创建。

Step 13 创建草图 4。

（1）在 三维模型 选项卡 草图 区域中单击 📝 按钮，然后选择工作平面 3 为草图平面，系统进入草图设计环境。

（2）绘制图 21.16 所示的草图，单击 ✔ 按钮，退出草绘环境。

Step 14 创建图 21.17 所示的扫掠 1。

（1）选择命令。在 创建 ▾ 区域中单击"扫掠"按钮 🗗 扫掠 。

（2）定义扫掠轨迹。在"扫掠"对话框中单击 ▶ 按钮，然后在图形区中选取草图 4 与草图 5 作为扫掠轨迹，完成扫掠轨迹的选取。

（3）定义扫掠类型。在"扫掠"对话框 类型 区域的下拉列表中选择 路径 选项，其他参数接受系统默认。

（4）单击"扫掠"对话框中的 确定 按钮，完成扫掠特征的创建。

Step **15** 创建图 21.18 所示的镜像 1。

图 21.16　草图 4　　　　　　　图 21.17　扫掠 1　　　　　　　图 21.18　镜像 1

（1）选择命令。在 阵列 区域中单击"镜像"按钮 ▷◁ 。

（2）选取要镜像的特征。在图形区中选取要镜像复制的扫掠特征（或在浏览器中选择"扫掠 1"特征）。

（3）定义镜像中心平面。单击"镜像"对话框中的 ▷ 镜像平面 按钮，然后选取 XZ 平面作为镜像中心平面。

（4）单击"镜像"对话框中的 确定 按钮，完成镜像操作。

Step **16**　创建图 21.19 所示的工作点 1。

（1）在 定位特征 区域中选择"工作点" ◈ 命令。

（2）定义参考。选取图 21.20 所示扫掠特征的圆环部分作为参考，完成工作点的创建。

Step **17**　创建图 21.21 所示的旋转特征 1。

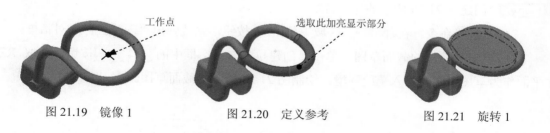

图 21.19　镜像 1　　　　　图 21.20　定义参考　　　　　图 21.21　旋转 1

（1）选择命令。在 创建 ▾ 区域中单击 ⬭ 按钮，系统弹出"创建旋转"对话框。

（2）定义特征的截面草图。单击"创建旋转"对话框中的 创建二维草图 按钮，选取 XZ 平面为草图平面，进入草绘环境，绘制图 21.22 所示的截面草图。

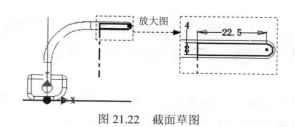

图 21.22　截面草图

Chapter 21

（3）定义旋转属性。单击 `草图` 选项卡 `返回到三维` 区域中的 按钮，在 `范围` 区域的下拉列表中选中 `全部` 选项。

（4）单击"旋转"对话框中的 `确定` 按钮，完成旋转特征 1 的创建。

Step 18 创建图 21.23 所示的旋转特征 2。

（1）选择命令。在 `创建 ▾` 区域中单击 按钮，系统弹出"创建旋转"对话框。

（2）定义特征的截面草图。单击"创建旋转"对话框中的 `创建二维草图` 按钮，选取 XZ 平面为草图平面，进入草绘环境，绘制图 21.24 所示的截面草图。

图 21.23　旋转 2

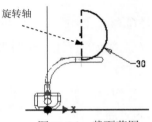

图 21.24　截面草图

（3）定义旋转属性。单击 `草图` 选项卡 `返回到三维` 区域中的 按钮，然后将布尔运算设置为"求差"类型 ，在 `范围` 区域的下拉列表中选中 `全部` 选项。

（4）单击"旋转"对话框中的 `确定` 按钮，完成旋转特征 2 的创建。

说明： 截面草图的旋转轴与 Step16 创建的工作点重合。

Step 19 创建图 21.25 所示的拉伸特征 3。

（1）选择命令。在 `创建 ▾` 区域中单击 按钮，系统弹出"创建拉伸"对话框。

（2）定义特征的截面草图。单击"创建拉伸"对话框中的 `创建二维草图` 按钮，选取 XZ 平面作为草图平面，进入草绘环境。绘制图 21.26 所示的截面草图。

图 21.25　拉伸 3

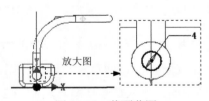

图 21.26　截面草图

（3）定义拉伸属性。单击 `草图` 选项卡 `返回到三维` 区域中的 按钮，然后将布尔运算设置为"求差"类型 ，在 `范围` 区域中的下拉列表中选择 `贯通` 选项，将拉伸方向设置为"对称"类型 。

（4）单击"拉伸"对话框中的 `确定` 按钮，完成拉伸特征 3 的创建。

Step 20 创建图 21.27b 所示的倒圆特征 4。选取图 21.27a 所示的边线为倒圆的对象，输入倒圆角半径值 1.5。

a）倒圆角前

此边线为圆
角对象

图 21.27　倒圆角 4

b）倒圆角后

Step 21 创建图 21.28 b 所示的倒圆特征 5。选取图 21.28a 所示的边线为倒圆的对象；输入
倒圆角半径值 1.0。

a）倒圆角前

这两条边线为
圆角对象

图 21.28　　倒圆角 5

b）倒圆角后

Step 22 创建图 21.29 b 所示的倒圆特征 6。选取图 21.29a 所示的边线为倒圆的对象；输入
倒圆角半径值 0.5。

这两条边线为
圆角对象

放大图

放大图

a）倒圆角前

图 21.29　　倒圆角 6

b）倒圆角后

Step 23 保存零件模型文件。

22

叶轮

 实例概述

该实例的关键点是创建叶片,首先利用偏移方式创建曲面,再利用这些曲面及创建的基准平面,结合草绘、投影等方式创建所需要的基准曲线,由这些基准曲线创建边界嵌片曲面,最后通过加厚、阵列等命令完成整个模型。零件模型及模型树如图 22.1 所示。

说明:本例前面的详细操作过程请参见随书光盘中 video\ch22\reference\文件下的语音视频讲解文件 IMPELLER-r01.avi。

Step 1 打开文件 D:\inv13.3\work\ch22\IMPELLER_ex.ipt。

Step 2 创建图 22.2 所示的偏移曲面 1。

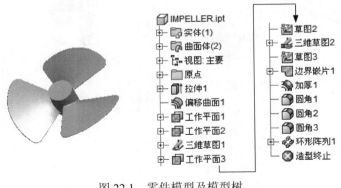

图 22.1 零件模型及模型树

图 22.2 偏移曲面 1

(1)选择命令。在 曲面 ▾ 区域中单击"加厚/偏移"按钮 🔌,系统弹出"加厚/偏移"对话框。

(2)定义偏移曲面。选取图 22.3 所示的曲面为等距曲面。

(3)定义输出类型。在"加厚/偏移"对话框 输出 区域中选择"曲面"选项 🗗。

(4)定义等距偏移距离及方向。在"加厚/偏移"对话框的 距离 文本框中输入数值

102，将偏移方向设置为"方向 1"类型 ⬈（向模型外部）。

（5）单击 确定 按钮，完成等距曲面的创建。

Step 3 创建图 22.4 所示的工作平面 1。在 定位特征 区域中单击"平面"按钮 ▣ 下的 平面 按钮，选择 ⬜ 平面绕边旋转的角度 命令；选取 YZ 平面作为参考平面，选取 Y 轴为旋转轴，然后输入要旋转的角度 45；单击 ✓ 按钮，完成工作平面 1 的创建。

Step 4 创建图 22.5 所示的工作平面 2。在 定位特征 区域中单击"平面"按钮 ▣ 下的 平面 按钮，选择 ⬜ 平面绕边旋转的角度 命令；选取 YZ 平面作为参考平面，选取 Y 轴为旋转轴，然后输入要旋转的角度-45；单击 ✓ 按钮，完成工作平面 2 的创建。

选取该面

图 22.3　定义偏移曲面

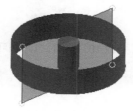

图 22.4　工作平面 1

图 22.5　工作平面 2

Step 5 创建图 22.6 所示的三维草图 1。

（1）单击 三维模型 选项卡 草图 区域中的 创建二维草图 按钮，选择 ✎ 创建三维草图 命令，系统进入三维草图环境。

（2）选择命令。单击 三维草图 选项卡 绘制 ▾ 区域中的"相交曲线"按钮 ⬡，系统弹出"三维相交曲线"对话框。

（3）定义相交几何图元。在系统 通过亮显并选择几何图元来定义三维相交曲线。 的提示下，选取图 22.3 所示的面与工作平面 1 为要相交的几何图元；单击 确定 按钮，完成相交曲线的创建，效果如图 22.7 所示。

（4）参照（2）~（3）步，创建其余相交曲线，效果如图 22.7 所示。

（5）单击"完成草图"按钮 ✓，完成三维草图的创建。

Step 6 创建图 22.8 所示的工作平面 3。在 定位特征 区域中单击"平面"按钮 ▣ 下的 平面 按钮，选择 ▯ 从平面偏移 命令；选取 YZ 平面作为参考平面，输入要偏距的距离 150；单击 ✓ 按钮，完成工作平面 3 的创建。

图 22.6　三维草图 1

图 22.7　相交曲线 1

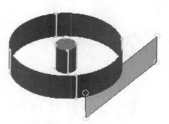

图 22.8　工作平面 3

Step 7　创建图 22.9 所示的草图 2。在 三维模型 选项卡 草图 区域中单击 ✐ 按钮，选取
工作平面 3 作为草图平面，绘制图 22.10 所示的草图。

Step 8　创建图 22.11 所示的三维草图 2。

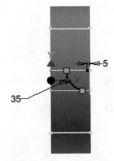

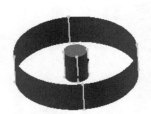

图 22.9　草图 2（建模环境）　　　图 22.10　草图 2（草图环境）　　　图 22.11　三维草图 2

（1）单击 三维模型 选项卡 草图 区域中的 创建二维草图 按钮，选择 ✐ 创建三维草图 命令，系
统进入三维草图环境。

（2）选择命令。单击 三维草图 选项卡 绘制 ▾ 区域中的 "投影到曲面" 按钮 ⌒，系
统弹出 "将曲线投影到曲面" 对话框。

（3）定义投影面。在系统 选择面、曲面特征或工作平面 的提示下，选取图 22.12 所示的面
为投影面。

（4）定义投影曲线。单击 "将曲线投影到曲面" 对话框中的 ⍉ 曲线 按钮，然后选取
草图 2 作为投影曲线。

（5）定义投影曲线的输出类型。在 "将曲线投影到曲面" 对话框 输出 区域单击 "折
叠到曲面" 按钮 ⌒。

（6）单击 确定 按钮，单击 "完成草图" 按钮 ✔，完成三维草图的创建。

Step 9　创建图 22.13 所示的草图 3。在 三维模型 选项卡 草图 区域中单击 ✐ 按钮，选取
工作平面 3 作为草图平面，绘制图 22.14 所示的草图。

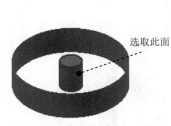

选取此面

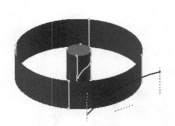

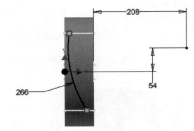

图 22.12　定义投影面　　　　图 22.13　草图 3（建模环境）　　　图 22.14　草图 3（草图环境）

Step 10　创建图 22.15 所示的三维草图 3。

（1）单击 三维模型 选项卡 草图 区域中的 创建二维草图 按钮，选择 ✐ 创建三维草图 命令，系

统进入三维草图环境。

（2）选择命令。单击 三维草图 选项卡 绘制 ▾ 区域中的"投影到曲面"按钮 ⌒，系统弹出"将曲线投影到曲面"对话框。

（3）定义投影面。在系统 选择面、曲面特征或工作平面 的提示下，选取图 22.16 所示的面为投影面。

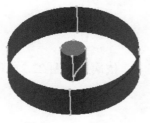 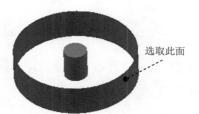

选取此面

图 22.15　三维草图 3　　　　　　　　　　图 22.16　定义投影面

（4）定义投影曲线。单击"将曲线投影到曲面"对话框中的 ↖ 曲线 按钮，然后选取草图 3 作为投影曲线。

（5）定义投影曲线的输出类型。在"将曲线投影到曲面"对话框 输出 区域单击"折叠到曲面"按钮 ⟋。

（6）单击 确定 按钮，单击"完成草图"按钮 ✔，完成三维草图的创建。

Step 11 创建图 22.17 所示的三维草图 4。

（1）单击 三维模型 选项卡 草图 区域中的 创建二维草图 按钮，选择 ✎ 创建三维草图 命令，系统进入三维草图环境。

（2）选择命令。单击 三维草图 选项卡 绘制 ▾ 区域中的"直线"按钮 ⟋。

（3）定义参考点。选取图 22.18 所示的点 1 与点 2 为直线的两个参考点，按 Esc 键退出，完成第一条直线的创建，如图 22.19 所示。

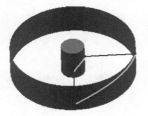 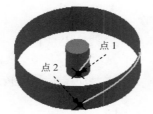 

点 1

点 2

图 22.17　三维草图 4　　　　图 22.18　定义参考点　　　　图 22.19　第一条直线

（4）参照第（3）步，创建第二条直线，完成后如图 22.17 所示；单击"完成草图"按钮 ✔，完成三维草图的创建。

Step 12 创建图 22.20 所示的边界嵌片 1。

（1）选择命令。在 曲面 ▾ 区域中单击"边界嵌片"按钮 ⬚，系统弹出"边界嵌片"

22
Chapter

对话框。

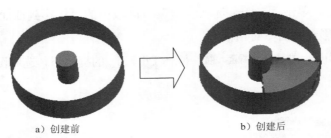

a）创建前   b）创建后

图 22.20　创建边界嵌片

（2）定义边界边。在系统 选择边或草图曲线 的提示下，依次选取图 22.21 所示的曲线为曲面的边界。

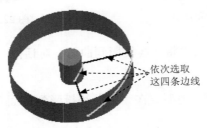

依次选取
这四条边线

图 22.21　定义曲面边界

（3）单击 确定 按钮，完成边界嵌片的创建。

Step 13　创建图 22.22 所示的加厚 1。

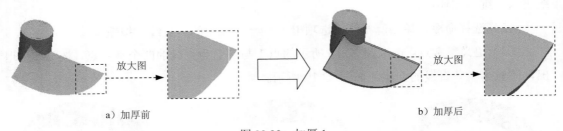

放大图   放大图

a）加厚前   b）加厚后

图 22.22　加厚 1

（1）选择命令。在 曲面 ▾ 区域中单击"加厚/偏移"按钮 ，系统弹出"加厚/偏移"对话框。

（2）定义偏移曲面。在"加厚/偏移"对话框中选中 ⊙ 面 单选项，然后选取边界嵌片 1 为要加厚的曲面。

（3）定义输出类型。在"加厚/偏移"对话框 输出 区域中选择"实体"选项 。

（4）定义等距偏移距离及方向。在"加厚/偏移"对话框的 距离 文本框中输入数值 3.0，将偏移方向设置为"对称"类型 。

（5）单击 确定 按钮，完成加厚1的创建。

Step 14 创建图 22.23b 所示的倒圆特征 1。选取图 22.23a 所示的模型边线为倒圆的对象，输入倒圆角半径值 15.0。

图 22.23　倒圆特征 1

Step 15 创建图 22.24b 所示的倒圆特征 2。选取图 22.24a 所示的模型边线为倒圆的对象，输入倒圆角半径值 1.0。

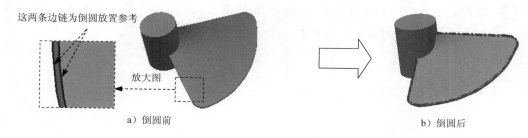

图 22.24　倒圆特征 2

Step 16 创建图 22.25 所示的倒圆特征 3。

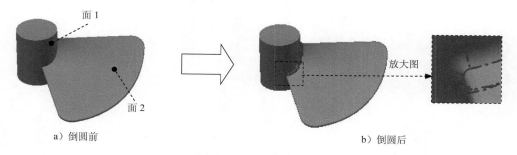

图 22.25　倒圆特征 3

（1）选择命令。在 修改 ▾ 区域中单击 🖰 按钮。

（2）定义圆角类型。在系统弹出的"圆角"对话框中单击"面圆角"按钮 🔲。

（3）选取要倒圆的对象。在系统 选择面进行过渡 的提示下，选取图 22.25a 所示的模型面 1 和面 2。

（4）定义倒圆参数。在"圆角"对话框的 半径 文本框中输入 2。

（5）单击"圆角"对话框中的 ▢ 确定 按钮，完成圆角特征的定义。

Step 17 创建图 22.26 所示的环形阵列 1。

（1）选择命令。在 阵列 区域中单击 ✛ 按钮，系统弹出"环形阵列"对话框。

（2）选择要阵列的特征。在"环形阵列"对话框中单击"阵列实体"按钮 ⬇，此时系统自动选取零件实体特征。

图 22.26 阵列特征

（3）定义阵列参数。

① 定义阵列轴。在"环形阵列"对话框中单击 ▨ 按钮，然后在浏览器中选取"Y 轴"为环形阵列轴。

② 定义阵列实例数。在 放置 区域的 ⁘ 按钮后的文本框中输入数值 3。

③ 定义阵列角度。在 放置 区域的 ◇ 按钮后的文本框中输入数值 360.0。

（4）单击 ▢ 确定 按钮，完成环形阵列的创建。

Step 18 至此，零件模型创建完毕。选择下拉菜单 ▨ ➡ 🖫 保存 命令，命名为 IMPELLER，即可保存零件模型。

23

皮靴鞋面

 实例概述

    本实例主要介绍了放样曲面的应用技巧。先用放样命令构建模型的一个曲面，然后通过镜像命令产生另一侧曲面，模型的前后曲面也为放样曲面。练习时，注意放样曲面之间是如何相切过渡的。零件模型及模型树如图 23.1 所示。

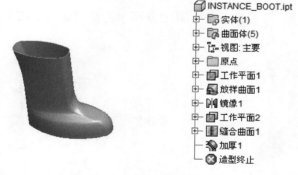

图 23.1　零件模型及模型树

Step 1 新建一个零件模型，进入建模环境。

Step 2 创建图 23.2 所示的工作平面 1（本步的详细操作过程请参见随书光盘中 video\ch23\reference\文件下的语音视频讲解文件 INSTANCE_BOOT-r01.avi）。

Step 3 创建图 23.3 所示的草图 1。在 三维模型 选项卡 草图 区域中单击 按钮，选取工作平面 1 作为草图平面，绘制图 23.3 所示的草图。

Step 4 创建图 23.4 所示的草图 2。在 三维模型 选项卡 草图 区域中单击 按钮，选取工作平面 1 作为草图平面，绘制图 23.5 所示的草图。

Step 5 创建图 23.6 所示的草图 3。在 三维模型 选项卡 草图 区域中单击 按钮，选取 XZ 平面作为草图平面，绘制图 23.7 所示的草图。

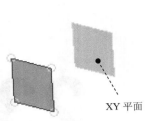

XY 平面

图 23.2　工作平面 1

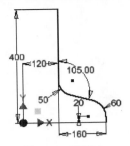

图 23.3　草图 1

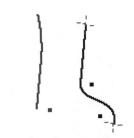

图 23.4　草图 2（建模环境）

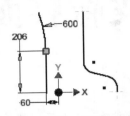

图 23.5　草图 2（草图环境）

图 23.6　草图 3（建模环境）

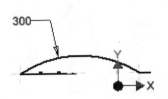

图 23.7　草图 3（草图环境）

Step 6　创建图 23.8 所示的放样曲面 1。

（1）选择命令。在 创建 ▼ 区域中单击 放样 按钮，系统弹出"放样"对话框。

（2）定义放样轮廓。在图形区选取图 23.9 所示的草图 2 与草图 1 为轮廓。

图 23.8　放样曲面 1

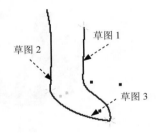

图 23.9　选取轮廓

（3）定义放样轨道。在图形区选取图 23.9 所示的草图 3 为轨道。

（4）定义输出类型。在"扫掠"对话框 输出 区域中确认"曲面"按钮 被按下。

（5）单击 确定 按钮，完成放样曲面的创建。

Step 7　创建图 23.10 所示的镜像 1。

（1）选择命令。在 阵列 区域中单击"镜像"按钮 。

（2）选取要镜像的特征。在图形区中选取要镜像复制的放样特征 1（或在浏览器中选择"放样曲面 1"特征）。

（3）定义镜像中心平面。单击"镜像"对话框中的 镜像平面 按钮，然后选取 XY 平面作为镜像中心平面。

a）镜像前　　　　　　　　　　　　b）镜像后

图 23.10　镜像 1

（4）单击"镜像"对话框中的 确定 按钮，完成镜像操作。

Step 8　创建图 23.11 所示的工作平面 2。在 定位特征 区域中单击"平面"按钮 下的 平面 按钮，选择 从平面偏移 命令；选取 XZ 平面作为参考平面，输入要偏距的距离 400；单击 按钮，完成工作平面 2 的创建。

Step 9　创建图 23.12 所示的草图 4。在 三维模型 选项卡 草图 区域中单击 按钮，选取工作平面 2 作为草图平面，绘制图 23.13 所示的草图。

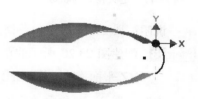

图 23.11　工作平面 2　　图 23.12　草图 4（建模环境）　　图 23.13　草图 4（草图环境）

说明：图 23.12 所示的各圆弧之间均有相切的约束关系。

Step 10　创建图 23.14 所示的草图 5。在 三维模型 选项卡 草图 区域中单击 按钮，选取 XZ 平面作为草图平面，绘制图 23.15 所示的草图。

说明：图 23.14 所示的各圆弧之间均有相切的约束关系。

Step 11　创建图 23.16 所示的放样曲面 2。

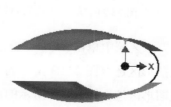

图 23.14　草图 5（建模环境）　　图 23.15　草图 5（草图环境）　　图 23.16　放样曲面 2

（1）选择命令。在 创建 ▼ 区域中单击 放样 按钮，系统弹出"放样"对话框。

（2）定义放样轮廓。在图形区选取图 23.17 所示的草图 4 与草图 5 为轮廓。

（3）定义放样轨道。在图形区选取图 23.17 所示的边界 1 与边界 2 为轨道。

（4）单击 条件 选项卡，将边界 1 与边界 2 的条件设置为"方向条件" 。

（5）定义输出类型。在"扫掠"对话框 输出 区域中确认"曲面"按钮 被按下。

（6）单击 确定 按钮，完成放样曲面的创建。

Step 12　创建图 23.18 所示的草图 6。在 三维模型 选项卡 草图 区域中单击 按钮，选取工作平面 2 作为草图平面，绘制图 23.19 所示的草图。

图 23.17　定义轮廓与轨迹

图 23.18　草图 6（建模环境）

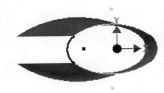
图 23.19　草图 6（草图环境）

说明：图 23.18 所示的各圆弧之间均有相切的约束关系。

Step 13　创建图 23.20 所示的草图 7。在 三维模型 选项卡 草图 区域中单击 按钮，选取 XZ 平面作为草图平面，绘制图 23.21 所示的草图。

说明：图 23.20 所示的各圆弧之间均有相切的约束关系。

Step 14　创建图 23.22 所示的放样曲面 2。

图 23.20　草图 7（建模环境）

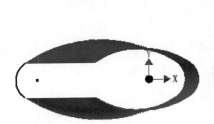
图 23.21　草图 7（草图环境）

图 23.22　放样曲面 2

（1）选择命令。在 创建 ▼ 区域中单击 放样 按钮，系统弹出"放样"对话框。

（2）定义放样轮廓。在图形区选取图 23.23 所示的草图 6 与草图 7 为轮廓。

（3）定义放样轨道。在图形区选取图 23.23 所示的边界 1 与边界 2 为轨道。

（4）单击 条件 选项卡，将边界 1 与边界 2 的条件设置为"方向条件" 。

（5）定义输出类型。在"扫掠"对话框 输出 区域中确认"曲面"按钮 ⬜ 被按下。

（6）单击 确定 按钮，完成放样曲面的创建。

Step 15　创建缝合曲面 1。

（1）选择命令。在 曲面 ▾ 区域中单击"缝合曲面"按钮 ⬚，系统弹出"缝合"对话框。

（2）定义缝合对象。在系统 选择要缝合的实体 的提示下，选取放样曲面 1、放样曲面 2、放样曲面 3 和放样曲面 4 作为缝合对象。

（3）在该对话框中单击 应用 按钮，单击 完毕 按钮，完成缝合曲面的创建。

Step 16　创建图 23.24 所示的加厚 1。

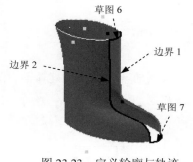

图 23.23　定义轮廓与轨迹

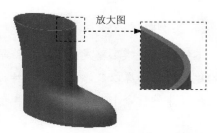

图 23.24　加厚 1

（1）选择命令。在 曲面 ▾ 区域中单击"加厚/偏移"按钮 ⬚，系统弹出"加厚/偏移"对话框。

（2）定义偏移曲面。在"加厚/偏移"对话框中选中 ⦿缝合曲面 单选项，然后选取缝合曲面 1 为要加厚的曲面。

（3）定义输出类型。在"加厚/偏移"对话框的 输出 区域中的选择"实体"选项 ⬜。

（4）定义等距偏移距离及方向。在"加厚/偏移"对话框的 距离 文本框中输入数值 3.0，将偏移方向设置为"方向 1"类型 ⬚（向模型内部）。

（5）单击 确定 按钮，完成加厚 1 的创建。

Step 17　至此，零件模型创建完毕。选择下拉菜单 ⬚ ➡ ⬚ 保存 命令，命名为 INSTANCE_BOOT，即可保存零件模型。

24

鼠标盖

实例概述

　　本实例的建模思路是先创建几条草绘曲线，然后通过绘制的草绘曲线构建曲面，最后将构建的曲面加厚以及添加圆角等特征，其中用到的有放样曲面、边界嵌片、修剪、缝合以及加厚等特征命令。零件模型及模型树如图 24.1 所示。

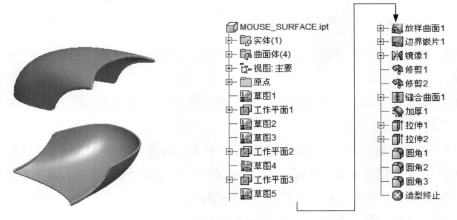

图 24.1　零件模型及模型树

Step 1 新建一个零件模型，进入建模环境。

Step 2 创建图 24.2 所示的草图 1。在 三维模型 选项卡
草图 区域中单击 按钮，选取 XZ 平面作为
草图平面，绘制图 24.3 所示的草图。

图 24.2　草图 1（建模环境）

Step 3 创建图 24.4 所示的工作平面 1（本步的详细操
作过程请参见随书光盘中 video\ch24\reference\文件下的语音视频讲解文件
MOUSE_SURFACE-r01.avi）。

Step 4　创建图 24.5 所示的草图 1。在 三维模型 选项卡 草图 区域中单击 📝 按钮，选取工作平面 1 作为草图平面，绘制图 24.6 所示的草图。

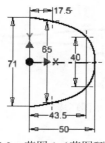
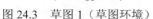

图 24.3　草图 1（草图环境）

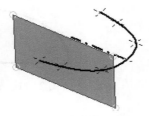

图 24.4　工作平面 1

图 24.5　草图 2（建模环境）

Step 5　创建图 24.7 所示的草图 3。在 三维模型 选项卡 草图 区域中单击 📝 按钮，选取 XY 平面作为草图平面，绘制图 24.8 所示的草图。

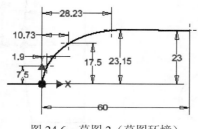

图 24.6　草图 2（草图环境）

图 24.7　草图 3（建模环境）

Step 6　创建图 24.9 所示的工作平面 2。在 定位特征 区域中单击"平面"按钮 下的 平面 按钮，选择 从平面偏移 命令；选取 XY 平面作为参考平面，输入要偏距的距离 35.5；单击 ✓ 按钮，完成工作平面 2 的创建。

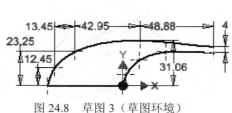

图 24.8　草图 3（草图环境）

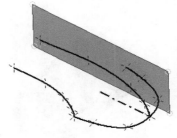

图 24.9　工作平面 2

Step 7　创建图 24.10 所示的草图 4。在 三维模型 选项卡 草图 区域中单击 📝 按钮，选取工作平面 2 作为草图平面，绘制图 24.11 所示的草图。

Step 8　创建图 24.12 所示的工作平面 3。在 定位特征 区域中单击"平面"按钮 下的 平面 按钮，选择 从平面偏移 命令；选取 YZ 平面作为参考平面，输入要偏距的距离 60；

单击 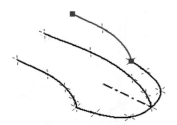 按钮，完成工作平面 3 的创建。

图 24.10　草图 4（建模环境）

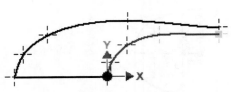

图 24.11　草图 4（草图环境）

Step 9 创建图 24.13 所示的草图 5。在 三维模型 选项卡 草图 区域中单击 按钮，选取工作平面 3 作为草图平面，绘制图 24.14 所示的草图。

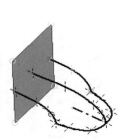

图 24.12　工作平面 3

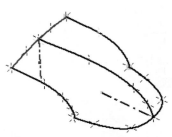

图 24.13　草图 5（建模环境）

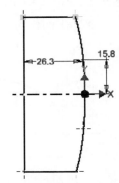

图 24.14　草图 5（草图环境）

Step 10 创建图 24.15 所示的放样曲面 1。

（1）选择命令。在 创建 区域中单击 放样 按钮，系统弹出"放样"对话框。

（2）定义放样轮廓。在图形区选取图 24.16 所示的草图 1 与草图 5 为轮廓。

图 24.15　放样曲面 1

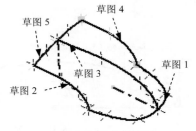

图 24.16　定义轮廓与轨迹

（3）定义放样轨道。在图形区选取图 24.16 所示的草图 2、草图 3 与草图 4 为轨道。

（4）定义输出类型。在"扫掠"对话框 输出 区域确认"曲面"按钮 被按下。

（5）单击 确定 按钮，完成放样曲面的创建。

Step 11 创建图 24.17 所示的草图 6。在 三维模型 选项卡 草图 区域中单击 按钮，选取工作平面 1 作为草图平面，绘制图 24.17 所示的草图。

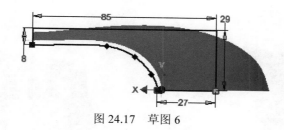

图 24.17　草图 6

Step 12　创建图 24.18 所示的边界嵌片 1。

a）创建前　　　　　　　　　　　　　　b）创建后

图 24.18　创建边界嵌片

（1）选择命令。在 曲面 ▼ 区域中单击"边界嵌片"按钮，系统弹出"边界嵌片"对话框。

（2）定义边界边。在系统 选择边或草图曲线 的提示下，选取草图 6 为曲面的边界。

（3）单击　确定　按钮，完成边界嵌片的创建。

Step 13　创建图 24.19 所示的镜像 1。

a）镜像前　　　　　　　　　　　　　　b）镜像后

图 24.19　镜像 1

（1）选择命令。在 阵列 区域中单击"镜像"按钮。

（2）选取要镜像的特征。在图形区中选取要镜像复制的边界嵌片 1 特征（或在浏览器中选择 "边界嵌片 1"特征）。

（3）定义镜像中心平面。单击"镜像"对话框中的 镜像平面 按钮，然后选取 XY 平面作为镜像中心平面。

（4）单击"镜像"对话框中的　确定　按钮，完成镜像操作。

Step 14　创建 21.20 所示曲面的修剪 1，在 曲面 ▼ 区域中单击 按钮；选取图 24.21 所示的面作为修剪工具，选取图 24.21 所示的面为要删除的面；单击 确定 按钮，完成修剪 1 的创建。

图 24.20　曲面的修剪 1

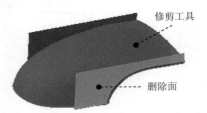

图 24.21　定义修剪工具与删除面

Step 15　创建 21.22 所示曲面的修剪 2，在 曲面 ▾ 区域中单击 ✂ 按钮；选取图 24.23 所示的面作为修剪工具，选取图 24.23 所示的面为要删除的面；单击 确定 按钮，完成修剪 2 的创建。

图 24.22　曲面的修剪 2

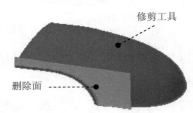

图 24.23　定义修剪工具与删除面

Step 16　创建缝合曲面 1。

（1）选择命令。在 曲面 ▾ 区域中单击"缝合曲面"按钮 ▤，系统弹出"缝合"对话框。

（2）定义缝合对象。在系统 选择要缝合的实体 的提示下，选取放样曲面 1、边界嵌片 1 与边界嵌片 2 作为缝合对象。

（3）在该对话框中单击 应用 按钮，单击 完毕 按钮，完成缝合曲面的创建。

Step 17　创建图 24.24 所示的加厚 1。

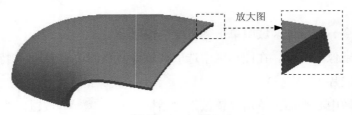

图 24.24　加厚 1

（1）选择命令。在 曲面 ▾ 区域中单击"加厚/偏移"按钮 ◇，系统弹出"加厚/偏移"对话框。

（2）定义偏移曲面。在"加厚/偏移"对话框中选中 ⊙ 缝合曲面 单选项，然后选取缝合曲面 1 为要加厚的曲面。

（3）定义输出类型。在"加厚/偏移"对话框 输出 区域中选择"实体"选项 ▱。

（4）定义等距偏移距离及方向。在"加厚/偏移"对话框的 距离 文本框中输入数值 1.5，将偏移方向设置为"方向 1"类型 ↘（向模型内部）。

（5）单击 确定 按钮，完成加厚 1 的创建。

Step 18 创建图 24.25 所示的拉伸特征 1。

（1）选择命令。在 创建 ▾ 区域中单击 ▤ 按钮，系统弹出"创建拉伸"对话框。

（2）定义特征的截面草图。单击"创建拉伸"对话框中的 创建二维草图 按钮，选取 XZ 平面作为草图平面，进入草绘环境。绘制图 24.26 所示的截面草图。

图 24.25　拉伸特征 1

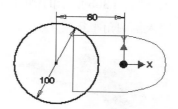

图 24.26　截面草图

（3）定义拉伸属性。单击 草图 选项卡 返回到三维 区域中的 ▤ 按钮，在"拉伸"对话框中将布尔运算设置为"求差"类型 ▱，在 范围 区域中的下拉列表中选择 贯通 选项，将拉伸方向设置为"方向 1"类型 ↘。

（4）单击"拉伸"对话框中的 确定 按钮，完成拉伸特征 1 的创建。

Step 19 创建图 24.27 所示的拉伸特征 2。

（1）选择命令。在 创建 ▾ 区域中单击 ▤ 按钮，系统弹出"创建拉伸"对话框。

（2）定义特征的截面草图。单击"创建拉伸"对话框中的 创建二维草图 按钮，选取 XY 平面作为草图平面，进入草绘环境。绘制图 24.28 所示的截面草图。

图 24.27　拉伸特征 2

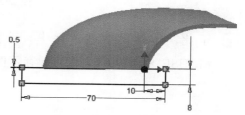

图 24.28　截面草图

（3）定义拉伸属性。单击 草图 选项卡 返回到三维 区域中的 ▤ 按钮，在"拉伸"对话框中将布尔运算设置为"求差"类型 ▱，在 范围 区域中的下拉列表中选择 贯通 选项，将拉伸方向设置为"对称"类型 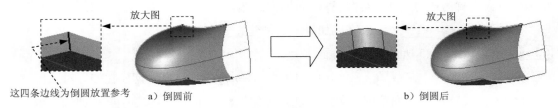。

（4）单击"拉伸"对话框中的 <u>确定</u> 按钮，完成拉伸特征 2 的创建。

Step 20　创建图 24.29b 所示的倒圆特征 1。选取图 24.29a 所示的模型边线为倒圆的对象，输入倒圆角半径值 2.0。

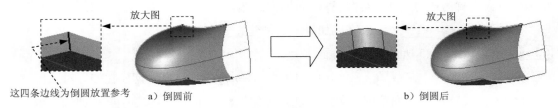

放大图　　　　　　　　　　　　　　　　　　放大图

这四条边线为倒圆放置参考　　　　a）倒圆前　　　　　　　　　　　　b）倒圆后

图 24.29　倒圆特征 1

Step 21　创建图 24.30b 所示的倒圆特征 2。选取图 24.30a 所示的模型边线为倒圆的对象，输入倒圆角半径值 1.0。

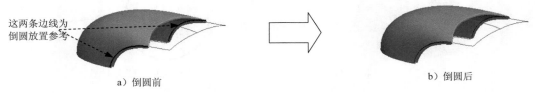

这两条边线为倒圆放置参考　　　a）倒圆前　　　　　　　　　　　b）倒圆后

图 24.30　倒圆特征 2

Step 22　创建图 24.31b 所示的倒圆特征 3。选取图 24.31a 所示的模型边线为倒圆的对象，输入倒圆角半径值 0.5。

此边线为倒圆放置参考

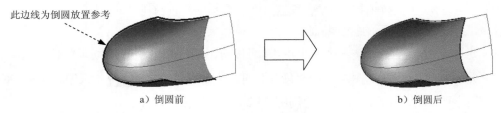

a）倒圆前　　　　　　　　　　　　b）倒圆后

图 24.31　倒圆特征 3

Step 23　至此，零件模型创建完毕。选择下拉菜单 ➡ 保存 命令，命名为 MOUSE_SURFACE，即可保存零件模型。

25

插接器

 实例概述

　　本实例介绍了插接器的设计过程。主要运用了实体建模与曲面建模相结合的方法，设计过程中主要运用了以下命令：拉伸、旋转、边界嵌片、缝合和阵列等。零件模型及模型树如图 25.1 所示。

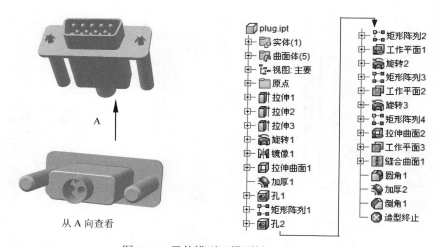

图 25.1　零件模型及模型树

　　说明：本例前面的详细操作过程请参见随书光盘中 video\ch25\reference\文件下的语音视频讲解文件 PLUG-r01.avi。

Step 1　打开文件 D:\inv13.3\work\ch25\PLUG_ex.ipt。

Step 2　创建图 25.2 所示的拉伸特征 3。在 创建 ▾ 区域中单击 ▦ 按钮，选取图 25.3 所示的模型表面作为草图平面，绘制图 25.4 所示的截面草图，在"拉伸"对话框将布尔运算设置为"求差"类型 ⊟，然后在 范围 区域中的下拉列表中选择 距离 选项，在"距离"文本框中输入 1.0，将拉伸方向设置为"方向 2"类型 。单击"拉伸"对话框中的 确定 按钮，完成拉伸特征 3 的创建。

图 25.2　拉伸特征 3

图 25.3　定义草图平面

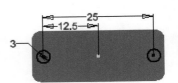

图 25.4　截面草图

Step 3　创建图 25.5 所示的旋转特征 1。在 创建 ▼ 区域中选择 命令，选取 XZ 平面为草图平面，绘制图 25.6 所示的截面草图；在"旋转"对话框将布尔运算设置为"求和"类型 ，在 范围 区域的下拉列表中选中 全部 选项；单击"旋转"对话框中的 确定 按钮，完成旋转特征 1 的创建。

Step 4　创建图 25.7 所示的镜像 1。在 阵列 区域中单击"镜像"按钮 ，选取"旋转 1"为要镜像的特征，然后选取 YZ 平面作为镜像中心平面，单击"镜像"对话框中的 确定 按钮，完成镜像操作。

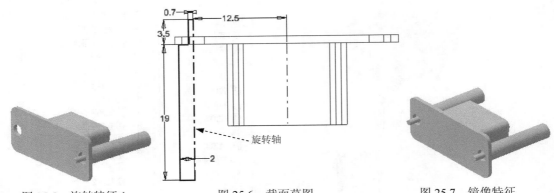

图 25.5　旋转特征 1　　　　图 25.6　截面草图　　　　图 25.7　镜像特征

Step 5　创建图 25.8 所示的拉伸特征 4。在 创建 ▼ 区域中单击 按钮，选取图 25.9 所示的模型表面作为草图平面，绘制图 25.10 所示的截面草图，在"拉伸"对话框 输出 区域中将输出类型设置为"曲面" ，然后在 范围 区域中的下拉列表中选择 距离 选项，在"距离"文本框中输入 5.5，将拉伸方向设置为"方向 1"类型 。单击"拉伸"对话框中的 确定 按钮，完成拉伸特征 4 的创建。

Step 6　创建图 25.11 所示的加厚 1；在 曲面 ▼ 区域中单击"加厚/偏移"按钮 ，系统弹出"加厚/偏移"对话框；在"加厚/偏移"对话框中选中 ⊙ 缝合曲面 单选项，然后选取拉伸特征 4 为要加厚的曲面；在"加厚/偏移"对话框 输出 区域中选择"实

体"选项 ⬚，在 距离 文本框中输入数值 0.5，将偏移方向设置为"方向 2"类型 ⬚
（向曲面内部）；单击 确定 按钮，完成加厚 1 的创建。

此面为草图平面

图 25.8　拉伸特征 4

图 25.9　定义草图平面

图 25.10　截面草图

Step 7　创建图 25.12 所示的草图。在 三维模型 选项卡 草图 区域中单击 ⬚ 按钮，选取图
25.13 所示的模型表面作为草图平面，绘制图 25.12 所示的草图（共 1 个点）。

图 25.11　加厚 1

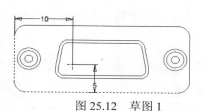

图 25.12　草图 1

Step 8　创建图 25.14 所示的孔 1。

选取此面

图 25.13　草图平面

图 25.14　孔 1

（1）选择命令。在 修改 ▾ 区域中单击"孔"按钮 ⬚。

（2）定义孔的放置方式及参考。在"孔"对话框 放置 区域的下拉列表中选择 从草图
选项。

（3）定义孔的样式及类型。在"孔"对话框中确认"直孔" ⬚ 与"简单孔" ⬚
被选中。

（4）定义孔的参数。在"孔"对话框 终止方式 区域的下拉列表中选择 贯通 选项；在"孔"
对话框孔预览图像区域输入孔的直径 2.0。

（5）单击"孔"对话框中的 确定 按钮，完成孔的创建。

Step 9　创建图 25.15 所示的矩形阵列 1。

（1）选择命令。在 阵列 区域中单击 ⊞ 按钮，系统弹出"矩形阵列"对话框。

（2）选择要阵列的特征。在图形区中选取孔特征 1（或在浏览器中选择"孔 1"特征）。

（3）定义阵列参数。

① 定义方向 1 参考边线。在"矩形阵列"对话框中单击 方向1 区域中的 ▷ 按钮，然后选取 X 轴为方向 1 的参考边线，阵列方向可参考图 25.16 所示。

图 25.15　矩形阵列 1

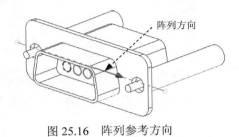

图 25.16　阵列参考方向

② 定义方向 1 参数。在 方向1 区域的 ooo 文本框中输入数值 5；在 ◇ 文本框中输入数值 2.5。

（4）单击 确定 按钮，完成矩形阵列的创建。

Step 10　创建图 25.17 所示的草图。在 三维模型 选项卡 草图 区域中单击 ✍ 按钮，选取图 25.18 所示的模型表面作为草图平面，绘制图 25.17 所示的草图（共 1 个点）。

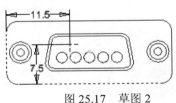

图 25.17　草图 2

图 25.18　草图平面

Step 11　创建图 25.19 所示的孔 2。

（1）选择命令。在 修改 ▾ 区域中单击"孔"按钮 🔘。

（2）定义孔的放置方式及参考。在"孔"对话框 放置 区域的下拉列表中选择 🔗 从草图 选项。

（3）定义孔的样式及类型。在"孔"对话框中确认"直孔" 🔽 与"简单孔" ⊙ 被选中。

图 25.19　孔 2

（4）定义孔的参数。在"孔"对话框 终止方式 区域的下拉列表中选择 贯通 选项；在"孔"对话框孔预览图像区域输入孔的直径2.0。

（5）单击"孔"对话框中的 确定 按钮，完成孔的创建。

Step 12　创建图 25.20 所示的矩形阵列 2。

（1）选择命令。在 阵列 区域中单击 ⊞ 按钮，系统弹出"矩形阵列"对话框。

（2）选择要阵列的特征。在图形区中选取孔特征 2（或在浏览器中选择"孔 2"特征）。

（3）定义阵列参数。

① 定义方向 1 参考边线。在"矩形阵列"对话框中单击 方向1 区域中的 ⬉ 按钮，然后选取 X 轴为方向 1 的参考边线，阵列方向可参考图 25.21 所示。

图 25.20　矩形阵列 2

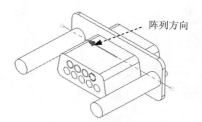

图 25.21　阵列参考方向

② 定义方向 1 参数。在 方向1 区域的 °°° 文本框中输入数值 4；在 ◇ 文本框中输入数值 2.5。

（4）单击 确定 按钮，完成矩形阵列的创建。

Step 13　创建图 25.22 所示的工作平面 1（本步的详细操作过程请参见随书光盘中 video\ch25\reference\文件下的语音视频讲解文件 PLUG-r02.avi）。

Step 14　创建图 25.23 所示的旋转特征 2。在 创建 ▾ 区域中选择 ⬭ 命令，选取工作平面 1 为草图平面，绘制图 25.24 所示的截面草图；在"旋转"对话框将布尔运算设置为"求和"类型 ⬚，在 范围 区域的下拉列表中选中 全部 选项；单击"旋转"对话框中的 确定 按钮，完成旋转特征 2 的创建。

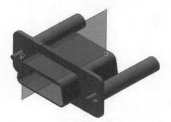

图 25.22　工作平面 1

图 25.23　旋转特征 2

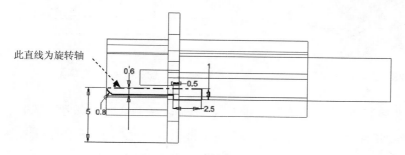

此直线为旋转轴

0.6　　1　　-0.5　　2.5　　5　0.8

图 25.24　截面草图

Step 15 创建图 25.25 所示的矩形阵列 3。在 阵列 区域中单击 ⬚⬚ 按钮，选取旋转特征 2 为要阵列的特征；在"矩形阵列"对话框中单击 方向1 区域中的 ⬚ 按钮，然后选取 X 轴为方向 1 的参考边线，阵列方向可参考图 25.26；在 方向1 区域的 ∞∞ 文本框中输入数值 5；在 ◇ 文本框中输入数值 2.5；单击 确定 按钮，完成矩形阵列的创建。

a）创建前   b）创建后

图 25.25   矩形阵列 3

Step 16 创建图 25.27 所示的工作平面 2（本步的详细操作过程请参见随书光盘中 video\ch25\reference\文件下的语音视频讲解文件 PLUG-r03.avi）。

Step 17 创建图 25.28 所示的旋转特征 3。在 创建 ▾ 区域中选择 ⬚ 命令，选取工作平面 2 为草图平面，绘制图 25.29 所示的截面草图；在"旋转"对话框将布尔运算设置为"求和"类型 ⬚，在 范围 区域的下拉列表中选中 全部 选项；单击"旋转"对话框中的 确定 按钮，完成旋转特征 3 的创建。

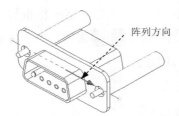

图 25.26   阵列参考方向

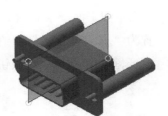

图 25.27   工作平面 2

图 25.28   旋转特征 3

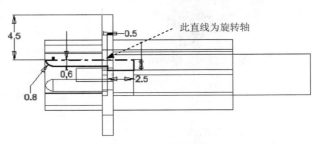

图 25.29   截面草图

Step 18 创建图 25.30 所示的矩形阵列 4。在 阵列 区域中单击 ⬚⬚ 按钮，选取旋转特征 3 为要阵列的特征；在"矩形阵列"对话框中单击 方向1 区域中的 ⬚ 按钮，然后选取 X 轴为方向 1 的参考边线，阵列方向可参考图 25.31 所示；在 方向1 区域的 ∞∞ 文本框中输入数值 4；在  文本框中输入数值 2.5；单击 确定 按钮，完成矩形阵列的创建。

a）创建前　　　　　　　　　　b）创建后

图 25.30　阵列特征 4

Step 19 创建图 25.32 所示的拉伸特征 5。在 创建 ▾ 区域中单击 按钮，选取图 25.33 所示的模型表面作为草图平面，绘制图 25.34 所示的截面草图，在"拉伸"对话框 输出 区域中将输出类型设置为"曲面" ，然后在 范围 区域中的下拉列表中选择 距离 选项，在"距离"文本框中输入 16.5，将拉伸方向设置为"方向 1"类型 。单击"拉伸"对话框中的 确定 按钮，完成拉伸特征 5 的创建。

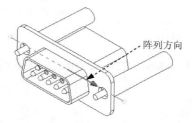

阵列方向

图 25.31　阵列参考方向

图 25.32　拉伸特征 5

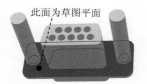

此面为草图平面

图 25.33　定义草图平面

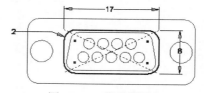

图 25.34　截面草图

Step 20 创建图 25.35 所示的工作平面 3。在 定位特征 区域中单击"平面"按钮 下的 平面 按钮，选择 从平面偏移 命令；选取 XY 平面作为参考平面，输入要偏距的距离-16.5；单击 按钮，完成工作平面 3 的创建。

Step 21 创建图 25.36 所示的拉伸特征 6。在 创建 ▾ 区域中单击 按钮，选取工作平面 3 作为草图平面，绘制图 25.37 所示的截面草图，在"拉伸"对话框 输出 区域中将输出类型设置为"曲面" ，然后在 范围 区域中的下拉列表中选择 距离 选项，在"距离"文本框中输入 5，将拉伸方向设置为"方向 2"类型 。单击"拉伸"对话框中的 确定 按钮，完成拉伸特征 6 的创建。

图 25.35　工作平面 3

图 25.36　拉伸特征 6

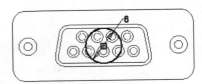

图 25.37　截面草图

Step 22　创建图 25.38 所示的边界嵌片 1。在 曲面 ▾ 区域中单击 "边界嵌片" 按钮 ，在系统的提示下，选取图 25.38a 所示的两条边线为曲面的边界。单击 确定 按钮，完成边界嵌片的创建。

选取这两条边线

a）创建前

b）创建后

图 25.38　边界嵌片 1

Step 23　后面的详细操作过程请参见随书光盘中 video\ch25\reference\文件下的语音视频讲解文件 PLUG-r04.avi。

26

支撑架

 实例概述

本实例介绍了支撑架模型的设计过程。设计过程中的关键点是基准平面及基准轴等基准特征的创建，通过此模型的学习可以让读者知道如何根据实际需要来创建基准特征。零件模型及模型树如图 26.1 所示。

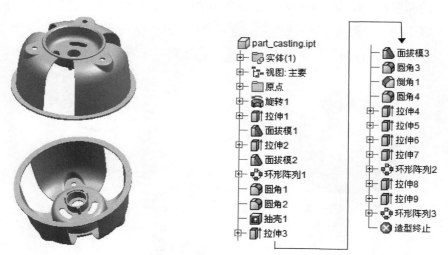

图 26.1　零件模型及模型树

说明：本例前面的详细操作过程请参见随书光盘中 video\ch26\reference\文件下的语音视频讲解文件 part_casting-r01.avi。

Step 1　打开文件 D:\inv13.3\work\ch26\part_casting_ex.ipt。

Step 2　创建图 26.2 所示的拔模 1。

（1）选择命令。在 ⬚ 修改 ▼ 区域中单击 ⬚ 拔模 按钮。

（2）定义拔模类型。在"面拔模"对话框中将拔模类型设置为 "固定平面" ⬚。

（3）定义固定面。在系统 选择平面或工作平面 的提示下，选取图 26.3 所示的面 1 为拔模固定平面。

（4）定义拔模面。在系统 选择拔模面 的提示下，选取图 26.3 所示的面 2 为需要拔模的面。

（5）定义拔模属性。在"面拔模"对话框的 拔模斜度 文本框中输入 5。

（6）定义拔模方向。拔模方向如图 26.4 所示。

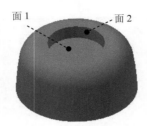

图 26.2　拔模特征 1　　　　图 26.3　定义固定面、拔模面　　　　图 26.4　拔模方向

（7）单击"面拔模"工具条中的 确定 按钮，完成从拔模特征的创建。

Step 3　创建图 26.5 所示的拉伸特征 2。在 创建 ▼ 区域中单击 按钮，选取图 26.6 所示的模型表面作为草图平面，绘制图 26.7 所示的截面草图，在"拉伸"对话框 范围 区域中的下拉列表中选择 到表面或平面 选项，并将拉伸方向设置为"方向 2"类型 ，单击"拉伸"对话框中的 确定 按钮，完成拉伸特征 2 的创建。

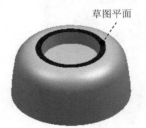

图 26.5　拉伸特征 2　　　　　　　图 26.6　定义草图平面

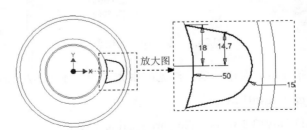

图 26.7　截面草图

Step 4　创建图 26.8 所示的拔模 2。

（1）选择命令。在 修改 ▼ 区域中单击 拔模 按钮。

（2）定义拔模类型。在"面拔模"对话框中将拔模类型设置为"固定平面" 🔧 。

（3）定义固定面。在系统 选择平面或工作平面 的提示下，选取图 26.9 所示的面 1 为拔模固定平面。

图 26.8　拔模特征 2

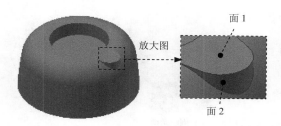

图 26.9　定义固定面与拔模面

（4）定义拔模面。在系统 选择拔模面 的提示下，选取图 26.9 所示的面 2 为需要拔模的面。

（5）定义拔模属性。在"面拔模"对话框的 拔模斜度 文本框中输入 5。

（6）定义拔模方向。拔模方向如图 26.10 所示。

（7）单击"面拔模"工具条中的　确定　按钮，完成从拔模特征的创建。

Step 5　创建图 26.11 所示的环形阵列 1。

图 26.10　定义拔模方向

a）阵列前　　　　　　　b）阵列后

图 26.11　阵列特征 1

（1）选择命令。在 阵列 区域中单击 🔁 按钮。

（2）选择要阵列的特征。在图形区中选取拉伸特征 2 与拔模特征 2（或在浏览器中选择"拉伸 2"与"面拔模 2"特征）。

（3）定义阵列参数。

① 定义阵列轴。在"环形阵列"对话框中单击 🔍 按钮，然后在浏览器中选取"Z 轴"为环形阵列轴。

② 定义阵列实例数。在 放置 区域的 🔘 按钮后的文本框中输入数值 3。

③ 定义阵列角度。在 放置 区域的 ◇ 按钮后的文本框中输入数值 360.0。

（4）单击　确定　按钮，完成环形阵列的创建。

Step 6　创建图 26.12b 所示的倒圆特征 1。

（1）选择命令。在 修改 ▼ 区域中单击 🛇 按钮。

（2）选取要倒圆的对象。在系统的提示下，选取图 26.12a 所示的模型边线为倒圆的对象。

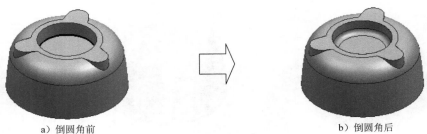

a）倒圆角前　　　　　　　　　　　b）倒圆角后

图 26.12　倒圆特征 1

（3）定义倒圆参数。在"倒圆角"小工具条的"半径 R"文本框中输入 8。

（4）单击"圆角"对话框中的 确定 按钮，完成圆角特征的定义。

Step 7　创建图 26.13b 所示的倒圆特征 2。选取图 26.13a 所示的模型边线为倒圆的对象，输入倒圆角半径值 3.0。

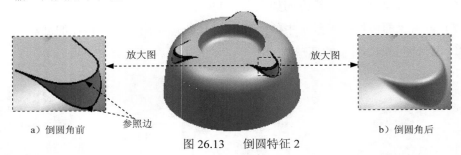

放大图　　　　　　　　　　　放大图

a）倒圆角前　　参照边　　　　　　　　　　b）倒圆角后

图 26.13　倒圆特征 2

Step 8　创建图 26.14 所示的抽壳特征 1。

（1）选择命令。在 修改 ▼ 区域中单击 🔲 抽壳 按钮。

（2）定义薄壁厚度。在"抽壳"对话框的 厚度 文本框中输入薄壁厚度值 2.0。

（3）选择要移除的面。在系统 选择要去除的表面 的提示下，选择图 26.15 所示的模型表面为要移除的面。

（4）单击"抽壳"对话框中的 确定 按钮，完成抽壳特征的创建。

Step 9　创建图 26.16 所示的拉伸特征 3。

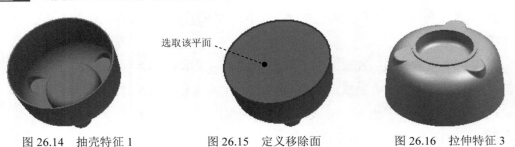

选取该平面

图 26.14　抽壳特征 1　　　　图 26.15　定义移除面　　　　图 26.16　拉伸特征 3

（1）选择命令。在 创建 ▾ 区域中单击 按钮，系统弹出"创建拉伸"对话框。

（2）定义特征的截面草图。单击"创建拉伸"对话框中的 创建二维草图 按钮，选取图 26.17 所示的模型表面作为草图平面，进入草绘环境。绘制图 26.18 所示的截面草图。

（3）定义拉伸属性。单击 草图 选项卡 返回到三维 区域中的 按钮，选取图 26.18 所示的封闭截面作为截面轮廓，在"拉伸"对话框中将布尔运算设置为"求和"类型 ，在 范围 区域中的下拉列表中选择 距离 选项，在"距离"文本框中输入 3.0，将拉伸方向设置为"方向 1"类型 。

（4）单击"拉伸"对话框中的 确定 按钮，完成拉伸特征 3 的创建。

Step 10 创建图 26.19 所示的拔模 3。

图 26.17　定义草图平面

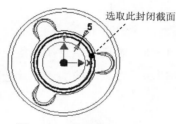

图 26.18　截面草图

图 26.19　拔模 3

（1）选择命令。在 修改 ▾ 区域中单击 拔模 按钮。

（2）定义拔模类型。在"面拔模"对话框中将拔模类型设置为"固定平面" 。

（3）定义固定面。在系统 选择平面或工作平面 的提示下，选取图 26.20 所示的面 1 为拔模固定平面。

（4）定义拔模面。在系统 选择拔模面 的提示下，选取图 26.21 所示的面 2 为需要拔模的面。

（5）定义拔模属性。在"面拔模"对话框的 拔模斜度 文本框中输入 5。

（6）定义拔模方向。拔模方向如图 26.22 所示。

图 26.20　选取固定面

图 26.21　选取拔模面

图 26.22　定义拔模方向

（7）单击"面拔模"工具条中的 确定 按钮，完成拔模特征的创建。

Step 11 创建图 26.23b 所示的倒圆特征 3。选取图 26.23a 所示的模型边线为倒圆的对象，输入倒圆角半径值 1.0。

放大图

放大图

参照边

a）倒圆角前

b）倒圆角后

图 26.23 倒圆特征 3

Step 12 创建图 26.24b 所示的倒角特征 1。

（1）选择命令。在 修改 ▼ 区域中单击 ◇ 倒角 按钮。

（2）定义倒角类型。在"倒角"对话框中定义倒角类型为"倒角边长" 🗗。

（3）选取模型中要倒角的边线。在系统的提示下，选取图 26.24a 所示的模型边线为倒角的对象。

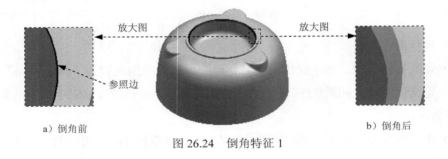

放大图

放大图

参照边

a）倒角前

b）倒角后

图 26.24 倒角特征 1

（4）定义倒角参数。在"倒角"对话框的 倒角边长 文本框中输入 2.0。

（5）单击"倒角"对话框中的 确定 按钮，完成倒角特征的定义。

Step 13 创建图 26.25b 所示的倒圆特征 4。选取图 26.25a 所示的模型边线为倒圆的对象，输入倒圆角半径值 1.0。

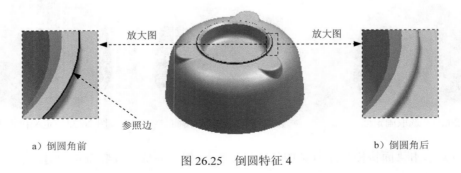

放大图

放大图

参照边

a）倒圆角前

b）倒圆角后

图 26.25 倒圆特征 4

Step 14 创建图 26.26 所示的拉伸特征 4。在 创建▼ 区域中单击 █ 按钮，选取 XY 平面作为草图平面，绘制图 26.27 所示的截面草图，选取图 26.27 所示的封闭区域为截面轮廓，在"拉伸"对话框将布尔运算设置为"求和"类型 █，然后在 范围 区域中的下拉列表中选择 距离 选项，在"距离"文本框中输入 3，将拉伸方向设置为"方向 1"类型 █。单击"拉伸"对话框中的 确定 按钮，完成拉伸特征 4 的创建。

图 26.26　拉伸特征 4

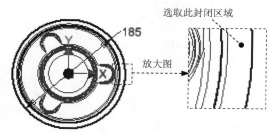

选取此封闭区域

放大图

图 26.27　截面草图

Step 15 创建图 26.28 所示的拉伸特征 5。在 创建▼ 区域中单击 █ 按钮，选取图 26.29 所示的模型表面作为草图平面，绘制图 26.30 所示的截面草图，在"拉伸"对话框将布尔运算设置为"求差"类型 █，然后在 范围 区域中的下拉列表中选择 贯通 选项，将拉伸方向设置为"方向 2"类型 █。单击"拉伸"对话框中的 确定 按钮，完成拉伸特征 5 的创建。

草图平面

图 26.28　拉伸特征 5

图 26.29　草图平面

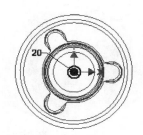

图 26.30　截面草图

Step 16 创建图 26.31 所示的拉伸特征 6。在 创建▼ 区域中单击 █ 按钮，选取图 26.32 所示的模型表面作为草图平面，绘制图 26.33 所示的截面草图，在"拉伸"对话框将布尔运算设置为"求差"类型 █，然后在 范围 区域中的下拉列表中选择 贯通 选项，将拉伸方向设置为"方向 2"类型 █。单击"拉伸"对话框中的 确定 按钮，完成拉伸特征 6 的创建。

Step 17 创建图 26.34 所示的拉伸特征 7。在 创建▼ 区域中单击 █ 按钮，选取图 26.34 所示的模型表面作为草图平面，绘制图 26.35 所示的截面草图，在"拉伸"对话框将布尔运算设置为"求差"类型 █，然后在 范围 区域中的下拉列表中选择 贯通

26
Chapter

选项，将拉伸方向设置为"方向 2"类型 🔲。单击"拉伸"对话框中的 [确定] 按钮，完成拉伸特征 7 的创建。

图 26.31　拉伸特征 6

图 26.32　草图平面

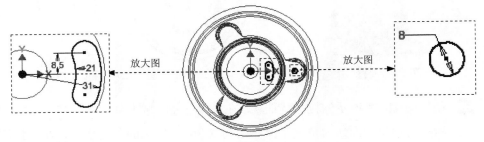

图 26.33　截面草图

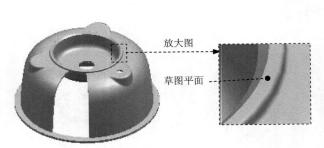

图 26.34　拉伸特征 7

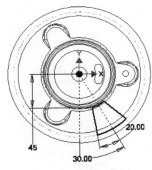

图 26.35　截面草图

Step 18　创建图 26.36 所示的环形阵列 2。

a）阵列前

b）阵列后

图 26.36　环形阵列 2

（1）选择命令。在 阵列 区域中单击 ✛ 按钮。

（2）选择要阵列的特征。在图形区中选取拉伸 6 与拉伸 7 特征（或在浏览器中选择"拉伸 6"与"拉伸 7"特征）。

（3）定义阵列参数。

① 定义阵列轴。在"环形阵列"对话框中单击 ⬚ 按钮，然后在浏览器中选取"Z 轴"为环形阵列轴。

② 定义阵列实例数。在 放置 区域的 ⦂⦂⦂ 按钮后的文本框中输入数值 3。

③ 定义阵列角度。在 放置 区域的 ◇ 按钮后的文本框中输入数值 360.0。

（4）单击 ▢ 确定 ▢ 按钮，完成环形阵列的创建。

Step 19　后面的详细操作过程请参见随书光盘中 video\ch26\reference\文件下的语音视频讲解文件 part_casting-r02.avi。

27

微波炉面板

 实例概述

　　本实例主要讲述一款微波炉面板的设计过程，该设计过程是先用曲面创建面板，然后再将曲面转变为实体面板。通过使用工作平面、拉伸曲面、放样曲面、缝合曲面、加厚和倒圆命令完成面板。零件模型及模型树如图 27.1 所示。

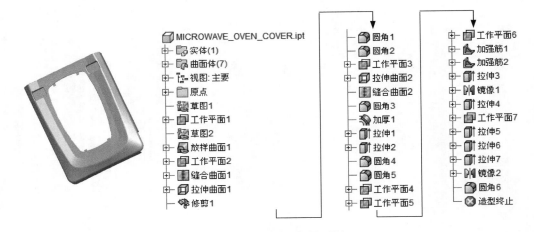

图 27.1　零件模型及模型树

Step 1　新建一个零件模型，进入建模环境。

Step 2　创建图 27.2 所示的草图 1。

　　（1）在 三维模型 选项卡 草图 区域中单击 ⬚ 按钮，然后选择 YZ 平面为草图平面，系统进入草图设计环境。

　　（2）绘制图 27.2 所示的草图，单击 ✔ 按钮，退出草绘环境。

Step 3　创建图 27.3 所示的工作平面 1（本步的详细操作过程请参见随书光盘中 video\ch27\reference\文件下的语音视频讲解文件 MICROWAVE_OVEN_COVER-r01.avi）。

Step 4　创建图 27.4 所示的草图 2。在 三维模型 选项卡 草图 区域中单击 ✏️ 按钮，选取工作平面 1 作为草图平面，绘制图 27.5 所示的草图。

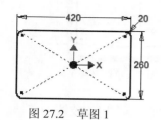

图 27.2　草图 1

图 27.3　工作平面 1

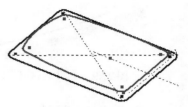

图 27.4　草图 2（建模环境）

Step 5　创建图 27.6 所示的放样曲面 1。

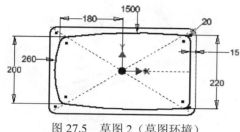

图 27.5　草图 2（草图环境）

图 27.6　放样曲面 1

（1）选择命令。在 创建 ▼ 区域中单击 🌀 放样 按钮，系统弹出"放样"对话框。

（2）定义放样轮廓。在图形区选取图 27.7 所示的草图 1 与草图 2 为轮廓。

（3）定义输出类型。在"扫掠"对话框 输出 区域确认"曲面"按钮 🔲 被按下。

（4）单击 确定 按钮，完成放样曲面的创建。

Step 6　创建图 27.8 所示的工作平面 2。在 定位特征 区域中单击"平面"按钮 🔲 下的 平面 按钮，选择 📙 从平面偏移 命令；选取 YZ 平面作为参考平面，输入要偏距的距离 10；单击 ✔️ 按钮，完成工作平面 2 的创建。

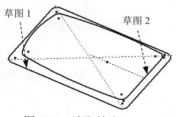

图 27.7　选取轮廓

图 27.8　工作平面 2

Step 7　创建图 27.9 所示的草图 3。在 三维模型 选项卡 草图 区域中单击 ✏️ 按钮，选取工作平面 2 作为草图平面，绘制图 27.10 所示的草图。

Step 8　创建图 27.11 所示的放样曲面 2。

（1）选择命令。在 创建 ▼ 区域中单击 🌀 放样 按钮，系统弹出"放样"对话框。

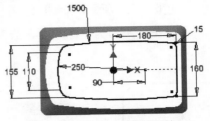

图 27.9　草图 3（建模环境）　　　　图 27.10　草图 3（草图环境）

（2）定义输出类型。在"扫掠"对话框 输出 区域确认"曲面"按钮 ▯ 被按下。

（3）定义放样轮廓。在图形区选取图 27.12 所示的草图 2 与草图 3 为轮廓。

图 27.11　放样曲面 2

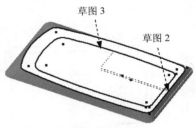

图 27.12　选取轮廓

（4）单击 确定 按钮，完成放样曲面的创建。

Step 9　创建图 27.13 所示的边界嵌片 1。

a）创建前　　　　　　　　　　　　　　b）创建后

图 27.13　创建边界嵌片

（1）选择命令。在 曲面 ▾ 区域中单击"边界嵌片"按钮 ▯，系统弹出"边界嵌片"对话框。

（2）定义边界边。在系统 选择边或草图曲线 的提示下，依次选取图 27.14 所示的边界为曲面的边界。

（3）单击 确定 按钮，完成边界嵌片的创建。

Step 10　创建缝合曲面 1。

（1）选择命令。在 曲面 ▾ 区域中单击"缝合曲面"按钮 ▤，系统弹出"缝合"对话框。

（2）定义缝合对象。在系统 选择要缝合的实体 的提示下，选取放样曲面 1、放样曲面 2

与边界嵌片 1 作为缝合对象。

（3）在该对话框中单击 应用 按钮，单击 完毕 按钮，完成缝合曲面的创建。

Step 11　创建图 27.15 所示的拉伸曲面 1。

（1）在 创建 ▾ 区域中单击 按钮，系统弹出"创建拉伸"对话框。

（2）定义特征的截面草图。单击"创建拉伸"对话框中的 创建二维草图 按钮，选取 YZ 平面作为草图平面，进入草绘环境。绘制图 27.16 所示的截面草图。

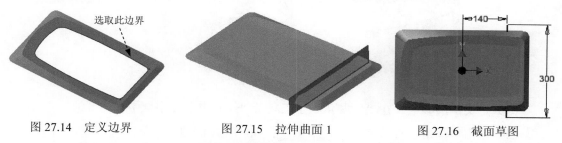

图 27.14　定义边界　　　　　图 27.15　拉伸曲面 1　　　　　图 27.16　截面草图

（3）定义拉伸属性。单击 草图 选项卡 返回到三维 区域中的 按钮，在"拉伸"对话框 输出 区域中将输出类型设置为"曲面" ；在 范围 区域的的下拉列表中选择 距离 选项，输入距离值为 50.0，并将拉伸方向设置为"对称"类型 。

（4）单击"拉伸"对话框中的 确定 按钮，完成拉伸曲面 1 的创建。

Step 12　创建图 27.17b 所示的修剪 1。

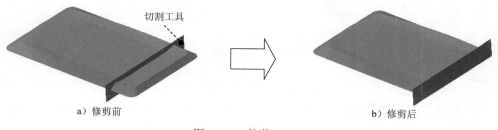

a）修剪前　　　　　　　　　　　　　　　b）修剪后

图 27.17　修剪 1

（1）选择命令。在 曲面 ▾ 区域中单击"修剪曲面"按钮 ，系统弹出 "修剪曲面"对话框。

（2）定义切割工具。在系统 选择曲面、工作平面或草图作为切割工具 的提示下，选取图 27.17 所示的面为切割工具。

（3）定义要删除的面。在系统 选择要删除的面 的提示下，选取图 27.18 所示的面为要删除的面。

（4）单击 确定 按钮，完成曲面修剪 1 的创建。

Step 13　创建图 27.19b 所示的倒圆特征 1。

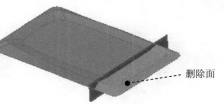

删除面

图 27.18　定义删除面

（1）选择命令。在 修改 ▾ 区域中单击 ⬚ 按钮。

（2）选取要倒圆的对象。在系统的提示下，选取图 27.19a 所示的模型边线为倒圆的对象。

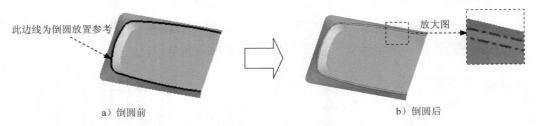

a）倒圆前　　　　　　　　　　　　　　b）倒圆后

图 27.19　倒圆特征 1

（3）定义倒圆参数。在"倒圆角"小工具条"半径 R"文本框中输入 8.0。

（4）单击"圆角"对话框中的 确定 按钮，完成圆角特征的定义。

Step 14 创建图 27.20b 所示的倒圆特征 2。选取图 27.20a 所示的模型边线为倒圆的对象，输入倒圆角半径值 10.0。

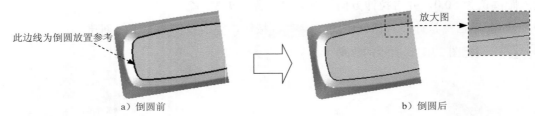

a）倒圆前　　　　　　　　　　　　　　b）倒圆后

图 27.20　倒圆特征 2

Step 15 创建图 27.21 所示的工作平面 3。在 定位特征 区域中单击"平面"按钮 ⬚ 下的 平面 ▾ 按钮，选择 ⬚ 从平面偏移 命令；选取 YZ 平面作为参考平面，输入要偏距的距离-30；单击 ✓ 按钮，完成工作平面 3 的创建。

Step 16 创建图 27.22 所示的拉伸曲面 2。

（1）在 创建 ▾ 区域中单击 ⬚ 按钮，系统弹出"创建拉伸"对话框。

（2）定义特征的截面草图。单击"创建拉伸"对话框中的 创建二维草图 按钮，选取工作平面 3 作为草图平面，进入草绘环境。绘制图 27.23 所示的截面草图。

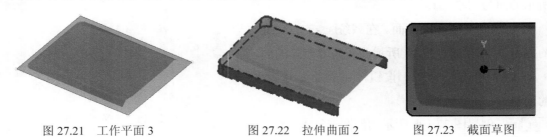

图 27.21　工作平面 3　　　　图 27.22　拉伸曲面 2　　　　图 27.23　截面草图

（3）定义拉伸属性。单击 草图 选项卡 返回到三维 区域中的 按钮，在"拉伸"对话框 输出 区域中将输出类型设置为"曲面" ；在 范围 区域的下拉列表中选择 到 选项，选取 YZ 平面为拉伸终止平面。

（4）单击"拉伸"对话框中的 确定 按钮，完成拉伸曲面 2 的创建。

Step 17 创建缝合曲面 2。

（1）选择命令。在 曲面 ▼ 区域中单击"缝合曲面"按钮 ，系统弹出"缝合"对话框。

（2）定义缝合对象。在系统 选择要缝合的实体 的提示下，选取缝合曲面 1 与拉伸曲面 2 作为缝合对象。

（3）在该对话框中单击 应用 按钮，单击 完毕 按钮，完成缝合曲面的创建。

Step 18 创建图 27.24b 所示的倒圆特征 3。选取图 27.24a 所示的模型边线为倒圆的对象，输入倒圆角半径值 8.0。

a）倒圆角前   b）倒圆角后

图 27.24 倒圆特征 3

Step 19 创建图 27.25 所示的加厚 1。

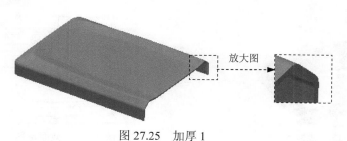

图 27.25 加厚 1

（1）选择命令。在 曲面 ▼ 区域中单击"加厚/偏移"按钮 ，系统弹出"加厚/偏移"对话框。

（2）定义偏移曲面。在"加厚/偏移"对话框中选中 ◉ 缝合曲面 单选项，然后选取缝合曲面 1 为要加厚的曲面。

（3）定义输出类型。在"加厚/偏移"对话框 输出 区域中选择"实体"选项 。

（4）定义等距偏移距离及方向。在"加厚/偏移"对话框的 距离 文本框中输入数值 3，将偏移方向设置为"方向 1"类型 （向模型内部）。

（5）单击 确定 按钮，完成加厚 1 的创建。

Step 20 创建图 27.26 所示的拉伸特征 1。

（1）选择命令。在 创建 ▼ 区域中单击 按钮，系统弹出"创建拉伸"对话框。

（2）定义特征的截面草图。单击"创建拉伸"对话框中的 创建二维草图 按钮，选取工作平面 3 作为草图平面，进入草绘环境。绘制图 27.27 所示的截面草图。

图 27.26　拉伸特征 1

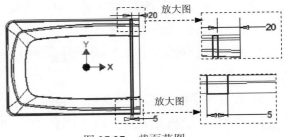

图 27.27　截面草图

（3）定义拉伸属性。单击 草图 选项卡 返回到三维 区域中的 按钮，在"拉伸"对话框 范围 区域中的下拉列表中选择 到表面或平面 选项，将拉伸方向设置为"方向 1"类型 。

（4）单击"拉伸"对话框中的 确定 按钮，完成拉伸特征 1 的创建。

Step 21 创建图 27.28 所示的拉伸特征 2。

（1）选择命令。在 创建 ▼ 区域中单击 按钮，系统弹出"创建拉伸"对话框。

（2）定义特征的截面草图。单击"创建拉伸"对话框中的 创建二维草图 按钮，选取工作平面 3 作为草图平面，进入草绘环境。绘制图 27.29 所示的截面草图。

图 27.28　拉伸特征 2

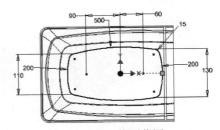

图 27.29　截面草图

（3）定义拉伸属性。单击 草图 选项卡 返回到三维 区域中的 按钮，在"拉伸"对话框中将布尔运算设置为"求差"类型 ，在 范围 区域中的下拉列表中选择 贯通 选项，将拉伸方向设置为"方向 1"类型 。

（4）单击"拉伸"对话框中的 确定 按钮，完成拉伸特征 2 的创建。

Step 22 创建图 27.30b 所示的倒圆特征 4。选取图 27.30a 所示的模型边线为倒圆的对象，输入倒圆角半径值 1.0。

Step 23 创建图 27.31b 所示的倒圆特征 5。选取图 27.31a 所示的模型边线为倒圆的对象，输入倒圆角半径值 1.0。

图 27.30　倒圆特征 4

图 27.31　倒圆特征 5

Step 24　创建图 27.32 所示的工作平面 4。在 定位特征 区域中单击"平面"按钮 下的 平面 按钮，选择 从平面偏移 命令；选取 XZ 平面作为参考平面，输入要偏距的距离为 60；单击 按钮，完成工作平面 4 的创建。

Step 25　创建图 27.33 所示的工作平面 5。在 定位特征 区域中单击"平面"按钮 下的 平面 按钮，选择 从平面偏移 命令；选取 XZ 平面作为参考平面，输入要偏距的距离为 -115；单击 按钮，完成工作平面 5 的创建。

图 27.32　工作平面 4

图 27.33　工作平面 5

Step 26　创建图 27.34 所示的工作平面 6。在 定位特征 区域中单击"平面"按钮 下的 平面 按钮，选择 从平面偏移 命令；选取 XY 平面作为参考平面，输入要偏距的距离为 40；单击 按钮，完成工作平面 6 的创建。

Step 27　创建图 27.35 所示的草图 8。在 三维模型 选项卡 草图 区域中单击 按钮，选取工作平面 4 作为草图平面，绘制图 27.35 所示的草图。

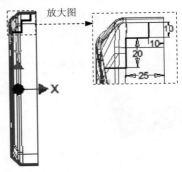
放大图

图 27.34 工作平面 6　　　　　　　　图 27.35 草图 8

说明：此草图曲线不需要延伸到实体的内部。

Step 28 创建图 27.36 所示的加强筋 1。

（1）选择命令。在 创建 ▾ 区域中单击 加强筋 按钮。

（2）指定加强筋轮廓。在图形区选取 Step27 中创建的草图 8 为加强筋轮廓。

（3）指定加强筋的类型。在"加强筋"对话框单击"平行于草图平面"按钮。

（4）定义加强筋特征的参数。

① 定义加强筋的拉伸方向。在"加强筋"对话框中将结合图元的拉伸方向设置为"方向 1"类型。

② 定义加强筋的厚度。在 厚度 文本框中输入 5.0，将加强筋的生成方向设置为"双向"类型，其余参数接受系统默认设置。

（5）单击"加强筋"对话框中的 确定 按钮，完成加强筋特征的创建。

Step 29 创建图 27.37 所示的草图 9。在 三维模型 选项卡 草图 区域中单击 按钮，选取工作平面 4 作为草图平面，绘制图 27.37 所示的草图。

说明：此草图是通过草图 8 投影得到的。

Step 30 创建图 27.38 所示的加强筋 2。

图 27.36 加强筋 1　　　　图 27.37 草图 9　　　　图 27.38 加强筋 2

（1）选择命令。在 创建 ▾ 区域中单击 加强筋 按钮。

（2）指定加强筋轮廓。在图形区选取 Step29 中创建的草图 9 为加强筋轮廓。

（3）指定加强筋的类型。在"加强筋"对话框单击"平行于草图平面"按钮 ▨。

（4）定义加强筋特征的参数。

① 定义加强筋的拉伸方向。在"加强筋"对话框中将结合图元的拉伸方向设置为"方向 1"类型 ▨。

② 定义加强筋的厚度。在 厚度 文本框中输入 5.0，将加强筋的生成方向设置为"双向"类型 ▨，其余参数接受系统默认设置。

（5）单击"加强筋"对话框中的 确定 按钮，完成加强筋特征的创建。

Step 31　创建图 27.39 所示的拉伸特征 3。在 创建 ▾ 区域中单击 ▯ 按钮，选取工作平面 6 作为草图平面，绘制图 27.40 所示的截面草图，在"拉伸"对话框 范围 区域中的下拉列表中选择 距离 选项，在"距离"文本框中输入 8，并将拉伸方向设置为"对称"类型 ▨，单击"拉伸"对话框中的 确定 按钮，完成拉伸特征 3 的创建。

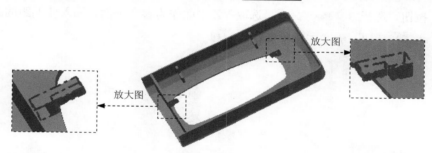

图 27.39　拉伸特征 3

Step 32　创建图 27.41 所示的镜像 1。

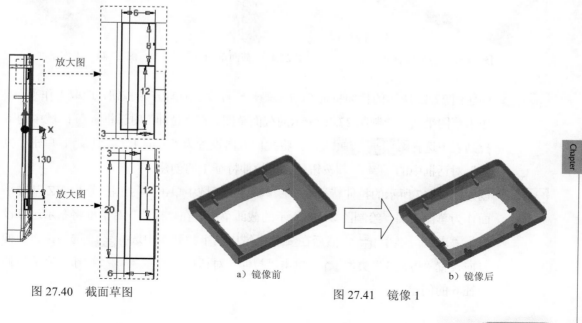

图 27.40　截面草图

a）镜像前　　　　　b）镜像后

图 27.41　镜像 1

（1）选择命令。在 阵列 区域中单击"镜像"按钮 ⋈⋈。

（2）选取要镜像的特征。在图形区中选取加强筋 1、加强筋 2 与拉伸 3 为要镜像复制的特征（或在浏览器中选择"加强筋 1"、"加强筋 2"与"拉伸 3"特征）。

（3）定义镜像中心平面。单击"镜像"对话框中的 ▶ 镜像平面 按钮，然后选取 XY 平面作为镜像中心平面。

（4）单击"镜像"对话框中的 确定 按钮，完成镜像操作。

Step 33　创建图 27.42 所示的拉伸特征 4。在 创建 ▾ 区域中单击 ▯ 按钮，选取图 27.42 所示的模型表面作为草图平面，绘制图 27.43 所示的截面草图。在"拉伸"对话框将布尔运算设置为"求差"类型 ⊟，然后在 范围 区域中的下拉列表中选择 距离 选项，在"距离"文本框中输入 20，将拉伸方向设置为"方向 2"类型 ⋈。单击"拉伸"对话框中的 确定 按钮，完成拉伸特征 4 的创建。

Step 34　创建图 27.44 所示的工作平面 7。在 定位特征 区域中单击"平面"按钮 ▭ 下的 平面 按钮，选择 ▯ 从平面偏移 命令；选取 YZ 平面作为参考平面，输入要偏距的距离-6；单击 ✓ 按钮，完成工作平面 7 的创建。

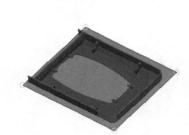

图 27.42　拉伸特征 4　　　　图 27.43　截面草图　　　　图 27.44　工作平面 7

Step 35　创建图 27.45 所示的拉伸特征 5。在 创建 ▾ 区域中单击 ▯ 按钮，选取工作平面 7 作为草图平面，绘制图 27.46 所示的截面草图。在"拉伸"对话框 范围 区域中的下拉列表中选择 到表面或平面 选项，将拉伸方向设置为"方向 1"类型 ⋈，单击"拉伸"对话框中的 确定 按钮，完成拉伸特征 1 的创建。

Step 36　创建图 27.47 所示的拉伸特征 6。在 创建 ▾ 区域中单击 ▯ 按钮，选取 YZ 基准平面作为草图平面，绘制图 27.48 所示的截面草图。在"拉伸"对话框将布尔运算设置为"求差"类型 ⊟，然后在 范围 区域中的下拉列表中选择 贯通 选项，将拉伸方向设置"方向 1"类型 ⋈。单击"拉伸"对话框中的 确定 按钮，完成拉伸特征 6 的创建。

图 27.45　拉伸特征 5

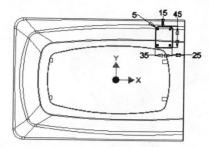

图 27.46　截面草图

图 27.47　拉伸特征 6

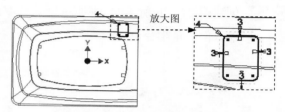

图 27.48　截面草图

Step 37　创建图 27.49 所示的拉伸特征 7。在 创建 ▾ 区域中单击 ⬚ 按钮，选取图 27.49 所示的模型表面作为草图平面，绘制图 27.50 所示的截面草图。在"拉伸"对话框将布尔运算设置为"求差"类型 ⬚，然后在 范围 区域中的下拉列表中选择 到 选项，将拉伸方向设置为"方向 1"类型 ⬚。单击"拉伸"对话框中的 确定 按钮，完成拉伸特征 7 的创建。

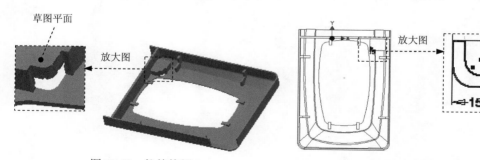

图 27.49　拉伸特征 7　　　　　　　　图 27.50　截面草图

Step 38　创建图 27.51 所示的镜像 2。

（1）选择命令。在 阵列 区域中单击"镜像"按钮 ⬚。

（2）选取要镜像的特征。在图形区中选取拉伸 5、拉伸 6 与拉伸 7 为要镜像复制的特征（或在浏览器中选择"拉伸 5"、"拉伸 6"与"拉伸 7"特征）。

（3）定义镜像中心平面。单击"镜像"对话框中的 ⬚ 镜像平面 按钮，然后选取 XY 平面作为镜像中心平面。

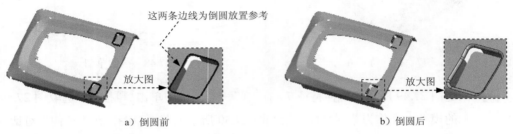

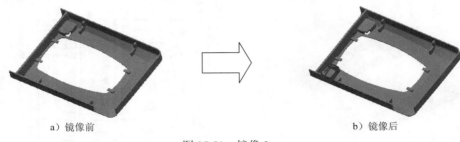

a）镜像前　　　　　b）镜像后

图 27.51　镜像 2

（4）单击"镜像"对话框中的 确定 按钮，完成镜像操作。

Step 39　创建图 27.52b 所示的倒圆特征 6。选取图 27.52a 所示的模型边线为倒圆的对象，输入倒圆角半径值 2.0。

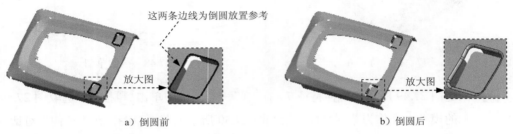

这两条边线为倒圆放置参考　放大图

a）倒圆前　　　　　放大图　b）倒圆后

图 27.52　倒圆特征 6

Step 40　至此，零件模型创建完毕。选择下拉菜单 ➡ 保存命令，命名为 MICROWAVE_OVEN_COVER，即可保存零件模型。

28

塑料筐

 实例概述

　　本实例介绍了一款塑料筐的三维模型设计过程。主要是讲述实体拉伸、圆角、拔模、放样、扫掠、加强筋、边倒圆等特征命令的应用。希望通过此应用的学习，使读者对该命令有更好的理解。零件模型及模型树如图 28.1 所示。

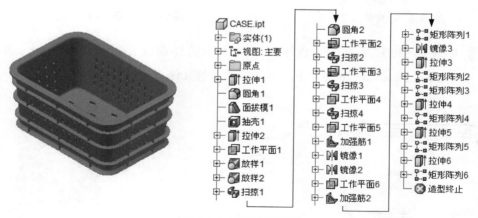

图 28.1　模型及模型树

　　说明：本例前面的详细操作过程请参见随书光盘中 video\ch28\reference\文件下的语音视频讲解文件 case-r01.avi。

`Step 1` 打开文件 D:\inv13.3\work\ch28\case_ex.ipt。

`Step 2` 创建图 28.2 所示的抽壳特征 1。在　修改 ▾ 区域中单击 回 抽壳 按钮，在"抽壳"对话框 厚度 文本框中输入薄壁厚度值 15.0；选择图 28.3 所示的模型表面为要移除的面；单击"抽壳"对话框中的　确定　按钮，完成抽壳特征的创建。

图 28.2　抽壳特征 1

选取此面

图 28.3　定义移除面

Step 3　创建图 28.4 所示的拉伸特征 2。在 创建 ▾ 区域中单击 ▢ 按钮，选取图 28.5 所示的模型表面作为草图平面，绘制图 28.6 所示的截面草图，在"拉伸"对话框将布尔运算设置为"求和"类型 ▣，然后在 范围 区域中的下拉列表中选择 距离 选项，在"距离"文本框中输入 10，将拉伸方向设置为"方向 2"类型 ▨。单击"拉伸"对话框中的 确定 按钮，完成拉伸特征 2 的创建。

图 28.4　拉伸特征 2

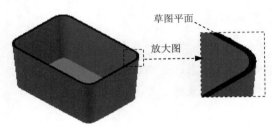

草图平面

放大图

图 28.5　草图平面

Step 4　创建图 28.7 所示的工作平面 1（本步的详细操作过程请参见随书光盘中 video\ch28\reference\文件下的语音视频讲解文件 case-r02.avi）。

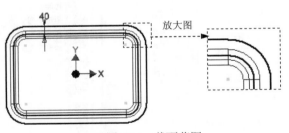

放大图

图 28.6　截面草图

图 28.7　工作平面 1

Step 5　创建图 28.8 所示的草图 1。在 三维模型 选项卡 草图 区域中单击 ▨ 按钮，选取工作平面 1 作为草图平面，绘制图 28.9 所示的草图。

Step 6　创建图 28.10 所示的放样 1。在 创建 ▾ 区域中单击 ▨ 放样 按钮，依次选取 Step5 中绘制的草图 1 与图 28.11 所示的面，单击"放样"对话框中的 确定 按钮，完成特征的创建。

图 28.8　草图 1（建模环境）

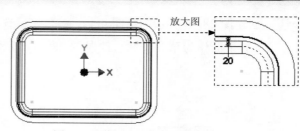

图 28.9　草图 1（草绘环境）

图 28.10　放样 1

选取此面

图 28.11　选取截面

Step 7 创建图 28.12 所示的草图 2。在 三维模型 选项卡 草图 区域中单击 按钮，选取图 28.13 所示的模型表面作为草图平面，绘制图 28.12 所示的草图。

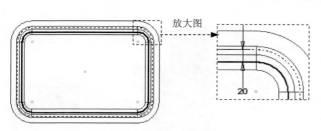

放大图

图 28.12　草图 2

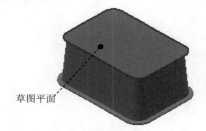

草图平面

图 28.13　草图平面

Step 8 创建图 28.14 所示的草图 3。在 三维模型 选项卡 草图 区域中单击 按钮，选取 XZ 平面作为草图平面，绘制图 28.14 所示的草图。

Step 9 创建图 28.15 所示的放样 2。在 创建 ▼ 区域中单击 放样 按钮，在"放样"对话框中将布尔运算设置为"求差"类型 ，然后依次选取 Step7 中绘制的草图 2 与 Step8 中绘制的草图 3，单击"放样"对话框中的 确定 按钮，完成放样特征的创建。

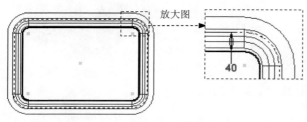

放大图

图 28.14　草图 3

图 28.15　放样 2

Step 10 创建图 28.16 所示的草图 4。在 三维模型 选项卡 草图 区域中单击 ✎ 按钮，选取 XY 平面作为草图平面，绘制图 28.16 所示的草图。

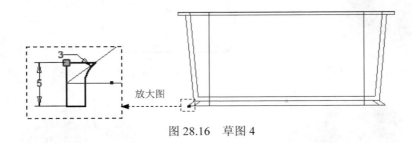

图 28.16　草图 4

Step 11 创建图 28.17 所示的三维草图 1。在 三维模型 选项卡 草图 区域中单击 ✎创建三维草图 按 钮，通过"包括几何图元"命令绘制图 28.17 所示的三维草图。

Step 12 创建图 28.18 所示的扫掠 1。在 创建 ▾ 区域中单击"扫掠"按钮 🔁扫掠，选取 三维草图 1 所示线作为扫掠轨迹，在"扫掠"对话框中将布尔运算设置为"求差" 类型 🔂，在 类型 区域的下拉列表中选择 路径，其他参数接受系统默认，单击"扫 掠"对话框中的 确定 按钮，完成扫掠特征的创建。

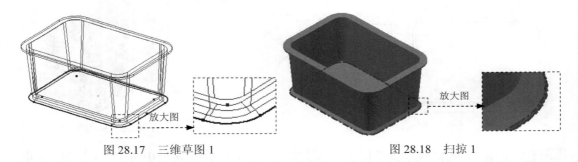

图 28.17　三维草图 1　　　　　　　　图 28.18　扫掠 1

Step 13 创建图 28.19b 所示的倒圆特征 2。选取图 28.19a 所示的模型边线（共 5 条边线） 为倒圆的对象，输入倒圆角半径值 10.0。

a）圆角前　　　　　　　　　　　　b）圆角后

图 28.19　倒圆特征 2

Step 14 创建图 28.20 所示的工作平面 2。在 定位特征 区域中单击"平面"按钮 🔲 下的 平面按钮，选择 ⬚从平面偏移 命令；选取 XZ 平面作为参考平面，输入要偏距的距离 240；单击 ✓ 按钮，完成工作平面 2 的创建。

Step 15　创建图 28.21 所示的三维草图 2。在 三维模型 选项卡 草图 区域中单击 ✎创建三维草图 按钮，通过"相交曲线"命令，选取工作平面 2 与图 28.22 所示的模型表面（共 8 个面）为相交的几何图元。

图 28.20　工作平面 2

图 28.21　三维草图 2

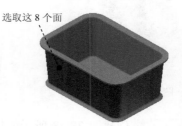
选取这 8 个面
图 28.22　定义相交图元

Step 16　创建图 28.23 所示的草图 5。在 三维模型 选项卡 草图 区域中单击 ✎ 按钮，选取 XY 平面作为草图平面，绘制图 28.23 所示的草图。

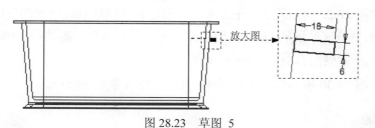
放大图 ▶
图 28.23　草图 5

Step 17　创建图 28.24 所示的扫掠 2。在 创建 ▾ 区域中单击"扫掠"按钮 ⬚扫掠，选取三维草图 2 所示线作为扫掠轨迹，在"扫掠"对话框中将布尔运算设置为"求和"类型 ⬚，在 类型 区域的下拉列表中选择 路径 选项，其他参数接受系统默认，单击"扫掠"对话框中的 ⬚ 确定 ⬚ 按钮，完成扫掠特征的创建。

Step 18　创建图 28.25 所示的工作平面 3。在 定位特征 区域中单击"平面"按钮 ⬚ 下的 平面 ▾ 按钮，选择 ⬚从平面偏移 命令；选取工作平面 2 作为参考平面，输入要偏距的距离 -90；单击 ✓ 按钮，完成工作平面 3 的创建。

图 28.24　扫掠 2

图 28.25　工作平面 3

Step 19 创建图 28.26 所示的三维草图 3。具体操作可参照 Step15。

Step 20 创建图 28.27 所示的草图 6（本步的详细操作过程请参见随书光盘中 video\ch28\reference\文件下的语音视频讲解文件 case-r03.avi）。

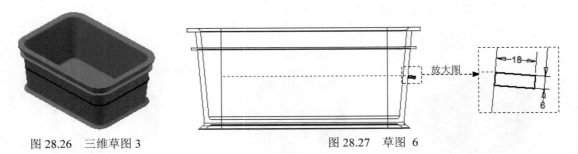

图 28.26　三维草图 3 　　　　　　　　　　　　　 图 28.27　草图 6

Step 21 创建图 28.28 所示的扫掠 3。在 创建 ▼ 区域中单击"扫掠"按钮🍃 扫掠，选取三维草图 3 所示线作为扫掠轨迹，在"扫掠"对话框中将布尔运算设置为"求和"类型 🔳，在 类型 区域的下拉列表中选择 路径 选项，其他参数接受系统默认，单击"扫掠"对话框中的 确定 按钮，完成扫掠特征的创建。

Step 22 创建图 28.29 所示的工作平面 4。在 定位特征 区域中单击"平面"按钮 🔲 下的 平面 按钮，选择 🚪从平面偏移 命令；选取工作平面 3 作为参考平面，输入要偏距的距离-100；单击 ✓ 按钮，完成工作平面 4 的创建。

Step 23 创建图 28.30 所示的三维草图 4。具体操作可参照 Step15。

图 28.28　扫掠 3 　　　　　　　 图 28.29　工作平面 4 　　　　　　 图 28.30　三维草图 4

Step 24 创建图 28.31 所示的草图 7。在 三维模型 选项卡 草图 区域中单击 ✎ 按钮，选取 XY 平面作为草图平面，绘制图 28.31 所示的草图。

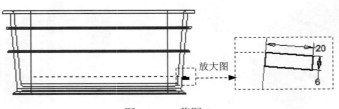

图 28.31　草图 7

Step 25　创建图 28.32 所示的扫掠 4。在 创建 ▼ 区域中单击"扫掠"按钮 ❖ 扫掠，选取三维草图 4 所示线作为扫掠轨迹，在"扫掠"对话框中将布尔运算设置为"求和"类型 🔲，在 类型 区域的下拉列表中选择 路径 选项，其他参数接受系统默认，单击"扫掠"对话框中的 ▢ 确定 按钮，完成扫掠特征的创建。

Step 26　创建图 28.33 所示的工作平面 5。在 定位特征 区域中单击"平面"按钮 ▣ 下的 平面按钮，选择 ◫ 从平面偏移 命令；选取 XY 平面作为参考平面，输入要偏距的距离 80；单击 ✓ 按钮，完成工作平面 5 的创建。

图 28.32　扫掠 4

图 28.33　工作平面 5

Step 27　创建图 28.34 所示的草图 8。在 三维模型 选项卡 草图 区域中单击 ☑ 按钮，选取工作平面 5 作为草图平面，绘制图 28.34 所示的草图。

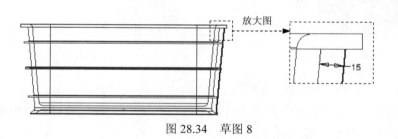

放大图

15

图 28.34　草图 8

Step 28　创建图 28.35 所示的加强筋 1。在 创建 ▼ 区域中单击 🗠 加强筋 按钮，将加强筋的类型设置为"平行于草图平面"方向 ▣，拉伸方向为"方向 1"类型 ▣，然后在 厚度 文本框中输入 5.0，并将加强筋的生成方向设置为"双向"类型 ▣，其余参数接受系统默认设置，单击"加强筋"对话框中的 ▢ 确定 按钮，完成加强筋特征的创建。

Step 29　创建图 28.36 所示的镜像 1。在 阵列 区域中单击"镜像"按钮 ▥，选取"加强筋 1"为要镜像的特征，然后选取 XY 平面作为镜像中心平面，单击"镜像"对话框中的 ▢ 确定 按钮，完成镜像操作。

Step 30　创建图 28.37 所示的镜像 2。在 阵列 区域中单击"镜像"按钮 ▥，选取"加强筋 1"与"镜像 1"为要镜像的特征，然后选取 YZ 平面作为镜像中心平面，单击"镜像"对话框中的 确定 按钮，完成镜像操作。

图 28.35　加强筋 1

图 28.36　镜像 1

图 28.37　镜像 2

Step 31 创建图 28.38 所示的工作平面 6（本步的详细操作过程请参见随书光盘中 video\ch28\reference\文件下的语音视频讲解文件 case-r04.avi）。

Step 32 创建图 28.39 所示的草图 9。在 三维模型 选项卡 草图 区域中单击 ✑ 按钮，选取工作平面 6 作为草图平面，绘制图 28.39 所示的草图。

图 28.38　工作平面 6

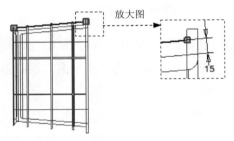

图 28.39　草图 9

Step 33 创建图 28.40 所示的加强筋 2。具体操作可参照 Step28。

Step 34 创建图 28.41 所示的矩形阵列 1。在 阵列 区域中单击 ⬚ 按钮，选取加强筋 2 作为要阵列的特征，选取图 28.42 所示的边线 1 为方向 1 的参考边线，阵列方向可参考图 28.42 所示。在 方向1 区域的 ⚬⚬⚬ 文本框中输入数值 3；在 ◇ 文本框中输入数值 200。单击 确定 按钮，完成矩形阵列的创建。

图 28.40　加强筋 2

图 28.41　矩形阵列 1

Step 35 创建图 28.43 所示的镜像 3。在 阵列 区域中单击"镜像"按钮 ⬗，选取"加强筋

2"与"矩形阵列 1"为要镜像的特征,然后选取 XY 平面作为镜像中心平面,单击"镜像"对话框中的 确定 按钮,完成镜像操作。

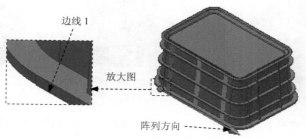

图 28.42 定义阵列边线与方向

Step 36 创建图 28.44 所示的拉伸特征 3。在 创建 ▼ 区域中单击 按钮,选取 XY 平面作为草图平面,绘制图 28.45 所示的截面草图,在"拉伸"对话框将布尔运算设置为"求差"类型 ,然后在 范围 区域的下拉列表中选择 距离 选项,在"距离"文本框中输入 600,将拉伸方向设置为"对称"类型 。单击"拉伸"对话框中的 确定 按钮,完成拉伸特征 3 的创建。

图 28.43 镜像 3　　　　　　　图 28.44 拉伸特征 3

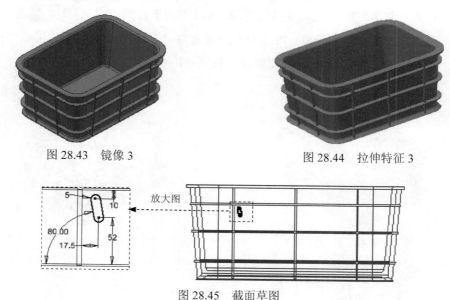

图 28.45 截面草图

Step 37 创建图 28.46 所示的矩形阵列 2。在 阵列 区域中单击 按钮,选取拉伸特征 3 作为要阵列的特征,选取图 28.47 所示的边线 1 为方向 1 的参考边线,阵列方向可参考图 28.47 所示。在 方向1 区域的 文本框中输入数值 10;在 文本框中输入数值 40;选取图 28.47 所示的边线 2 为方向 2 的参考边线,阵列方向可参考图 28.47 所示。在 方向2 区域的 文本框中输入数值 2;在 文本框中输入数值 40;

单击 确定 按钮，完成矩形阵列的创建。

图 28.46　矩形阵列 2

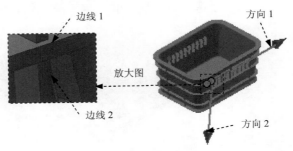

图 28.47　定义阵列方向及边线

Step 38　创建图 28.48 所示的矩形阵列 3。在 阵列 区域中单击 按钮，选取拉伸特征 3 与矩形阵列 2 作为要阵列的特征，选取图 28.47 所示的边线 2 为方向 1 的参考边线，阵列方向可参考图 28.47 所示的方向 2。在 方向1 区域的 文本框中输入数值 2，在 文本框中输入数值 90。单击 确定 按钮，完成矩形阵列的创建。

Step 39　创建图 28.49 所示的拉伸特征 4。在 创建 区域中单击 按钮，选取 YZ 平面作为草图平面，绘制图 28.50 所示的截面草图，在"拉伸"对话框将布尔运算设置为"求差"类型 ，然后在 范围 区域中的下拉列表中选择 距离 选项，在"距离"文本框中输入 700，将拉伸方向设置为"对称"类型 。单击"拉伸"对话框中的 确定 按钮，完成拉伸特征 4 的创建。

图 28.48　矩形阵列 3

图 28.49　拉伸特征 4

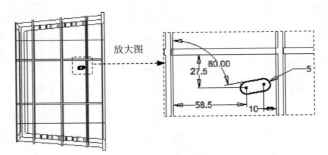

图 28.50　截面草图

Step 40 创建图 28.51 所示的矩形阵列 4。在 阵列 区域中单击 ▦ 按钮，选取拉伸特征 4 作为要阵列的特征，选取图 28.52 所示的边线 1 为方向 1 的参考边线，阵列方向可参考图 28.52 所示。在 方向1 区域的 ••• 文本框中输入数值 3；在 ◇ 文本框中输入数值 50；选取图 28.52 所示的边线 2 为方向 2 的参考边线，阵列方向可参考图 28.52 所示。在 方向2 区域的 ••• 文本框中输入数值 4；在 ◇ 文本框中输入数值 50；单击 确定 按钮，完成矩形阵列的创建。

图 28.51　矩形阵列 4

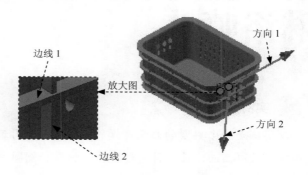

图 28.52　定义阵列边线与方向

Step 41 后面的详细操作过程请参见随书光盘中 video\ch28\reference\文件下的语音视频讲解文件 case-r05.avi。

29

淋浴喷头

 实例概述

  本实例是一个典型的曲面建模的实例，先使用工作平面创建基准曲线，再利用基准曲线构建出放样曲面，最后再通过缝合、加厚和倒圆命令完成建模。零件模型及模型树如图 29.1 所示。

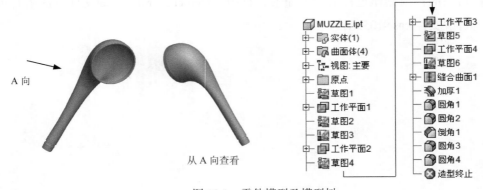

图 29.1   零件模型及模型树

Step 1   新建一个零件模型，进入建模环境。

Step 2   创建图 29.2 所示的草图 1。

  （1）在 **三维模型** 选项卡 **草图** 区域中单击 按钮，然后选择 XZ 平面为草图平面，系统进入草图设计环境。

  （2）绘制图 29.2 所示的草图，单击 按钮，退出草绘环境。

Step 3   创建图 29.3 所示的工作平面 1（本步的详细操作过程请参见随书光盘中 video\ch29\reference\文件下的语音视频讲解文件 MUZZLE-r01.avi）。

Step 4   创建图 29.4 所示的草图 2。在 **三维模型** 选项卡 **草图** 区域中单击 按钮，选取工作平面 1 作为草图平面，绘制图 29.5 所示的草图。

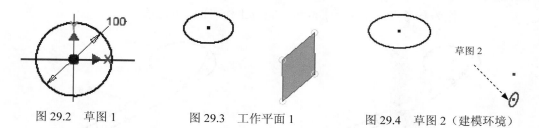

图 29.2　草图 1　　　　图 29.3　工作平面 1　　　　图 29.4　草图 2（建模环境）

Step 5　创建图 29.6 所示的草图 3。在 三维模型 选项卡 草图 区域中单击 按钮，选取 XY 平面作为草图平面，绘制图 29.7 所示的草图。

图 29.5　草图 2（草图环境）　　　　图 29.6　草图 3（建模环境）

Step 6　创建图 29.8 所示的工作平面 2。在 定位特征 区域中单击"平面"按钮 下的 平面 按钮，选择 从平面偏移 命令；选取 YZ 平面作为参考平面，输入要偏距的距离 160；单击 按钮，完成工作平面 2 的创建。

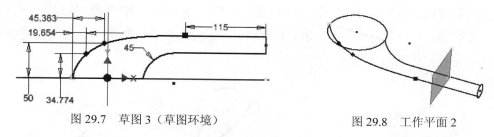

图 29.7　草图 3（草图环境）　　　　图 29.8　工作平面 2

Step 7　创建图 29.9 所示的草图 4。在 三维模型 选项卡 草图 区域中单击 按钮，选取 工作平面 2 作为草图平面，绘制图 29.10 所示的草图。

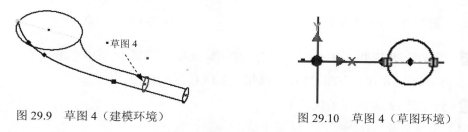

图 29.9　草图 4（建模环境）　　　　图 29.10　草图 4（草图环境）

Step 8　创建图 29.11 所示的工作平面 3。在 定位特征 区域中单击"平面"按钮 下的 平面 按钮，选择 平行于平面且通过点 命令；选取 YZ 平面作为参考平面，选取图 29.12 所示的点作为参考点；单击 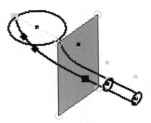 按钮，完成工作平面 3 的创建。

图 29.11　工作平面 3

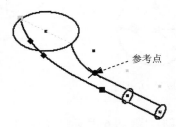

图 29.12　定义参考点

Step 9 创建图 29.13 所示的草图 5。在 `三维模型` 选项卡 `草图` 区域中单击 按钮，选取工作平面 3 作为草图平面，绘制图 29.14 所示的草图。

图 29.13　草图 5（建模环境）

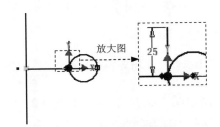

图 29.14　草图 5（草图环境）

Step 10 创建图 29.15 所示的工作平面 4。在 `定位特征` 区域中单击"平面"按钮 下的 `平面` 按钮，选择 `三点` 命令；选取图 29.16 所示的 3 个点作为参考点；单击 按钮，完成工作平面 4 的创建。

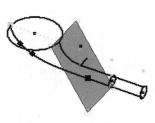

图 29.15　工作平面 4

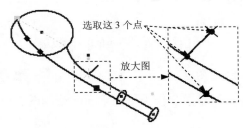

图 29.16　参考点

Step 11 创建图 29.17 所示的草图 6。在 `三维模型` 选项卡 `草图` 区域中单击 按钮，选取工作平面 4 作为草图平面，绘制图 29.18 所示的草图。

Step 12 创建图 29.19 所示的放样 1。

（1）选择命令。在 `创建` 区域中单击 `放样` 按钮。

（2）在"放样"对话框的 `输出` 区域中将输出类型设置为"曲面" 。

（3）选择截面轮廓。依次选取草图 2、草图 4、草图 6、草图 1 为截面轮廓。

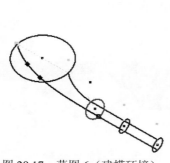

图 29.17　草图 6（建模环境）

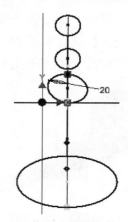

图 29.18　草图 6（草图环境）

（4）选择轨迹线。选取草图 3 为轨迹线。

（5）单击"放样"对话框中的 ▢ 确定 ▢ 按钮，完成放样特征的创建。

Step 13　创建图 29.20 所示的旋转特征 1。

图 29.19　放样 1

图 29.20　旋转 1

（1）选择命令。在 创建 ▾ 区域中单击 ▢ 按钮，系统弹出"创建旋转"对话框。

（2）定义特征的截面草图。单击"创建旋转"对话框中的 创建二维草图 按钮，选取 XY 平面为草图平面，进入草绘环境，绘制图 29.21 所示的截面草图。

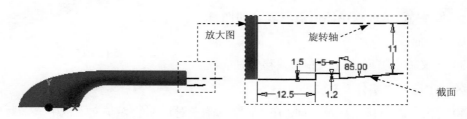

图 29.21　截面草图

（3）定义旋转属性。单击 草图 选项卡 返回到三维 区域中的 ▢ 按钮，选取图 29.21 所示的截面与旋转轴，在 范围 区域的下拉列表中选中 全部 选项。

（4）单击"旋转"对话框中的 ▢ 确定 ▢ 按钮，完成旋转特征 1 的创建。

Step 14　创建图 29.22 所示的旋转特征 2。

（1）选择命令。在 创建 ▼ 区域中单击 按钮，系统弹出"创建旋转"对话框。

（2）定义特征的截面草图。单击"创建旋转"对话框中的 创建二维草图 按钮，选取 XY 平面为草图平面，进入草绘环境，绘制图 29.23 所示的截面草图。

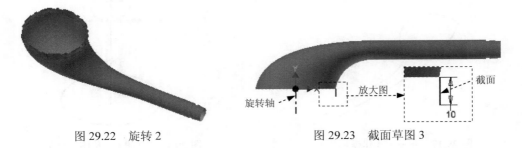

图 29.22 旋转 2　　　　　　　　图 29.23 截面草图 3

（3）定义旋转属性。单击 草图 选项卡 返回到三维 区域中的 按钮，选取图 29.23 所示的截面与旋转轴，在 范围 区域的下拉列表中选中 全部 选项。

（4）单击"旋转"对话框中的 确定 按钮，完成旋转特征 2 的创建。

Step 15 创建缝合曲面 1。

（1）选择命令。在 曲面 ▼ 区域中单击"缝合曲面"按钮 ，系统弹出"缝合"对话框。

（2）定义缝合对象。在系统 选择要缝合的实体 的提示下，选取放样曲面 1、旋转曲面 1 与旋转曲面 2 作为缝合对象。

（3）在该对话框中单击 应用 按钮，单击 完毕 按钮，完成缝合曲面的创建。

Step 16 创建图 29.24 所示的加厚 1。

（1）选择命令。在 曲面 ▼ 区域中单击"加厚/偏移"按钮 ，系统弹出"加厚/偏移"对话框。

（2）定义偏移曲面。在"加厚/偏移"对话框中选中 ⊙ 缝合曲面 单选项，然后选取缝合曲面 1 为要加厚的曲面。

（3）定义输出类型。在"加厚/偏移"对话框的 输出 区域中选择"实体" 。

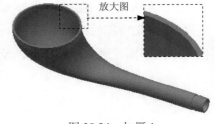

图 29.24 加厚 1

（4）定义等距偏移距离及方向。在"加厚/偏移"对话框的 距离 文本框中输入数值 2.5，将偏移方向设置为"方向 2"类型 （向模型内部）。

（5）单击 确定 按钮，完成加厚 1 的创建。

Step 17 创建图 29.25b 所示的倒圆特征 1。选取图 29.25a 所示的模型边线为倒圆的对象，输入倒圆角半径值 0.5。

Step 18 创建图 29.26b 所示的倒圆特征 2。选取图 29.26a 所示的模型边线为倒圆的对象，输入倒圆角半径值 1.0。

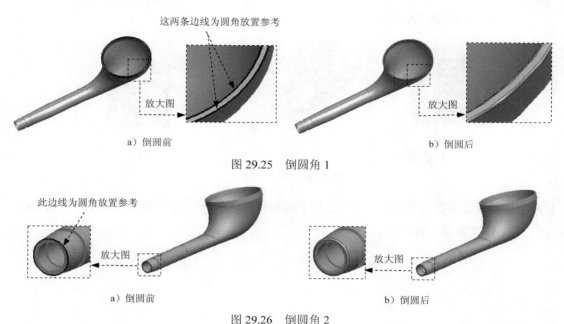

a）倒圆前　　　　　　　　　　　　　　　　b）倒圆后

图 29.25　倒圆角 1

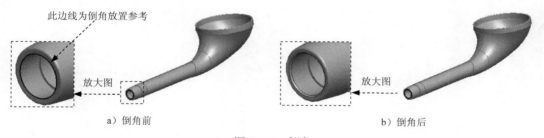

a）倒圆前　　　　　　　　　　　　　　　　b）倒圆后

图 29.26　倒圆角 2

Step 19　创建图 29.27b 所示的倒角特征 1。选取图 29.27a 所示的模型边线为倒角的对象，输入倒角值 0.5。

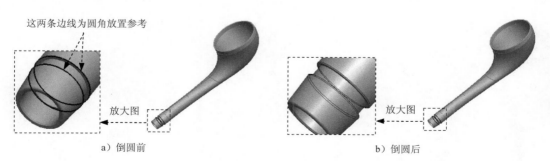

a）倒角前　　　　　　　　　　　　　　　　b）倒角后

图 29.27　倒角 1

Step 20　创建图 29.28b 所示的倒圆特征 3。选取图 29.28a 所示的模型边线为倒圆的对象，输入倒圆角半径值 0.5。

a）倒圆前　　　　　　　　　　　　　　　　b）倒圆后

图 29.28　倒圆角 3

Step 21 创建图 29.29b 所示的倒圆特征 4。选取图 29.29a 所示的模型边线为倒圆的对象，
输入倒圆角半径值 20。

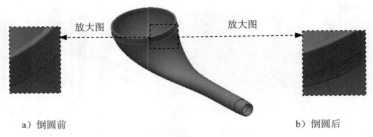

a）倒圆前   b）倒圆后

图 29.29　倒圆角 4

Step 22 至此，零件模型创建完毕。选择下拉菜单 ⬛ ➞ ⬛ 保存 命令，命名为 MUZZLE，
即可保存零件模型。

30

电风扇底座

 实例概述

    本实例讲解了电风扇底座的设计过程，该设计过程主要应用了拉伸、分割、倒圆角、扫掠和镜像命令。其中变倒圆的创建较为复杂，需要读者仔细体会。零件模型及模型树如图 30.1 所示。

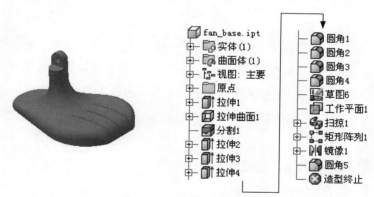

图 30.1　零件模型和模型树

    说明：本例前面的详细操作过程请参见随书光盘中 video\ch30\reference\文件下的语音视频讲解文件 fan_base-r01.avi。

Step 1 打开文件 D:\inv13.3\work\ch30\fan_base_ex.ipt。

Step 2 创建图 30.2 所示的拉伸曲面 1。

    （1）在 创建 ▼ 区域中单击 按钮，系统弹出"创建拉伸"对话框。

    （2）定义特征的截面草图。单击"创建拉伸"对话框中的 创建二维草图 按钮，选取 XY 平面作为草图平面，进入草绘环境。绘制图 30.3 所示的截面草图。

    （3）定义拉伸属性。单击 草图 选项卡 返回到三维 区域中的 按钮，在"拉伸"对话

框的 输出 区域中将输出类型设置为"曲面" ；在 范围 区域的的下拉列表中选择 距离 选项，输入距离值 150，并将拉伸方向设置为"对称"类型 。

（4）单击"拉伸"对话框中的 确定 按钮，完成拉伸曲面 1 的创建。

图 30.2　拉伸曲面 1

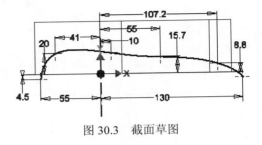

图 30.3　截面草图

Step 3　创建图 30.4 所示的分割 1。

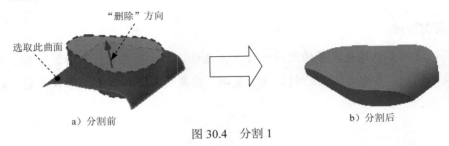

a）分割前　　　　　　　　　　b）分割后

图 30.4　分割 1

（1）选择命令。在 修改 ▼ 区域中单击 分割 按钮，系统弹出"分割"对话框。

（2）定义分割类型。在"分割"对话框中将分割类型设置为"修剪实体" 。

（3）定义分割工具。在图形区选取图 30.4a 所示面作为分割工具。

（4）定义分割方向。在"分割"对话框中将删除方向设置为"方向 2"类型 （如图 30.6 所示）。

（5）单击 确定 按钮，完成分割 1 的创建。

Step 4　创建图 30.5 所示的拉伸特征 2。

（1）选择命令。在 创建 ▼ 区域中单击 按钮，系统弹出"创建拉伸"对话框。

（2）定义特征的截面草图。单击"创建拉伸"对话框中的 创建二维草图 按钮，选取 XY 平面作为草图平面，进入草绘环境。绘制图 30.6 所示的截面草图。

（3）定义拉伸属性。单击 草图 选项卡 返回到三维 区域中的 按钮，在"拉伸"对话框 范围 区域中的下拉列表中选择 距离 选项，输入距离值 25，将拉伸方向设置为"对称"类型 。

（4）单击"拉伸"对话框中的 确定 按钮，完成拉伸特征 2 的创建。

Step 5　创建图 30.7 所示的拉伸特征 3。

（1）选择命令。在 创建 ▼ 区域中单击 按钮，系统弹出"创建拉伸"对话框。

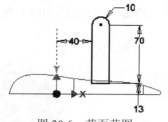

图 30.5　拉伸特征 2　　　　图 30.6　截面草图　　　　图 30.7　拉伸特征 3

（2）定义特征的截面草图。单击"创建拉伸"对话框中的 创建二维草图 按钮，选取 XY 平面作为草图平面，进入草绘环境。绘制图 30.8 所示的截面草图。

（3）定义拉伸属性。单击 草图 选项卡 返回到三维 区域中的 按钮，在"拉伸"对话框中将布尔运算设置为"求差"类型 ，在 范围 区域中的下拉列表中选择 距离 选项，输入距离值 25，将拉伸方向设置为"方向 2"类型 。

（4）单击"拉伸"对话框中的 确定 按钮，完成拉伸特征 3 的创建。

Step 6　创建图 30.9 所示的拉伸特征 4。

（1）选择命令。在 创建 ▼ 区域中单击 按钮，系统弹出"创建拉伸"对话框。

（2）定义特征的截面草图。单击"创建拉伸"对话框中的 创建二维草图 按钮，选取 XY 平面作为草图平面，进入草绘环境。绘制图 30.10 所示的截面草图。

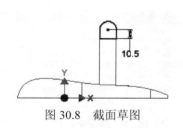

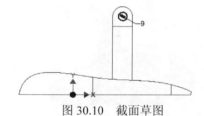

图 30.8　截面草图　　　　图 30.9　拉伸特征 4　　　　图 30.10　截面草图

（3）定义拉伸属性。单击 草图 选项卡 返回到三维 区域中的 按钮，在"拉伸"对话框中将布尔运算设置为"求差"类型 ，在 范围 区域中的下拉列表中选择 距离 选项，输入距离值 25，将拉伸方向设置为"方向 1"类型 。

（4）单击"拉伸"对话框中的 确定 按钮，完成拉伸特征 4 的创建。

Step 7　创建图 30.11 所示的倒圆特征 1。选取图 30.12 所示的模型边线为倒圆的对象，输入倒圆角半径值 10.0。

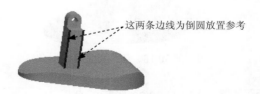

图 30.11　倒圆角 1　　　　　　图 30.12　定义倒圆对象

这两条边线为倒圆放置参考

Step 8　创建图 30.13 所示的倒圆特征 2。选取图 30.14 所示的模型边线为倒圆的对象，输
入倒圆角半径值 5.0。

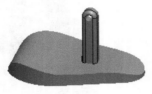
图 30.13　倒圆角 2

此边线为倒圆放置参考

图 30.14　定义倒圆对象

Step 9　创建图 30.15 所示的倒圆特征 3。

（1）选择命令。在　修改 ▾　区域中单击🖿按钮。

（2）定义圆角类型。在"圆角"对话框中单击"边圆角"按钮🗗，并单击🗗 变半径
选项卡。

（3）选取要倒圆的对象。在系统选择一条边进行圆角的提示下，选取图 30.18 所示的模
型边线为要圆角的对象。

（4）定义倒圆参数。首先在图 30.16 所示边线数字（15.0 和 8.0）的位置指定四个点，
然后在"圆角"对话框中修改图 30.16 所示的 6 个点的半径值分别为 10、10、15、8、8、
15（如图 30.17 所示）。

图 30.15　倒圆角 3

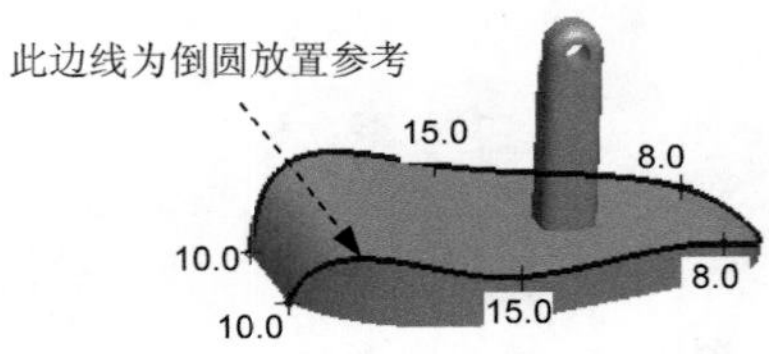

此边线为倒圆放置参考

15.0　　8.0

10.0

10.0　　15.0　　8.0

图 30.16　定义倒圆对象

点	半径	位置
开始	10 mm	0.0
结束	10 mm	1.0
点 1	15 mm	1.0000 ul
点 2	8 mm	1.0000 ul
点 3	8 mm	1.0000 ul
点 4	15 mm	0.0000 ul
	单击以添加	

图 30.17　设置半径值

（5）单击"圆角"对话框中的　确定　按钮，完成圆角特征的定义。

Step 10　创建图 30.18 所示的倒圆特征 4。选取图 30.19 所示的模型边线为倒圆的对象，输
入倒圆角半径值 35.0。

图 30.18　倒圆特征 4

此边线为倒圆放置参考

图 30.19　定义倒圆对象

Step 11　创建图 30.20 所示的草图 1。在 三维模型 选项卡 草图 区域中单击 ✏ 按钮，选取

XY 平面作为草图平面，绘制图 30.20 所示的草图。

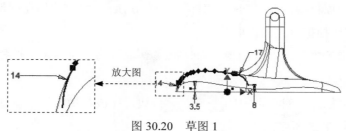

图 30.20　草图 1

Step 12 创建图 30.21 所示的工作平面 1。在 定位特征 区域中单击"平面"按钮 下的 平面 按钮，选择 在指定点处与曲线垂直 命令；在图形区选取图 30.22 所示的点 1 为参考点，然后再选取图 30.22 所示的圆弧为参考线，完成工作平面 1 的创建。

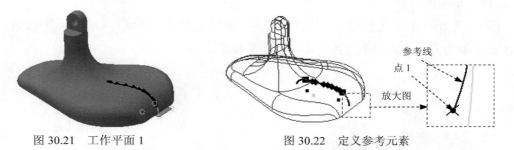

图 30.21　工作平面 1　　　　　图 30.22　定义参考元素

Step 13 创建图 30.23 所示的草图 2。在 三维模型 选项卡 草图 区域中单击 按钮，选取工作平面 1 作为草图平面，绘制图 30.23 所示的草图。

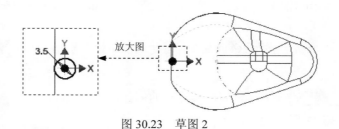

图 30.23　草图 2

Step 14 创建图 30.24 所示的扫掠 1。

图 30.24　扫掠 1

（1）选择命令。在 创建 ▼ 区域中单击"扫掠"按钮 🗇 扫掠 。

（2）定义扫掠轨迹。在"扫掠"对话框中单击 ▷ 按钮，然后在图形区中选取草图 1 为扫掠轨迹，完成扫掠轨迹的选取。

（3）定义扫掠类型。在"扫掠"对话框 类型 区域的下拉列表中选择 路径 选项，其他参数接受系统默认。

（4）单击"扫掠"对话框中的 确定 按钮，完成扫掠特征的创建。

Step 15　创建图 30.25 所示的矩形阵列 1。

（1）选择命令。在 阵列 区域中单击 ▦ 按钮，系统弹出"矩形阵列"对话框。

（2）选择要阵列的特征。在图形区中选取扫掠特征 1（或在浏览器中选择"扫掠 1"特征）。

（3）定义阵列参数。

① 定义方向 1 参考边线。在"矩形阵列"对话框中单击 方向1 区域中的 ▷ 按钮，然后选取 Z 轴为方向 1 的参考边线，阵列方向可参考图 30.26 所示。

图 30.25　矩形阵列 1

图 30.26　定义阵列参数

② 定义方向 1 参数。在 方向1 区域的 ⋯ 文本框中输入数值 2；在 ◇ 文本框中输入数值 20。

（4）单击 确定 按钮，完成矩形阵列的创建。

Step 16　创建图 30.27 所示的镜像 1。

（1）选择命令。在 阵列 区域中单击"镜像"按钮 ◫◫。

（2）选取要镜像的特征。在图形区中选取要镜像复制的拉伸特征（或在浏览器中选择"矩形阵列 1"特征）。

图 30.27　镜像 1

（3）定义镜像中心平面。单击"镜像"对话框中的 ▷ 镜像平面 按钮，然后选取 XY 平面作为镜像中心平面。

（4）单击"镜像"对话框中的 确定 按钮，完成镜像操作。

Step 17　创建图 30.28 所示的倒圆特征 5。选取图 30.29 所示的模型边线为倒圆的对象，输入倒圆角半径值 2.0。

图 30.28　倒圆特征 5

此边线为倒圆放置参考

图 30.29　选取倒圆对象

Step 18　至此，零件模型创建完毕。选择下拉菜单 ➡ 保存命令，命名为 fan_base，即可保存零件模型。

31

垃圾箱上盖

实例概述

   本实例介绍了垃圾箱上盖的设计过程，本例模型的难点在于模型两侧曲面的创建及模型底部外形的创建。而本例中对于这两点的处理只是运用了非常基础的命令。希望通过对此例的学习，能使读者对简单命令有更好的理解。零件模型及模型树如图 31.1 所示。

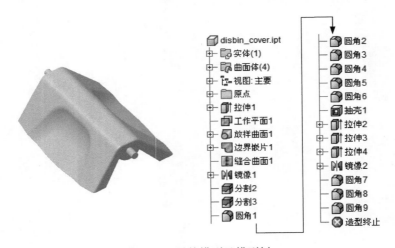

图 31.1　零件模型及模型树

   说明：本例前面的详细操作过程请参见随书光盘中 video\ch31\reference\文件下的语音视频讲解文件 disbin_cover-r01.avi。

Step 1　打开文件 D:\inv13.3\work\ch31\disbin_cover_ex.ipt。

Step 2　创建图 31.2 所示的工作平面 1（本步的详细操作过程请参见随书光盘中 video\ch31\reference\文件下的语音视频讲解文件 disbin_cover-r02.avi）。

Step 3　创建图 31.3 所示的草图 1。在 三维模型 选项卡 草图 区域中单击 ✏ 按钮，选取工作平面 1 作为草图平面，绘制图 31.4 所示的草图。

图 31.2　创建基准平面 1

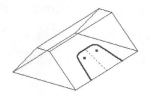

图 31.3　草图 1（建模环境）

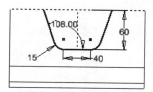

图 31.4　草图 1（草图环境）

Step 4　创建图 31.5 所示的草图 2。在 三维模型 选项卡 草图 区域中单击 按钮，选取图 31.6 所示的模型表面作为草图平面，绘制图 31.7 所示的草图。

图 31.5　草图 2（建模环境）

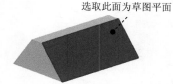

选取此面为草图平面

图 31.6　选取草图平面

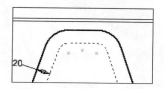

图 31.7　草图 2（草图环境）

Step 5　创建图 31.8 所示的放样 1。在 创建 ▼ 区域中单击 放样 按钮，在 输出 区域将 按钮按下，然后依次选取图 31.9 所示的曲线 1 和曲线 2，单击"放样"对话框中的 确定 按钮，完成放样特征的创建。

Step 6　创建图 31.10 所示的三维草图 1。单击 三维模型 选项卡 草图 区域中的 创建二维草图 按钮，选择 创建三维草图 命令，单击 三维草图 选项卡 绘制 ▼ 区域中的"直线"按钮 ，绘制图 31.10 所示的直线。

图 31.8　放样 1

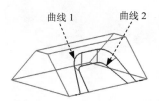

曲线 1　曲线 2

图 31.9　选择截面曲线

图 31.10　三维草图 1

Step 7　创建图 31.11 所示的边界嵌片 1。在 曲面 ▼ 区域中单击"边界嵌片"按钮 ，在系统的提示下，选取图 31.12 所示的边界为曲面的边界，单击 确定 按钮，完成边界嵌片的创建。

Step 8　创建缝合曲面 1。在 曲面 ▼ 区域中单击"缝合曲面"按钮 ，在系统 选择要缝合的实体 的提示下，选取放样曲面 1 与边界嵌片 1 作为缝合对象，在该对话框中选中 ☑ 保留为曲面 单选项，单击 应用 按钮，单击 完毕 按钮，完成缝合曲面的创建。

Step 9 创建图 31.13 所示的镜像 1。在 阵列 区域中单击"镜像"按钮 。在图形区中选取要镜像复制的缝合曲面 1 特征，单击"镜像"对话框中的 镜像平面 按钮，然后选取 XZ 平面作为镜像中心平面，单击"镜像"对话框中的 确定 按钮，完成镜像操作。

选取此边界

图 31.11 边界嵌片 1   图 31.12 定义曲面边界   图 31.13 镜像 1

Step 10 创建图 31.14 所示的分割 1。

（1）选择命令。在 修改 ▼ 区域中单击 分割 按钮，系统弹出"分割"对话框。

（2）定义分割类型。在"分割"对话框中将分割类型设置为"修剪实体" 。

（3）定义分割工具。在图形区选取缝合曲面 1 作为分割工具。

（4）定义分割方向。在"分割"对话框中将删除方向设置为"方向 1"类型 。

（5）单击 确定 按钮，完成分割 1 的创建。

Step 11 创建图 31.15 所示的分割 2。具体操作可参照上一步，结果如图 31.15 所示。

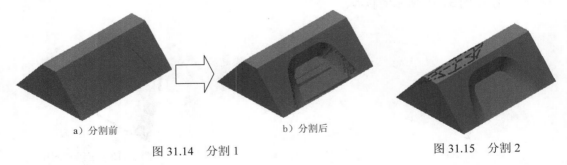

a）分割前   b）分割后

图 31.14 分割 1   图 31.15 分割 2

Step 12 后面的详细操作过程请参见随书光盘中 video\ch31\reference\文件下的语音视频讲解文件 disbin_cover-r03.avi。

<h1 style="text-align:right">32</h1>

<h1 style="text-align:right">充电器</h1>

 实例概述

本实例主要运用了拉伸曲面、拔模、缝合、修剪、镜像等特征命令，零件模型及模型树如图 32.1 所示。

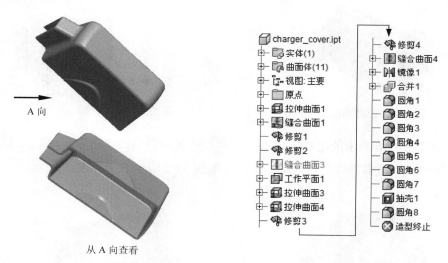

A 向

从 A 向查看

图 32.1　零件模型及模型树

Step 1　新建一个零件模型，进入建模环境。

Step 2　创建图 32.2 所示的拉伸曲面 1。

（1）在 创建 ▼ 区域中单击 ▯ 按钮，系统弹出"创建拉伸"对话框。

（2）定义特征的截面草图。单击"创建拉伸"对话框中的 创建二维草图 按钮，选取 XZ 平面作为草图平面，进入草绘环境。绘制图 32.3 所示的截面草图。

（3）定义拉伸属性。单击 草图 选项卡 返回到三维 区域中的 ▯ 按钮，在"拉伸"对话框的 输出 区域中将输出类型设置为"曲面" ▱ ；在 范围 区域的的下拉列表中选择 距离 选项，输入距离值 35.0，并将拉伸方向设置为"方向 1"类型 ⬈，单击 更多 选项卡，在 锥度 文本框中输入-5.0。

图 32.2　拉伸曲面 1

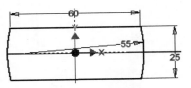

图 32.3　截面草图

（4）单击"拉伸"对话框中的 确定 按钮，完成拉伸曲面 1 的创建。

Step 3　创建图 32.4 所示的拉伸曲面 2。在 创建 ▾ 区域中单击 ▯ 按钮，选择 XY 平面作为草图平面，绘制图 32.5 所示的截面草图。在 输出 区域中选择类型为"曲面" ▱，输入拉伸距离 10，并将拉伸方向设置为"对称"类型 ⬍，单击"拉伸"对话框中的 确定 按钮，完成拉伸曲面 2 的创建。

图 32.4　拉伸曲面 2

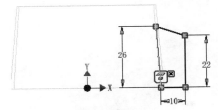

图 32.5　截面草图

Step 4　创建图 32.6 所示的边界嵌片 1。在 曲面 ▾ 区域中单击"边界嵌片"按钮 ▱，系统弹出"边界嵌片"对话框；依次选取图 32.7 所示的 4 条边线。

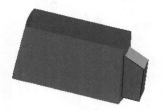

图 32.6　边界嵌片 1

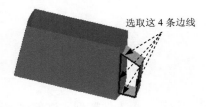

选取这 4 条边线

图 32.7　选取边界曲线

Step 5　创建图 32.8 所示的边界嵌片 2。具体操作参照上一步。

Step 6　创建缝合曲面 1。在 曲面 ▾ 区域中单击 ▤ 按钮，选取拉伸曲面 2、边界嵌片 1 与边界嵌片 2 作为缝合对象；选中 ☑ 保留为曲面 复选项，单击 应用 按钮，单击 完毕 按钮，完成缝合曲面的创建。

Step 7　创建图 32.9 所示曲面的修剪 1，在 曲面 ▾ 区域中单击 ✂ 按钮；选取图 32.10 所示的曲面作为修剪工具，再选取图 32.10 所示要删除的面；单击 确定 按钮，完成曲面的修剪 1。

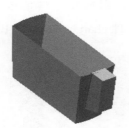

图 32.8　边界嵌片 2

图 32.9　修剪 1

Step 8　创建图 32.11 所示曲面的修剪 2，在 曲面 ▾ 区域中单击 ✂ 按钮；选取图 32.12 所示的曲面作为修剪工具，再选取图 32.12 所示要删除的面；单击 确定 按钮，完成曲面的修剪 2。

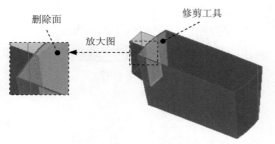

图 32.10　定义修剪工具及删除面

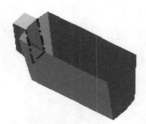

图 32.11　修剪 2

Step 9　创建缝合曲面 2。在 曲面 ▾ 区域中单击 ▤ 按钮，选取拉伸曲面 1 与缝合曲面 1 作为缝合对象；单击 应用 按钮，单击 完毕 按钮，完成缝合曲面的创建。

Step 10　创建图 32.13 所示的边界嵌片 3。在 曲面 ▾ 区域中单击"边界嵌片"按钮 ⬚，系统弹出 "边界嵌片"对话框；依次选取图 32.14 所示的 4 条边线。

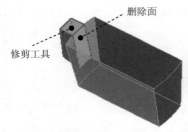

图 32.12　定义修剪工具及删除面

图 32.13　边界嵌片 3

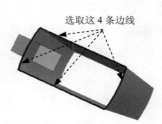

图 32.14　选取边界曲线

Step 11　创建图 32.15 所示的边界嵌片 4。具体操作可参照上一步。

Step 12　创建缝合曲面 3。在 曲面 ▾ 区域中单击 ▤ 按钮，选取缝合曲面 2、边界嵌片 3 与边界嵌片 4 作为缝合对象；单击 应用 按钮，单击 完毕 按钮，完成缝合曲面的创建。

Step 13 创建图 32.16 所示的工作平面 1（本步的详细操作过程请参见随书光盘中 video\ch32\reference\文件下的语音视频讲解文件 charger_cover-r01.avi）。

图 32.15 边界嵌片 4

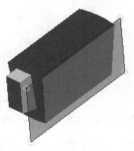

图 32.16 工作平面 1

Step 14 创建图 32.17 所示的拉伸曲面 3。

（1）在 创建 ▼ 区域中单击 按钮，系统弹出"创建拉伸"对话框。

（2）定义特征的截面草图。单击"创建拉伸"对话框中的 创建二维草图 按钮，选取工作平面 1 作为草图平面，进入草绘环境。绘制图 32.18 所示的截面草图。

图 32.17 拉伸曲面 3

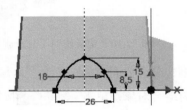

图 32.18 截面草图

（3）定义拉伸属性。单击 草图 选项卡 返回到三维 区域中的 按钮，在"拉伸"对话框的 输出 区域中将输出类型设置为"曲面" ；在图形区选择图 32.18 所示的截面草图，在 范围 区域的下拉列表中选择 距离 选项，输入距离值 30.0，并将拉伸方向设置为"方向 2"类型 ，单击 更多 选项卡，在 锥度 文本框中输入 30.0。

（4）单击"拉伸"对话框中的 确定 按钮，完成拉伸曲面 3 的创建。

Step 15 创建图 32.19 所示的拉伸曲面 4。在 创建 ▼ 区域中单击 按钮，选择图 32.20 所示的模型表面作为草图平面，绘制图 32.21 所示的截面草图。在 输出 区域中选择类型为"曲面" ，在图形区选择截面草图，输入拉伸距离 22，并将拉伸方向设置为"方向 2"类型 ，单击"拉伸"对话框中的 确定 按钮，完成拉伸曲面 4 的创建。

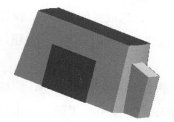

图 32.19　拉伸曲面 4

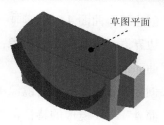

图 32.20　定义草图平面

Step 16　创建图 32.22 所示曲面的修剪 3，在 曲面 ▾ 区域中单击 ✂ 按钮；选取图 32.23 所示的曲面（拉伸曲面 3）作为修剪工具，再选取图 32.23 所示要删除的面；单击 确定 按钮，完成曲面的修剪 3。

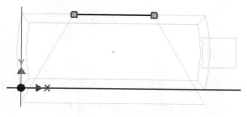

图 32.21　截面草图

图 32.22　修剪 3

Step 17　创建曲面的修剪 4，在 曲面 ▾ 区域中单击 ✂ 按钮；选取图 32.24 所示的面作为修剪工具，再选取图 32.25 所示要删除的面；单击 确定 按钮，完成曲面的修剪 4。

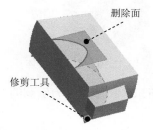

图 32.23　定义修剪工具及删除面

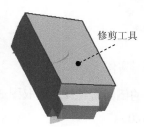

图 32.24　定义修剪工具

图 32.25　定义删除面

Step 18　创建图 32.26 所示的边界嵌片 5。在 曲面 ▾ 区域中单击"边界嵌片"按钮 ⬜，系统弹出"边界嵌片"对话框；依次选取图 32.27 所示的 2 条边线。

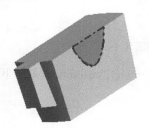

图 32.26　边界嵌片 5

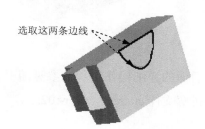

图 32.27　定义边界边

32
Chapter

221

Step 19 创建缝合曲面 4。在 曲面 ▼ 区域中单击 ⊞ 按钮，选取拉伸曲面 3、拉伸曲面 4 与边界嵌片 5 作为缝合对象；单击 应用 按钮，单击 完毕 按钮，完成缝合曲面的创建。

Step 20 创建图 32.28 所示的镜像 1。在 阵列 区域中单击"镜像"按钮 ⋈，选取"缝合曲面 4"为要镜像的特征，然后选取 XY 平面作为镜像中心平面，单击"镜像"对话框中的 确定 按钮，完成镜像操作。

a）镜像前

b）镜像后

图 32.28　镜像 1

Step 21 创建合并 1。在 修改 ▼ 区域中单击 合并 按钮，系统弹出"合并"对话框；在系统 选择要修改的实体 的提示下，选取图 32.29 所示的实体作为基础实体，选取图 32.30 所示的实体作为工具体；单击 确定 按钮，完成合并 1 的创建。

图 32.29　定义基础实体

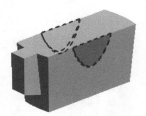
图 32.30　定义工具体

Step 22 创建图 32.31b 所示的倒圆特征 1。选取图 32.31a 所示的模型边线为倒圆的对象，输入倒圆角半径值 6.0。

选取这两条边线
为倒圆参考

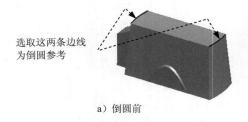
a）倒圆前

b）倒圆后

图 32.31　倒圆角 1

Step 23 后面的详细操作过程请参见随书光盘中 video\ch32\reference\文件下的语音视频讲解文件 charger_cover-r02.avi。

33

时钟外壳

 实例概述

　　本实例模型是源于生活的一个模型——时钟外壳，但为了适合讲解，对此模型做了必要修整。此例中值得注意的是模型装饰面的设计，对于这种非常规则的装饰面创建一个就已足够，其余的通过阵列的方法可以得到，这一点在产品设计中被广泛采用。零件模型及模型树如图 33.1 所示。

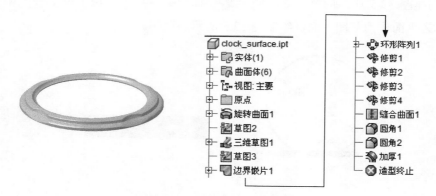

图 33.1　零件模型及模型树

　　说明：本例前面的详细操作过程请参见随书光盘中 video\ch33\reference\文件下的语音视频讲解文件 clock_surface-r01.avi。

Step 1　打开文件 D:\inv13.3\work\ch33\ clock_surface_ex.ipt。

Step 2　创建图 33.2 所示的草图 1。在 三维模型 选项卡 草图 区域中单击 [按钮] 按钮，选取 XY 平面作为草图平面，绘制图 33.2 所示的草图。

Step 3　创建图 33.3 所示的三维草图 1。

　　（1）单击 三维模型 选项卡 草图 区域中的 创建二维草图 按钮，选择 创建三维草图 命令，系统进入三维草图环境。

（2）选择命令。单击 三维草图 选项卡 绘制 ▼ 区域中的"投影到曲面"按钮 ⌂，系统弹出"将曲线投影到曲面"对话框。

（3）定义投影面。在系统 选择面、曲面特征或工作平面 的提示下，选取图33.4所示的面为投影面。

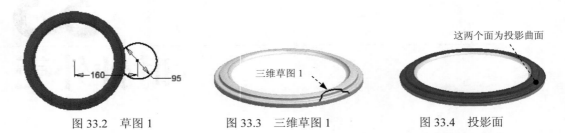

图33.2　草图1　　　　图33.3　三维草图1　　　　图33.4　投影面

（4）定义投影曲线。单击"将曲线投影到曲面"对话框中的 ▹ 曲线 按钮，然后选取Step2中绘制的草图1作为投影曲线。

（5）定义投影曲线的输出类型。在"将曲线投影到曲面"对话框的 输出 区域单击"沿矢量投影"按钮 ⧉↕。

（6）单击 确定 按钮，单击 ✓ 按钮，完成投影曲线的创建。

Step 4　创建图33.5所示的草图2。在 三维模型 选项卡 草图 区域中单击 ✎ 按钮，选取YZ平面作为草图平面，绘制图33.5所示的草图。

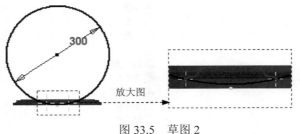

图33.5　草图2

Step 5　创建图33.6所示的三维草图2。单击 三维模型 选项卡 草图 区域中的 创建二维草图 按钮，选择 ✎ 创建三维草图 命令；单击 三维草图 选项卡 绘制 ▼ 区域中的"投影到曲面"按钮 ⌂；选取图33.7所示的面为投影面，单击"将曲线投影到曲面"对话框中的 ▹ 曲线 按钮，然后选取Step4中绘制的草图2作为投影曲线；在"将曲线投影到曲面"对话框的 输出 区域单击"沿矢量投影"按钮 ⧉↕；单击 确定 按钮，单击 ✓ 按钮，完成投影曲线的创建。

Step 6　创建图33.8所示的边界嵌片1。在 曲面 ▼ 区域中单击"边界嵌片"按钮 ⊡，在系统的提示下，选取Step3与Step5绘制的三维草图1与三维草图2作为曲面的边界。单击 确定 按钮，完成边界嵌片的创建。

图 33.6　三维草图 2

图 33.7　定义投影曲面

Step **7**　创建图 33.9 所示的环形阵列 1。在 阵列 区域中单击 ✛ 按钮，选取"边界嵌片 1"为要阵列的特征，选取"Z 轴"为环形阵列轴，阵列个数为 4，阵列角度为 360°，单击 确定 按钮，完成环形阵列的创建。

图 33.8　边界嵌片 1

图 33.9　环形阵列 1

Step **8**　创建图 33.10b 所示的修剪 1。

a）修剪前

b）修剪后

图 33.10　修剪 1

（1）选择命令。在 曲面 ▾ 区域中单击"修剪曲面"按钮 ✂，系统弹出"修剪曲面"对话框。

（2）定义切割工具。在系统 选择曲面、工作平面或草图作为切割工具 的提示下，选取边界嵌片 1 为切割工具。

（3）定义要删除的面，在系统 选择要删除的面 的提示下，选取图 33.11 所示的面为要删除的面。

（4）单击 确定 按钮，完成曲面修剪 1 的创建。

Step **9**　创建图 33.12 所示的修剪 2、修剪 3、修剪 4。具体操作可参照上一步，完成如图 33.12。

图 33.11　定义删除面　　　　　　　　图 33.12　修剪 2、3、4

Step 10　创建缝合曲面 1。在 曲面 ▼ 区域中单击"缝合曲面"按钮 ⊞，在系统 选择要缝合的实体 的提示下，选取所有曲面作为缝合对象，单击 应用 按钮， 单击 完毕 按钮，完成缝合曲面的创建。

Step 11　后面的详细操作过程请参见随书光盘中 video\ch33\reference\文件下的语音视频 讲解文件 clock_surface-r02.avi。

34
面板

 实例概述

本实例介绍了一款面板的设计过程。本例模型外形比较规则，所以在设计过程中只绘制相应的特性曲线就足以对产品的外形有很充分的控制。要注意的是本例利用镜像方法得到模型整体，这就对特征曲线的绘制提出比较高的要求，因为镜像后不能有很生硬的过渡。在模型的设计过程中对此有比较好的处理方法。当然这种方法不只是在此例中才适用，更不是唯一的。零件模型及模型树如图 34.1 所示。

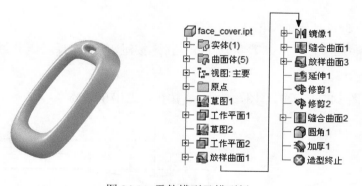

图 34.1 零件模型及模型树

说明：本例前面的详细操作过程请参见随书光盘中 video\ch34\reference\文件下的语音视频讲解文件 face_cover-r01.avi。

Step 1 打开文件 D:\inv13.3\work\ch34\face_cover_ex.ipt。

Step 2 创建图 34.2 所示的工作平面 1（本步的详细操作过程请参见随书光盘中 video\ch34\reference\文件下的语音视频讲解文件 face_cover-r02.avi）。

Step 3 创建图 34.3 所示的草图 2。

（1）在 **三维模型** 选项卡 **草图** 区域中单击 按钮，然后选择工作平面 1 为草图平面，系统进入草图设计环境。

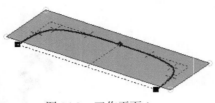

图 34.2　工作平面 1

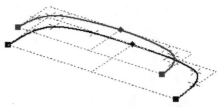

图 34.3　草图 2（建模环境）

（2）绘制图 34.4 所示的草图，单击 ✔ 按钮，退出草绘环境。

说明： 图 34.4 所示的点 1 与点 2 处的控制棒均添加有竖直的几何约束。

Step 4　创建图 34.5 所示的工作平面 2（本步的详细操作过程请参见随书光盘中 video\ch34\reference\文件下的语音视频讲解文件 face_cover-r03.avi）。

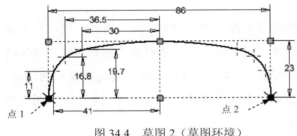

图 34.4　草图 2（草图环境）

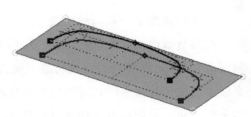

图 34.5　工作平面 2

Step 5　创建图 34.6 所示的草图 3。

（1）在 三维模型 选项卡 草图 区域中单击 ✍ 按钮，然后选择工作平面 2 为草图平面，系统进入草图设计环境。

（2）绘制图 34.7 所示的草图，单击 ✔ 按钮，退出草绘环境。

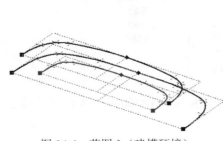

图 34.6　草图 3（建模环境）

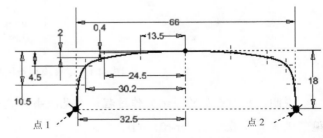

图 34.7　草图 3（草图环境）

说明： 图 34.7 所示的点 1 与点 2 处的控制棒均添加有竖直的几何约束。

Step 6　创建图 34.8 所示的草图 4。

（1）在 三维模型 选项卡 草图 区域中单击 ✍ 按钮，然后选择 XY 平面作为草图平面，系统进入草图设计环境。

（2）绘制图 34.9 所示的草图，单击 ✔ 按钮，退出草绘环境。

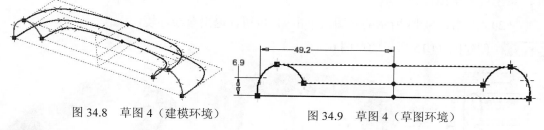

图 34.8　草图 4（建模环境）　　　图 34.9　草图 4（草图环境）

Step 7　创建图 34.10 所示的放样 1。

（1）选择命令。在 创建 ▾ 区域中单击 🛢放样 按钮。

（2）选择截面轮廓。依次选取图 34.11 所示的曲线 1 为第一个横截面，选取曲线 2 为第二个横截面。

图 34.10　放样 1

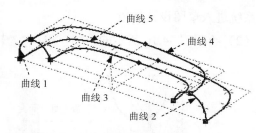

图 34.11　定义截面与轨道

（3）选择轨道线。选取图 34.11 所示的曲线 3、4、5 为轨道线。

（4）单击"放样"对话框中的 确定 按钮，完成放样特征的创建。

Step 8　创建图 34.12 所示的镜像 1。在 阵列 区域中单击"镜像"按钮 ，选取"放样 1"为要镜像的特征，然后选取 XY 平面作为镜像中心平面，单击"镜像"对话框中的 确定 按钮，完成镜像操作。

Step 9　创建缝合曲面 1。在 曲面 ▾ 区域中单击"缝合曲面"按钮 ，在系统 选择要缝合的实体 的提示下，选取放样曲面 1 与镜像 1 作为缝合对象，单击 应用 按钮，单击 完毕 按钮，完成缝合曲面的创建。

Step 10　创建图 34.13 所示的草图 5。

图 34.12　镜像 1

图 34.13　草图 5（建模环境）

（1）在 三维模型 选项卡 草图 区域中单击 📝 按钮，然后选择工作平面 1 作为草图平面，系统进入草图设计环境。

（2）绘制图 34.14 所示的草图，单击 ✔ 按钮，退出草绘环境。

Step 11 创建图 34.15 所示的草图 6。

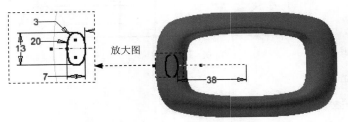

图 34.14　草图 5（草图环境）　　　　　图 34.15　草图 6（建模环境）

（1）在 三维模型 选项卡 草图 区域中单击 📝 按钮，然后选择工作平面 2 作为草图平面，系统进入草图设计环境。

（2）绘制图 34.16 所示的草图，单击 ✔ 按钮，退出草绘环境。

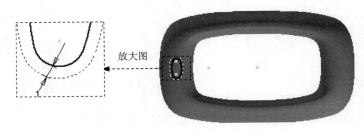

图 34.16　草图 6（草图环境）

Step 12 创建图 34.17 所示的草图 7。

（1）在 三维模型 选项卡 草图 区域中单击 📝 按钮，然后选择 XY 平面作为草图平面，系统进入草图设计环境。

（2）绘制图 34.18 所示的草图，单击 ✔ 按钮，退出草绘环境。

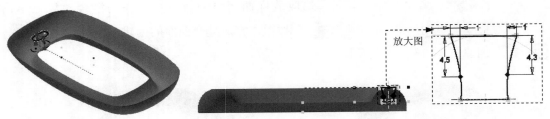

图 34.17　草图 7（建模环境）　　　　　图 34.18　草图 7（草图环境）

Step 13 创建图 34.19 所示的放样 2。

（1）选择命令。在 创建 ▼ 区域中单击 🦑 放样 按钮。

（2）定义输出类型。在"扫掠"对话框的 输出 区域确认"曲面"按钮 🗐 被按下。

（3）选择截面轮廓。依次选取图 34.20 所示的曲线 1 为第一个横截面，选取曲线 2 为第二个横截面。

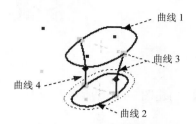

图 34.19 放样 2   图 34.20 定义截面与轨道

（4）选择轨道线。选取图 34.20 所示的曲线 3 和曲线 4 为轨道线。

（5）单击"放样"对话框中的 确定 按钮，完成特征的创建。

Step 14 创建图 34.21 所示的延伸特征 1。在 三维模型 选项卡中单击 曲面▼ 按钮，选择 ⬆延伸 命令，在系统 选择要延伸的边界边 的提示下，选取图 34.22 所示的边线为延伸边线，在 范围 区域的下拉列表中选择 距离 选项，输入距离值 2.0，单击 确定 按钮，完成延伸曲面的创建。

图 34.21 延伸特征 1   图 34.22 定义修剪和延伸边

Step 15 创建图 34.23b 所示的修剪 1。在 曲面▼ 区域中单击"修剪曲面"按钮 ✂，在系统 选择曲面、工作平面或草图作为切割工具 的提示下，选取图 34.23 所示的面为切割工具，在系统 选择要删除的面 的提示下，选取图 34.24 所示的面为要删除的面，单击 确定 按钮，完成曲面修剪 1 的创建。

a）修剪前   b）修剪后

图 34.23 修剪 1

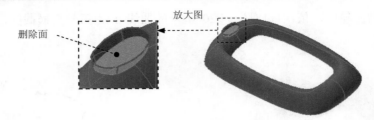

图 34.24　定义删除面

Step 16 创建图 34.25b 所示的修剪 2，具体操作可参照上一步。

a）修剪前　　　　　　　　　　　　　　　　　b）修剪后

图 34.25　修剪 2

Step 17 后面的详细操作过程请参见随书光盘中 video\ch34\reference\文件下的语音视频讲解文件 face_cover-r04.avi。

35
饮水机开关

 实例概述

　　本实例介绍了饮水机开关的设计过程。通过对曲面的修剪得到产品的外形是本例设计的最大亮点。通过对本实例的学习，读者能够熟练地掌握拉伸、倒圆角、扫掠、修剪、边界嵌片、缝合和镜像等特征的应用。零件模型及模型树如图 35.1 所示。

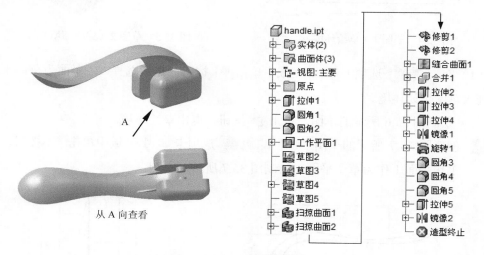

从 A 向查看

图 35.1　零件模型及模型树

　　说明：本例前面的详细操作过程请参见随书光盘中 video\ch35\reference\文件下的语音视频讲解文件 handle-r01.avi。

Step 1　打开文件 D:\inv13.3\work\ch35\handle_ex.ipt。

Step 2　创建图 35.2 所示的工作平面 1（本步的详细操作过程请参见随书光盘中 video\ch35\reference\文件下的语音视频讲解文件 handle-r02.avi）。

Step 3　创建图 35.3 所示的草图 1。

图 35.2　工作平面 1

图 35.3　草图 1（建模环境）

（1）在 三维模型 选项卡 草图 区域中单击 按钮，然后选择 YZ 平面为草图平面，系统进入草图设计环境。

（2）绘制图 35.4 所示的草图，单击 按钮，退出草绘环境。

Step 4　创建图 35.5 所示的草图 2。

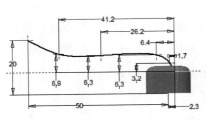

图 35.4　草图 1（草绘环境）

图 35.5　草图 2（建模环境）

（1）在 三维模型 选项卡 草图 区域中单击 按钮，然后选择 YZ 平面为草图平面，系统进入草图设计环境。

（2）绘制图 35.6 所示的草图，单击 按钮，退出草绘环境。

Step 5　创建图 35.7 所示的草图 3。在 三维模型 选项卡 草图 区域中单击 按钮，选取工作平面 1 作为草图平面，绘制图 35.7 所示的草图。

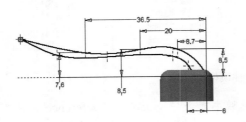

图 35.6　草图 2（草绘环境）

图 35.7　草图 3

Step 6　创建图 35.8 所示的草图 4。在 三维模型 选项卡 草图 区域中单击 按钮，选取工作平面 1 作为草图平面，绘制图 35.8 所示的草图。

Step 7　创建图 35.9 所示的扫掠 1。在 创建 ▼ 区域中单击"扫掠"按钮 扫掠，选取

Step5 中绘制的草图 3 作为截面轮廓，选取 Step4 中绘制的草图 2 作为扫掠轨迹，在"扫掠"对话框 类型 区域的下拉列表中选择 路径 选项，其他参数接受系统默认，单击"扫掠"对话框中的 确定 按钮，完成扫掠特征的创建。

说明：在选取扫掠轨迹时，可将 Step3 绘制的草图 1 隐藏起来。完成扫掠的创建后，再将其显示出来。

Step 8 创建图 35.10 所示的扫掠 2。在 创建 ▾ 区域中单击"扫掠"按钮 扫掠，选取 Step6 中绘制的草图 4 作为截面轮廓，选取 Step3 中绘制的草图 1 作为扫掠轨迹，在"扫掠"对话框 类型 区域的下拉列表中选择 路径 选项，其他参数接受系统默认，单击"扫掠"对话框中的 确定 按钮，完成扫掠特征的创建。

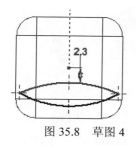
图 35.8 草图 4

图 35.9 扫掠特征 1

图 35.10 扫掠特征 2

Step 9 创建图 35.11b 所示的修剪 1。在 曲面 ▾ 区域中单击"修剪曲面"按钮，在系统 选择曲面、工作平面或草图作为切割工具 的提示下，选取扫掠 1 为切割工具，在系统 选择要删除的面 的提示下，选取图 35.12 所示的面为要删除的面，单击 确定 按钮，完成曲面修剪 1 的创建。

a）修剪前　　　　　　　　b）修剪后

图 35.11 修剪 1

删除面

图 35.12 定义删除面

Step 10 创建图 35.13b 所示的修剪 2。在 曲面 ▾ 区域中单击"修剪曲面"按钮，在系统 选择曲面、工作平面或草图作为切割工具 的提示下，选修剪 1 为切割工具，在系统 选择要删除的面 的提示下，选取图 35.14 所示的面为要删除的面，单击 确定 按钮，完成曲面修剪 2 的创建。

Step 11 创建图 35.15 所示的边界嵌片 1。在 曲面 ▾ 区域中单击"边界嵌片"按钮，在系统的提示下，选取图 35.16 所示的曲线串为曲面的边界。单击 确定 按钮，完成边界嵌片的创建。

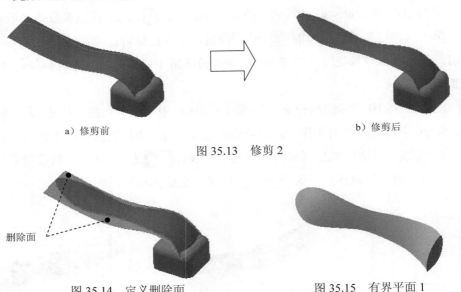

a）修剪前　　　　　　　　　　　　　　　　　　b）修剪后

图 35.13　修剪 2

删除面

图 35.14　定义删除面　　　　　　　　　　图 35.15　有界平面 1

Step 12 创建缝合曲面 1。在 曲面 ▼ 区域中单击"缝合曲面"按钮 ▤，在系统 选择要缝合的实体 的提示下，选取扫掠曲面 1、扫掠曲面 2 与边界嵌片 1 作为缝合对象，在该对话框中选中 ☑ 保留为曲面 复选项，单击 应用 按钮，单击 完毕 按钮，完成缝合曲面的创建。

Step 13 创建求和特征 1。在 修改 ▼ 区域中单击 ⊡ 合并 按钮，在"合并"对话框中将布尔运算设置为"求和"类型 ⊟，选取拉伸特征 1 为基础视图，选取缝合曲面为工具体，单击 确定 按钮，

Step 14 创建图 35.17 所示的拉伸特征 2。在 创建 ▼ 区域中单击 ▢ 按钮，选取 XZ 平面作为草图平面，绘制图 35.18 所示的截面草图，在"拉伸"对话框将布尔运算设置为"求差"类型 ⊟，然后在 范围 区域中的下拉列表中选择 距离 选项，在"距离"文本框中输入 10，将拉伸方向设置为"方向 1"类型 ◪。单击"拉伸"对话框中的 确定 按钮，完成拉伸特征 2 的创建。

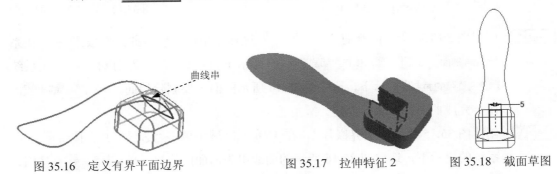

曲线串

图 35.16　定义有界平面边界　　　　　图 35.17　拉伸特征 2　　　　图 35.18　截面草图

Step 15 创建图 35.19 所示的拉伸特征 3。在 创建 ▼ 区域中单击 按钮，选取图 35.20 所示的模型表面作为草图平面，绘制图 35.21 所示的截面草图，在"拉伸"对话框将布尔运算设置为"求差"类型 ，然后在 范围 区域中的下拉列表中选择 贯通 选项，将拉伸方向设置为"方向 2"类型 。单击"拉伸"对话框中的 确定 按钮，完成拉伸特征 3 的创建。

图 35.19　拉伸特征 3

图 35.20　定义草图平面

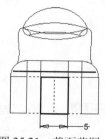

图 35.21　截面草图

Step 16 创建图 35.22 所示的拉伸特征 4。在 创建 ▼ 区域中单击 按钮，选取图 35.23 所示的模型表面作为草图平面，绘制图 35.24 所示的截面草图，在"拉伸"对话框将布尔运算设置为"求和"类型 ，然后在 范围 区域中的下拉列表中选择 距离 选项，在"距离"文本框中输入 0.5，将拉伸方向设置为"方向 2"类型 。单击"拉伸"对话框中的 确定 按钮，完成拉伸特征 3 的创建。

图 35.22　拉伸特征 4

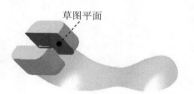

图 35.23　定义草图平面

Step 17 创建图 35.25 所示的镜像 1。在 阵列 区域中单击"镜像"按钮 ，选取"拉伸 4"为要镜像的特征，然后选取 YZ 平面作为镜像中心平面，单击"镜像"对话框中的 确定 按钮，完成镜像操作。

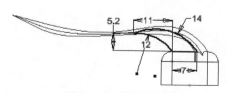

图 35.24　截面草图

图 35.25　镜像特征 1

Step 18 创建图 35.26 所示的旋转特征 1。在 创建 ▼ 区域中选择 命令，选取 YZ 平面为草图平面，绘制图 35.27 所示的截面草图；在"旋转"对话框将布尔运算设置为"求差"类型 ⊟，在 范围 区域的下拉列表中选中 全部 选项；单击"旋转"对话框中的 确定 按钮，完成旋转特征 1 的创建。

图 35.26   旋转特征 1

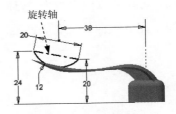

图 35.27   截面草图

Step 19 后面的详细操作过程请参见随书光盘中 video\ch35\reference\文件下的语音视频讲解文件 handle-r03.avi。

36

控制面板

 实例概述

本实例充分运用了曲面实体化、边界混合、投影、扫描、镜像、阵列及抽壳等特征命令，读者在学习设计此零件的过程中应灵活运用这些特征，注意方向的选择及参考的选择。零件模型及模型树如图 36.1 所示。

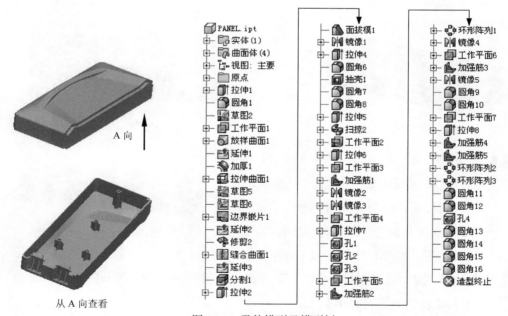

图 36.1 零件模型及模型树

说明：本例前面的详细操作过程请参见随书光盘中 video\ch36\reference\文件下的语音视频讲解文件 PANEL-r01.avi。

Step 1 打开文件 D:\inv13.3\work\ch36\PANEL_ex.ipt。

Step 2 创建图 36.2b 所示的倒圆特征 1。

（1）选择命令。在 修改 ▼ 区域中单击 🔲 按钮。

（2）选取要倒圆的对象。在系统的提示下，选取图 36.2a 所示的模型边线为倒圆的对象。

这两条边线为圆角对象

a）倒圆角前　　　　　　　　　　　　　　b）倒圆角后

图 36.2　倒圆角 1

（3）定义倒圆参数。在"倒圆角"小工具条"半径 R"文本框中输入 8.0。

（4）单击"圆角"对话框中的 确定 按钮，完成圆角特征的定义。

Step 3　创建草图 1。

（1）在 三维模型 选项卡 草图 区域中单击 🔲 按钮，然后选取图 36.3 所示的 XZ 平面（XZ）为草图平面，系统进入草图设计环境。

（2）绘制图 36.4 所示的草图，单击 ✔ 按钮，退出草绘环境。

图 36.3　草图平面

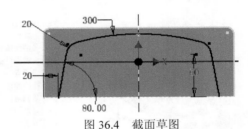

图 36.4　截面草图

Step 4　创建图 36.5 所示的工作平面 2。在 定位特征 区域中单击"平面"按钮 🔲 下的 平面 按钮，选择 从平面偏移 命令；选取 XZ 平面作为参考平面，输入要偏距的距离 10；单击 ✔ 按钮，完成工作平面 2 的创建。

图 36.5　工作平面 2

Step 5　创建草图 2。选取平面 2 作为草图平面，绘制图 36.6 所示的草图。

Step 6　创建图 36.7 所示的放样 1。

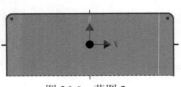

图 36.6　草图 2

图 36.7　放样 1

（1）选择命令。在 创建 ▼ 区域中单击 🔻 放样 按钮。

（2）选择截面轮廓。在"放样"对话框中将输出类型设置为"曲面" □，依次选取草图 1 为第一个横截面，选取草图 2 为第二个横截面。

（3）选择轨迹线。本例中不使用轨迹线。

（4）单击"放样"对话框中的 确定 按钮，完成特征的创建。

Step 7 创建图 36.8 所示曲面的延伸 1。

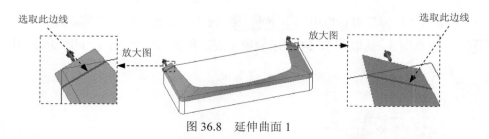

图 36.8　延伸曲面 1

（1）选择命令。在 曲面 ▼ 区域中单击 🔼 延伸 按钮。

（2）选择截面轮廓。选取图 36.8 所示放样曲面的两条边线，输入延伸距离 10。

（3）单击"延伸曲面"对话框中的 确定 按钮，完成曲面的延伸。

Step 8 创建图 36.9 所示曲面的加厚 1。

（1）选择命令。在 曲面 ▼ 区域中单击 ✍ 按钮。

（2）在"加厚/偏移"对话框中选中 ⊙ 缝合曲面 单选项，选取图 36.10 所示的曲面。在 距离 文本框中输入厚度值 20，将布尔运算设置为"求差"类型 🔳，并将拉伸方向设置为"方向 2" 🔳。

图 36.9　曲面的加厚 1　　　　　　　　　　图 36.10　曲面的加厚

（3）单击"加厚/偏移"对话框中的 确定 按钮，完成曲面的加厚。

Step 9 创建图 36.11 所示的拉伸曲面 1。

（1）选择命令。在 创建 ▼ 区域中单击 🔲 按钮，系统弹出"创建拉伸"对话框。

（2）定义特征的截面草图。单击"创建拉伸"对话框中的 创建二维草图 按钮，选取图 36.12 所示的模型表面作为草图平面，进入草绘环境。绘制图 36.13 所示的截面草图。

（3）定义拉伸属性。单击 草图 选项卡 返回到三维 区域中的 🔲 按钮，在"拉伸"对话框 输出 区域中定义输出类型为"曲面"类型 □，在 范围 区域中的下拉列表中选择 距离 选项，在"距离"文本框中输入 100，并将拉伸方向设置为"对称"类型 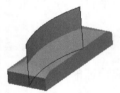。

图 36.11　拉伸曲面 1

图 36.12　定义草图平面

（4）单击"拉伸"对话框中的 确定 按钮，完成拉伸曲面 1 的创建。

Step 10　创建草图 3。选取图 36.14 所示的模型表面作为草图平面，绘制图 36.15 所示的截面草图。

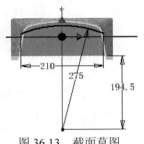

图 36.13　截面草图

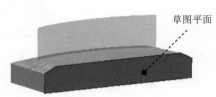

图 36.14　定义草图平面

Step 11　创建草图 4。选取图 36.16 所示的模型表面作为草图平面，绘制图 36.17 所示的截面草图。

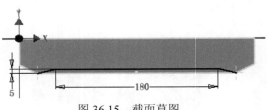

图 36.15　截面草图

图 36.16　定义草图平面

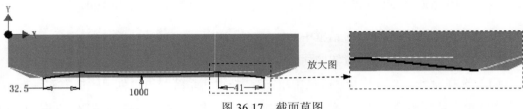

图 36.17　截面草图

Step 12　创建图 36.18 所示的投影曲线。

（1）在 三维模型 选项卡 草图 区域中单击 创建三维草图 按钮。

（2）单击"投影到曲面"按钮，选择图36.19所示的面作为投影面。

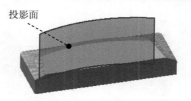

图 36.18　投影曲线　　　　　　　　图 36.19　投影曲面

（3）单击 曲线 左侧的 ▶ 按钮，选择草图3作为投影曲线。在 输出 区域选择类型为 ▣↕。

（4）单击"将曲线投影到曲面"对话框中的 确定 按钮，完成投影曲线的创建。

Step 13 创建图 36.20 所示的三维草图 1。

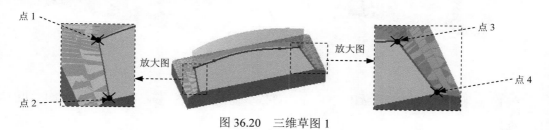

图 36.20　三维草图 1

（1）在 三维模型 选项卡 草图 区域中单击 ✍创建三维草图 按钮。

（2）单击"直线"按钮 ╱，依次选取图36.20所示的点1与点2。

（3）按Esc键，再次单击"直线"按钮 ╱，依次选取图36.20所示的点3与点4。

（4）单击"完成草图"按钮 ✔完成草图，完成三维草图1的创建。

Step 14 创建图 36.21 所示的边界嵌片。

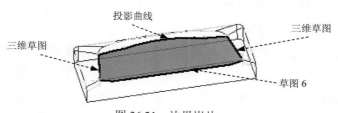

图 36.21　边界嵌片

（1）选择命令。在 曲面 ▾ 区域中单击 ▢ 按钮。

（2）选取边界。选取图36.21所示的草图6、投影曲线1和三维草图作为边界条件。

（3）单击"边界嵌片"对话框中的 确定 按钮，完成边界嵌片的创建。

Step 15 创建图 36.22 所示曲面的延伸 1。

（1）选择命令。在 曲面 ▾ 区域中单击 ⬆ 延伸 按钮。

（2）选择截面轮廓。选取图36.22所示放样曲面的两条边线，输入延伸距离20。

（3）单击"延伸曲面"对话框中的 确定 按钮，完成曲面的延伸。

Step 16 创建图 36.23b 所示的修剪 1。

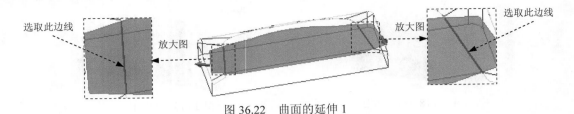

图 36.22   曲面的延伸 1

图 36.23   修剪 1

（1）选择命令。在 曲面 ▼ 区域中单击"修剪曲面"按钮，系统弹出 "修剪曲面"对话框。

（2）定义切割工具。选取图 36.23a 所示的边界嵌片为切割工具。

（3）定义要删除的面，选取图 36.23a 所示的拉伸曲面的下部分为要删除的面。

（4）单击 确定 按钮，完成曲面修剪 1 的创建。

Step 17   创建图 36.24 所示的缝合曲面 1。

（1）选择命令。在 曲面 ▼ 区域中单击"缝合曲面"按钮，系统弹出"缝合"对话框。

图 36.24   缝合曲面 1

（2）定义缝合对象。在系统 选择要缝合的实体 的提示下，选取图 36.25 所示的两个曲面作为缝合对象。

（3）在该对话框中单击 应用 按钮，单击 完毕 按钮，完成缝合曲面的创建。

Step 18   创建图 36.26 所示曲面的延伸 2。

图 36.25   缝合曲面 1

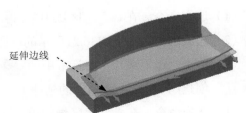

图 36.26   延伸曲面 2

（1）选择命令。在 曲面 ▼ 区域中单击 延伸 按钮。

（2）选择截面轮廓。选取图 36.26 所示缝合曲面的边线，输入延伸距离 13.75。

（3）单击"延伸曲面"对话框中的 确定 按钮，完成曲面的延伸。

Step 19 创建图 36.27 所示的分割 1。

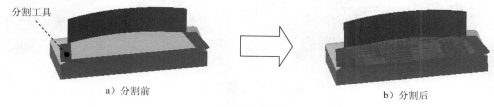

a）分割前

b）分割后

图 36.27　分割 1

（1）选择命令。在 修改 ▾ 区域中单击 分割 按钮，系统弹出"分割"对话框。

（2）定义分割类型。在"分割"对话框中将分割类型设置为"修剪实体" 。

（3）定义分割工具。在图形区选取图 36.27a 所示面作为分割工具。

（4）定义分割方向。在"分割"对话框中将删除方向设置为"方向 2"类型 。

（5）单击 确定 按钮，完成分割 1 的创建。

Step 20 创建图 36.28 所示的拉伸特征 2。

（1）选择命令。在 创建 ▾ 区域中单击 按钮，系统弹出"创建拉伸"对话框。

（2）定义特征的截面草图。单击"创建拉伸"对话框中的 创建二维草图 按钮，选取图 36.28 所示的模型表面作为草图平面，进入草绘环境。绘制图 36.29 所示的截面草图，单击 按钮。

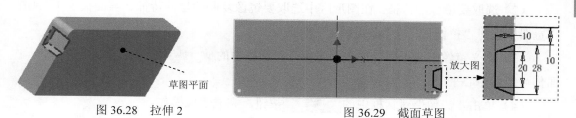

草图平面

图 36.28　拉伸 2

放大图

图 36.29　截面草图

（3）定义拉伸属性。再次单击 创建 ▾ 区域中的 按钮，首先将布尔运算设置为"求差"类型 ，在 范围 区域中的下拉列表中选择 贯通 选项，将拉伸方向设置为"方向 2"类型 。

（4）单击"拉伸"对话框中的 确定 按钮，完成拉伸特征 2 的创建。

Step 21 创建图 36.30 所示的面拔模 1。

（1）选择命令。在 修改 ▾ 区域中单击 拔模 按钮。

（2）定义拔模类型。在"面拔模"对话框中将拔模类型设置为"固定平面" 。

（3）定义固定面。选取图 36.30a 所示的拔模固定平面。

（4）定义拔模面。选取图 36.30a 所示要拔模的面。

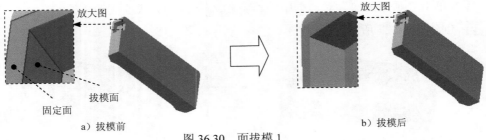

图 36.30　面拔模 1

（5）定义拔模属性。在"面拔模"对话框的 拔模斜度 文本框中输入 20。

（6）定义拔模方向。将拔模方向设置为"方向 1"类型 。

（7）单击"面拔模"工具条中的 确定 按钮，完成从面拔模的创建。

Step 22　创建图 36.31 所示的镜像 1。

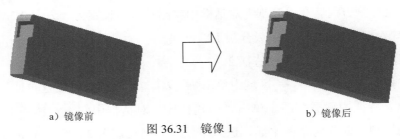

a）镜像前

b）镜像后

图 36.31　镜像 1

（1）选择命令。在 阵列 区域中单击"镜像"按钮 。

（2）选取要镜像的特征。在图形区中选取要镜像复制的拉伸特征 2 与面拔模 1（或在浏览器中选择"拉伸 2"与"面拔模 1"特征）。

（3）定义镜像中心平面。单击"镜像"对话框中的 镜像平面 按钮，然后选取 XY 平面作为镜像中心平面。

（4）单击"镜像"对话框中的 确定 按钮，完成镜像操作。

Step 23　创建图 36.32 所示的拉伸特征 3。

（1）选择命令。在 创建 ▼ 区域中单击 按钮，系统弹出"创建拉伸"对话框。

（2）定义特征的截面草图。单击"创建拉伸"对话框中的 创建二维草图 按钮，选取图 36.33 所示的面作为草图平面，进入草绘环境。绘制图 36.34 所示的截面草图。

图 36.32　拉伸 3

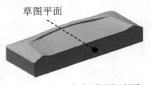

草图平面

图 36.33　定义草图平面

（3）定义拉伸属性。单击 草图 选项卡 返回到三维 区域中的 按钮，在"拉伸"对话

框 范围 区域中的下拉列表中选择 距离 选项，在"距离"文本框中输入 5.0，并将拉伸方向设置为"方向 1"类型 ◢ 。

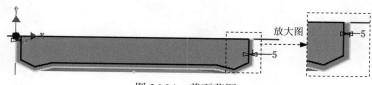

图 36.34 截面草图

（4）单击"拉伸"对话框中的 确定 按钮，完成拉伸特征 3 的创建。

Step 24 创建图 36.35b 所示的倒圆特征 2。选取图 36.35a 所示的边线为倒圆的对象，输入倒圆角半径值 5。

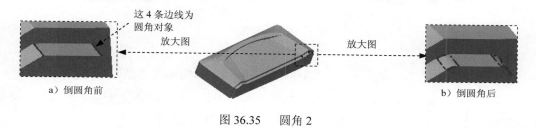

图 36.35 圆角 2

Step 25 创建图 36.36b 所示的抽壳特征 1。

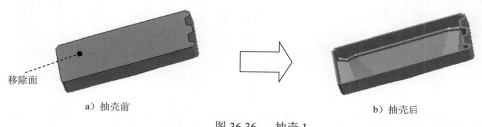

图 36.36 抽壳 1

（1）选择命令。在 修改 ▼ 区域中单击 ▣ 抽壳 按钮。

（2）定义薄壁厚度。在"抽壳"对话框的 厚度 文本框中输入薄壁厚度值 2.5。

（3）选择要移除的面。选择图 36.36a 所示的模型表面为要移除的面。

（4）单击"抽壳"对话框中的 确定 按钮，完成抽壳特征的创建。

Step 26 创建图 36.37b 所示的倒圆特征 3。选取图 36.37a 所示的边线为倒圆的对象，输入倒圆角半径值 3。

Step 27 创建图 36.38b 所示的倒圆特征 4。选取图 36.38a 所示的边线为倒圆的对象，输入倒圆角半径值 5。

Step 28 创建图 36.39 所示的拉伸特征 4。

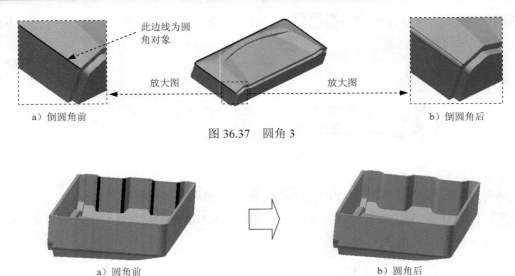

此边线为圆角对象

放大图　放大图

a）倒圆角前　　　　　　　　　　　b）倒圆角后

图 36.37　圆角 3

a）圆角前　　　　　　　　　　　b）圆角后

图 36.38　圆角 4

（1）选择命令。在 创建 ▼ 区域中单击 按钮，系统弹出"创建拉伸"对话框。

（2）定义特征的截面草图。单击"创建拉伸"对话框中的 创建二维草图 按钮，选取 XY 平面作为草图平面，进入草绘环境。绘制图 36.40 所示的截面草图。

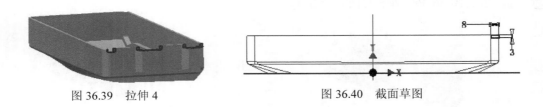

图 36.39　拉伸 4　　　　　　　图 36.40　截面草图

（3）定义拉伸属性。单击 草图 选项卡 返回到三维 区域中的 按钮，首先将布尔运算设置为"求差"类型，并将拉伸方向设置为"不对称"类型。在"拉伸"对话框 范围 区域中的两个下拉列表中选择 距离 选项，并分别输入拉伸深度值 80 和 45。

（4）单击"拉伸"对话框中的 确定 按钮，完成拉伸特征 4 的创建。

Step 29　创建草图 5。选取图 36.41 所示的模型表面作为草图平面，绘制图 36.42 所示的截面草图。

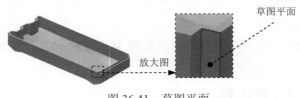

草图平面

放大图

图 36.41　草图平面

图 36.42　截面草图

Step 30　创建三维草图 2。

（1）在 三维模型 选项卡 草图 区域中单击 创建三维草图 按钮。

（2）单击"包括几何图元"按钮，选取图 36.43 所示的边线。

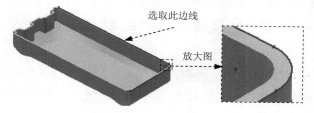

选取此边线

放大图

图 36.43　三维草图 2

（3）单击"完成草图"按钮，完成三维草图 2 的创建。

Step 31　创建图 36.44 所示的扫掠。

（1）选择命令。在 创建 ▼ 区域中单击"扫掠"按钮 扫掠。

（2）定义扫掠轨迹。在"扫掠"对话框中单击 按钮，然后在图形区中选取三维草图 2 作为扫掠轨迹，完成扫掠轨迹的选取。将布尔运算设置为"求差"类型。

（3）定义扫掠类型。在"扫掠"对话框中将布尔运算设置为"求差"类型，在 类型 区域的下拉列表中选择 路径 选项，其他参数接受系统默认。

（4）单击"扫掠"对话框中的 确定 按钮，完成扫掠特征的创建。

Step 32　创建图 36.45 所示的工作平面 2。在 定位特征 区域中单击"平面"按钮 下的 平面 按钮，选择 从平面偏移 命令；选取 XY 平面作为参考平面，输入要偏距的距离 25；单击 按钮，完成工作平面 2 的创建。

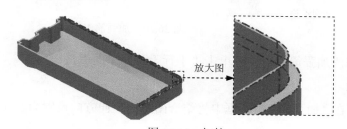

放大图

图 36.44　扫掠

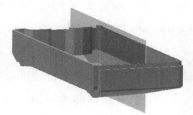

图 36.45　工作平面 2

Step 33　创建图 36.46 所示的拉伸特征 5。

（1）选择命令。在 创建 ▼ 区域中单击 按钮，系统弹出"创建拉伸"对话框。

（2）定义特征的截面草图。单击"创建拉伸"对话框中的 创建二维草图 按钮，选取工作

平面 2 作为草图平面，进入草绘环境。绘制图 36.47 所示的截面草图。

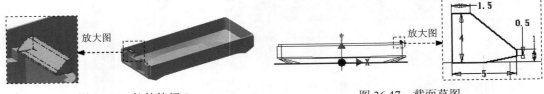

图 36.46　拉伸特征 5　　　　　　　　　　　图 36.47　截面草图

（3）定义拉伸属性。单击 草图 选项卡 返回到三维 区域中的 按钮，在"拉伸"对话框 范围 区域中的下拉列表中选择 距离 选项，在"距离"文本框中输入 18.0，将拉伸类型设置为"方向 2" 。

（4）单击"拉伸"对话框中的 确定 按钮，完成拉伸特征 5 的创建。

Step 34　创建图 36.48 所示的工作平面 3。在 定位特征 区域中单击"平面"按钮 下的 平面 按钮，选择 从平面偏移 命令；选取 XY 平面作为参考平面，输入要偏距的距离 5；单击 按钮，完成工作平面 3 的创建。

Step 35　创建草图 6。选取图工作平面 3 作为草图平面，绘制图 36.49 所示的草图。

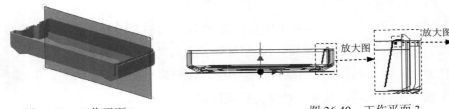

图 36.48　工作平面 3　　　　　　　　　　　图 36.49　工作平面 3

Step 36　创建图 36.50 所示的加强筋 1。

（1）选择命令。在 创建 ▼ 区域中单击 加强筋 按钮。

（2）指定加强筋轮廓。在图形区选取 Step30 中创建的草图。

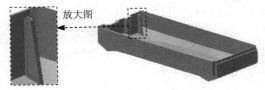

图 36.50　加强筋 1

（3）指定加强筋的类型。在"加强筋"对话框单击"平行于草图平面"按钮 。

（4）定义加强筋特征的参数。

① 定义加强筋的拉伸方向。在"加强筋"对话框中将结合图元的拉伸方向设置为"方向 2"类型 。

② 定义加强筋的厚度。在 厚度 文本框中输入 2.0，将加强筋的生成方向设置为"双向" ，其余参数接受系统默认设置。

（5）单击"加强筋"对话框中的 确定 按钮，完成加强筋特征的创建。

Step **37** 创建图 36.51 所示的镜像 2。

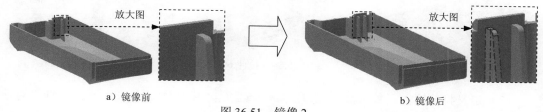

a）镜像前   b）镜像后

图 36.51 镜像 2

（1）选择命令。在 阵列 区域中单击"镜像"按钮 ▷◁。

（2）选取要镜像的特征。在图形区中选取要镜像复制的加强筋 1（或在浏览器中选择"加强筋 1"特征）。

（3）定义镜像中心平面。单击"镜像"对话框中的 ▷ 镜像平面 按钮，然后选取工作平面 2 作为镜像中心平面。

（4）单击"镜像"对话框中的 确定 按钮，完成镜像操作。

Step **38** 创建图 36.52 所示的镜像 3。

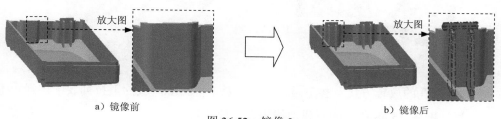

a）镜像前   b）镜像后

图 36.52 镜像 3

（1）选择命令。在 阵列 区域中单击"镜像"按钮 ▷◁。

（2）选取要镜像的特征。在图形区中选取要镜像复制的拉伸 5、加强筋 1 与镜像 2（或在浏览器中选择"拉伸 5"、"加强筋 1"与"镜像 2"特征）。

（3）定义镜像中心平面。单击"镜像"对话框中的 ▷ 镜像平面 按钮，然后选取 XY 平面作为镜像中心平面。

（4）单击"镜像"对话框中的 确定 按钮，完成镜像操作。

Step **39** 创建图 36.53 所示的工作平面 4。在 定位特征 区域中单击"平面"按钮 ▢ 下的 平面 按钮，选择 ▢ 从平面偏移 命令；选取 XZ 平面作为参考平面，输入要偏距的距离 25；单击 ✓ 按钮，完成工作平面 4 的创建。

Step **40** 创建图 36.54 所示的拉伸特征 6。

（1）选择命令。在 创建 ▾ 区域中单击 ▢ 按钮，系统弹出"创建拉伸"对话框。

（2）定义特征的截面草图。单击"创建拉伸"对话框中的 创建二维草图 按钮，选取工作平面 4 作为草图平面，进入草绘环境。绘制图 36.55 所示的截面草图。

图 24.53　工作平面 4

图 36.54　拉伸 6

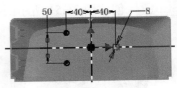

图 36.55　截面草图

（3）定义拉伸属性。单击 草图 选项卡 返回到三维 区域中的 ▢ 按钮，在"拉伸"对话框 范围 区域中的下拉列表中选择 到表面或平面 选项，并将拉伸方向设置为"方向 2"类型 ◀。

（4）单击"拉伸"对话框中的 确定 按钮，完成拉伸特征 6 的创建。

Step 41 创建图 36.56 所示的孔 1。

（1）选择命令。在 修改 ▼ 区域中单击"孔"按钮 ◉。

（2）定义孔的放置面，在图形区选取图 36.57 所示的模型表面为孔的放置面。

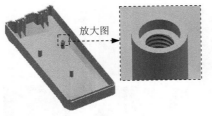

图 36.56　孔 1

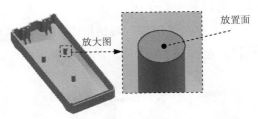

图 36.57　定义放置面

（3）定义孔的放置方式及参考。在"孔"对话框 放置 区域的下拉列表中选择 ◎ 同心 选项，然后选取图 36.58 所示的圆弧边线为孔的放置参考。

（4）定义孔的样式及类型。在"孔"对话框中确认"沉头孔" ⊥ 与"螺纹孔" ◉▦ 被选中，在 螺纹 区域的 螺纹类型 下拉列表中选择 GB Metric profile 选项，在 尺寸 下拉列表中选择 5 选项，在 规格 下拉列表中选择 M5x0.5 选项，其余参数接受系统默认。

（5）定义孔的参数。在"孔"对话框 终止方式 区域的下拉列表中选择 距离 选项；在"孔"对话框孔预览图像区域输入图 36.59 所示的参数。

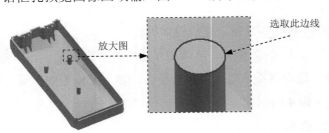

图 36.58　定义位置参考

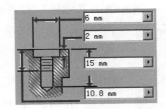

图 36.59　定义孔参数

（6）单击"孔"对话框中的 确定 按钮，完成孔的创建。

Step 42 创建图 36.60 所示的孔 2，创建方法参照 Step41。

Step 43 创建图 36.61 所示的孔 3，创建方法参照 Step41。

图 36.60　孔 2　　　　　　　　　　图 36.61　孔 3

Step 44 创建图 36.62 所示的工作平面 5。在 定位特征 区域中单击"平面"按钮 🔲 下的 平面 按钮，选择 从平面偏移 命令；选取 YZ 平面作为参考平面，输入要偏距的距离 40；单击 ✓ 按钮，完成工作平面 5 的创建。

Step 45 创建草图 7。选取图工作平面 5 作为草图平面，绘制图 36.63 所示的草图。

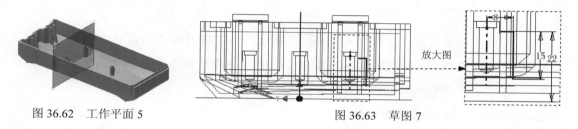

图 36.62　工作平面 5　　　　　　　　图 36.63　草图 7

Step 46 创建图 36.64 所示的加强筋 2。

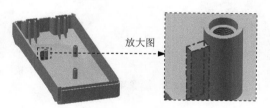

图 36.64　加强筋 2

（1）选择命令。在 创建 ▼ 区域中单击 🔲 加强筋 按钮。

（2）指定加强筋轮廓。在图形区选取 Step45 中创建的草图。

（3）指定加强筋的类型。在"加强筋"对话框单击"平行于草图平面"按钮 🔲。

（4）定义加强筋特征的参数。

① 定义加强筋的拉伸方向。在"加强筋"对话框中将结合图元的拉伸方向设置为"方向 1" 🔲。

② 定义加强筋的厚度。在 厚度 文本框中输入 2.0，将加强筋的生成方向设置为"双向" 🔲，其余参数接受系统默认设置。

（5）单击"加强筋"对话框中的 确定 按钮，完成加强筋特征 2 的创建。

Step 47 创建图 36.65 所示的环形阵列 1。

（1）选择命令。在 阵列 区域中单击 ✛ 按钮。

（2）选择要阵列的特征。在图形区中选取加强筋 2 特征（或在浏览器中选择"加强筋 2"特征）。

（3）定义阵列参数。

① 定义阵列轴。在"环形阵列"对话框中单击 ▶ 按钮，然后选取图 36.66 所示的面。

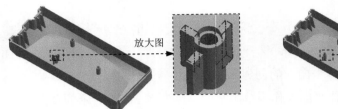

图 36.65　环形阵列 1

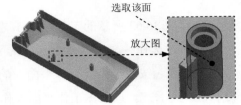

选取该面

图 36.66　定义阵列轴

② 定义阵列实例数。在 放置 区域的 ⣿ 按钮后的文本框中输入数值 3。

③ 定义阵列角度。在 放置 区域的 ◇ 按钮后的文本框中输入数值 180。

（4）单击 确定 按钮，完成环形阵列的创建。

Step 48 创建图 36.67 所示的镜像 4。

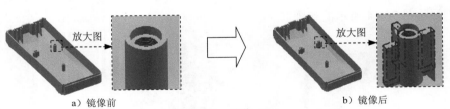

a）镜像前　　　　　　　　　　　　　　b）镜像后

图 36.67　镜像 4

（1）选择命令。在 阵列 区域中单击"镜像"按钮 ⋈⋈。

（2）选取要镜像的特征。在图形区中选取要镜像复制的加强筋 2 与环形阵列 1（或在浏览器中选择"加强筋 2"与"环形阵列 2"特征）。

（3）定义镜像中心平面。单击"镜像"对话框中的 ▶ 镜像平面按钮，然后选取 XY 平面作为镜像中心平面。

（4）单击"镜像"对话框中的 确定 按钮，完成镜像操作。

Step 49 创建图 36.68 所示的工作平面 6。在 定位特征 区域中单击"平面"按钮 ▥ 下的 平面 按钮，选择 ▱ 从平面偏移 命令；选取 YZ 平面作为参考平面，输入要偏距的距离-40；单击 ✓ 按钮，完成工作平面 6 的创建。

Step 50 创建草图 8。选取工作平面 6 作为草图平面，绘制图 36.69 所示的草图。

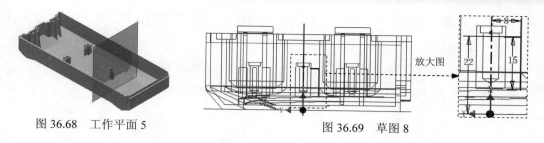

图 36.68　工作平面 5　　　　　　　　　图 36.69　草图 8

Step 51 创建图 36.70 所示的加强筋 3。

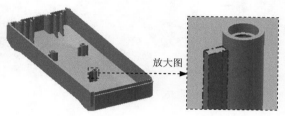

图 36.70　加强筋 3

（1）选择命令。在 创建▼ 区域中单击 加强筋 按钮。

（2）指定加强筋轮廓。在图形区选取 Step45 中创建的草图。

（3）指定加强筋的类型。在"加强筋"对话框单击"平行于草图平面"按钮 。

（4）定义加强筋特征的参数。

① 定义加强筋的拉伸方向。在"加强筋"对话框中将结合图元的拉伸方向设置为"方向 1" 。

② 定义加强筋的厚度。在 厚度 文本框中输入 2，将加强筋的生成方向设置为"双向" ，其余参数接受系统默认设置。

（5）单击"加强筋"对话框中的 确定 按钮，完成加强筋特征 3 的创建。

Step 52 创建图 36.71 所示的镜像 5。

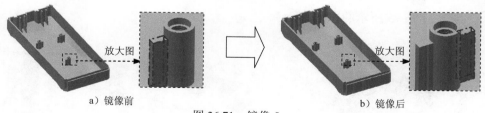

a）镜像前　　　　　　　　　　　　　　b）镜像后

图 36.71　镜像 5

（1）选择命令。在 阵列 区域中单击"镜像"按钮 。

（2）选取要镜像的特征。在图形区中选取要镜像复制的加强筋 3（或在浏览器中选择"加强筋 3"特征）。

（3）定义镜像中心平面。单击"镜像"对话框中的 镜像平面 按钮，然后选取 XY 平面作为镜像中心平面。

（4）单击"镜像"对话框中的 确定 按钮，完成镜像操作。

Step 53 创建图 36.72 所示的倒圆特征 5，输入圆角半径值 0.5。

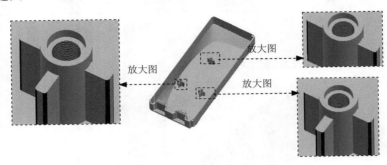

图 36.72 圆角 5

Step 54 创建图 36.73 所示的倒圆特征 6，输入圆角半径值 0.2。

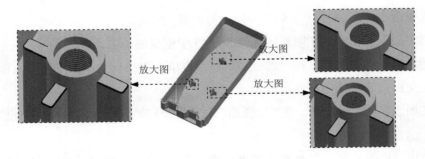

图 36.73 圆角 6

Step 55 创建图 36.74 所示的工作平面 7。在 定位特征 区域中单击"平面"按钮 下的 平面 按钮，选择 从平面偏移 命令；选取 XZ 平面作为参考平面，输入要偏距的距离 40；单击 按钮，完成工作平面 6 的创建。

Step 56 创建图 36.75 所示的拉伸特征 7。

图 36.74 工作平面 7   图 36.75 拉伸特征 7

（1）选择命令。在 创建 区域中单击 按钮，系统弹出"创建拉伸"对话框。

（2）定义特征的截面草图。单击"创建拉伸"对话框中的 创建二维草图 按钮，选取工作

平面 7 作为草图平面，进入草绘环境。绘制图 36.76 所示的截面草图。

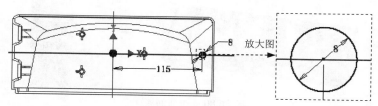

图 36.76　截面草图

（3）定义拉伸属性。单击 草图 选项卡 返回到三维 区域中的 ▭ 按钮，在"拉伸"对话框 范围 区域中的下拉列表中选择 到表面或平面 选项，并将拉伸方向设置为"方向 2"类型 ◪ 。

（4）单击"拉伸"对话框中的 确定 按钮，完成拉伸特征 7 的创建。

Step 57　创建草图 9。选取图 XY 作为草图平面，绘制图 36.77 所示的草图。

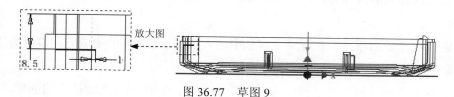

图 36.77　草图 9

Step 58　创建图 36.78 所示的加强筋 4。在 创建 ▾ 区域中单击 ↳ 加强筋 按钮，在图形区选取 Step57 中创建的草图；在"加强筋"对话框单击"平行于草图平面"按钮 ◪ ；在"加强筋"对话框中将结合图元的拉伸方向设置为"方向 1" ◪ ；在 厚度 文本框中输入 2，将加强筋的生成方向设置为"双向" ◪ ，其余参数接受系统默认设置。单击"加强筋"对话框中的 确定 按钮，完成加强筋特征 4 的创建。

图 36.78　加强筋 4

Step 59　创建草图 10。选取图 XY 作为草图平面，绘制图 36.79 所示的草图。

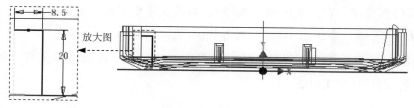

图 36.79　草图 10

Step 60 创建图 36.80 所示的加强筋 5。

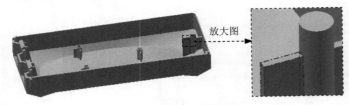

图 36.80 加强筋 4

（1）选择命令。在 创建 ▼ 区域中单击 加强筋 按钮。

（2）指定加强筋轮廓。在图形区选取 Step59 中创建的草图。

（3）指定加强筋的类型。在"加强筋"对话框单击"平行于草图平面"按钮。

（4）定义加强筋特征的参数。

① 定义加强筋的拉伸方向。在"加强筋"对话框中将结合图元的拉伸方向设置为"方向 1"。

② 定义加强筋的厚度。在 厚度 文本框中输入 2，将加强筋的生成方向设置为"双向"，其余参数接受系统默认设置。

（5）单击"加强筋"对话框中的 确定 按钮，完成加强筋特征 5 的创建。

Step 61 创建图 36.81 所示的环形阵列 2。

（1）选择命令。在 阵列 区域中单击 按钮。

（2）选择要阵列的特征。在图形区中选取加强筋 2 特征（或在浏览器中选择"加强筋 2"特征）。

（3）定义阵列参数。

① 定义阵列轴。在"环形阵列"对话框中单击 按钮，然后选取图 36.82 所示的面。

图 36.81 环形阵列 2　　　　　图 36.82 定义阵列轴

② 定义阵列实例数。在 放置 区域的 按钮后的文本框中输入数值 3。

③ 定义阵列角度。在 放置 区域的 按钮后的文本框中输入数值 180。

（4）单击 确定 按钮，完成环形阵列的创建。

Step 62 后面的详细操作过程请参见随书光盘中 video\ch36\reference\文件下的语音视频讲解文件 PANEL-r02.avi。

37
瓶子

 实例概述

    本实例模型较复杂，在其设计过程中充分运用了旋转曲面、边界嵌片、投影到曲面、阵列和螺旋扫掠等命令。零件模型及模型树如图 37.1 所示。

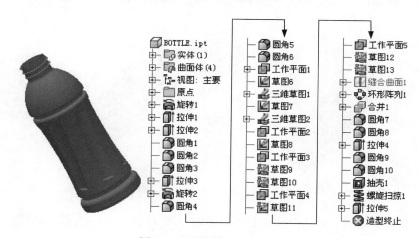

图 37.1　零件模型及模型树

    说明：本例前面的详细操作过程请参见随书光盘中 video\ch37\reference\文件下的语音视频讲解文件 BOTTLE-r01.avi。

Step 1　打开文件 D:\inv13.3\work\ch37\BOTTLE_ex.ipt。

Step 2　创建图 37.2 所示的工作平面 1。在 `定位特征` 区域中单击"平面"按钮 下的 `平面` 按钮，选择 `从平面偏移` 命令；选取 XZ 平面作为参考平面，输入要偏距的距离 50；单击 按钮，完成工作平面 1 的创建。

Step 3　创建图 37.3 所示的草图 6。在 `三维模型` 选项卡 `草图` 区域单击 按钮，选取工作平面 1 作为草图平面，绘制图 37.3 所示的草图。

图 37.2　工作平面 1

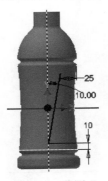

图 37.3　草图 6

Step 4　创建图 37.4 所示的三维草图 1。

（1）单击 三维模型 选项卡 草图 区域中的 创建二维草图 按钮，选择 创建三维草图 命令，系统进入三维草图环境。

（2）选择命令。单击 三维草图 选项卡 绘制 ▾ 区域中的"投影到曲面"按钮 ，系统弹出"将曲线投影到曲面"对话框。

（3）定义投影面。在系统 选择面、曲面特征或工作平面 的提示下，选取图 37.5 所示的面为投影面。

图 37.4　三维草图 1

面 1

图 37.5　投影面

（4）定义投影曲线。单击"将曲线投影到曲面"对话框中的 ▶ 曲线按钮，然后选取草图 6 作为投影曲线。

（5）定义投影曲线的输出类型。在"将曲线投影到曲面"对话框 输出 区域单击"投影到最近点"按钮 。

（6）单击 确定 按钮，单击"完成草图"按钮 ，完成投影曲线的创建。

Step 5　创建图 37.6 所示的草图 7。在 三维模型 选项卡 草图 区域中单击 按钮，选取工作平面 1 作为草图平面，绘制图 37.6 所示的草图。

Step 6　创建图 37.7 所示的三维草图 2。

（1）单击 三维模型 选项卡 草图 区域中的创建二维草图按钮，选择 创建三维草图 命令，系统进入三维草图环境。

（2）选择命令。单击 三维草图 选项卡 绘制 ▼ 区域中的"投影到曲面"按钮 ，系统弹出"将曲线投影到曲面"对话框。

（3）定义投影面。在系统 选择面、曲面特征或工作平面 的提示下，选取图 37.5 所示的面为投影面。

（4）定义投影曲线。单击"将曲线投影到曲面"对话框中的 曲线 按钮，然后选取草图 7 作为投影曲线。

（5）定义投影曲线的输出类型。在"将曲线投影到曲面"对话框 输出 区域单击"投影到最近点"按钮 。

（6）单击 确定 按钮，单击"完成草图"按钮 ，完成投影曲线的创建。

Step 7 创建图 37.8 所示的工作平面 2。在 定位特征 区域中单击"平面"按钮 下的 平面 按钮，选择 在指定点处与曲线垂直 命令；在图形区选取图 37.9 所示的点为参考点，然后再选取图 37.9 所示的线为参考线，完成工作平面 2 的创建。

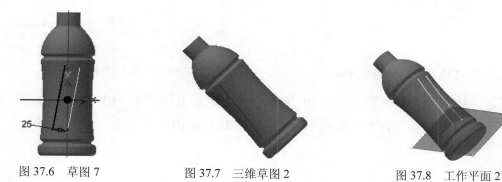

图 37.6　草图 7　　　　　图 37.7　三维草图 2　　　　　图 37.8　工作平面 2

Step 8 创建图 37.10 所示的草图 8。在 三维模型 选项卡 草图 区域中单击 按钮，选取工作平面 2 作为草图平面，绘制图 37.10 所示的草图。

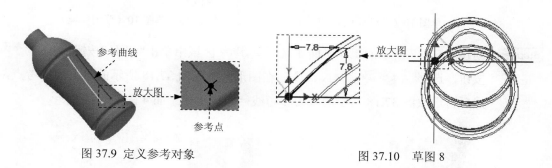

图 37.9　定义参考对象　　　　　　　图 37.10　草图 8

Step 9 创建图 37.11 所示的工作平面 3。在 定位特征 区域中单击"平面"按钮 下的 平面 按钮，选择 三点 命令；选取图 37.12 所示的点 1、点 2 与点 3 作为参考元素，完成工作平面 3 的创建。

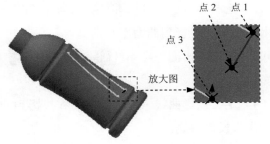

图 37.11　工作平面 3　　　　　　　　　图 37.12　选取参考点

Step 10　创建图 37.13 所示的草图 9。在 三维模型 选项卡 草图 区域中单击 ✎ 按钮，选取
工作平面 3 作为草图平面，绘制图 37.14 所示的草图。

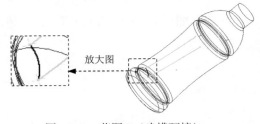

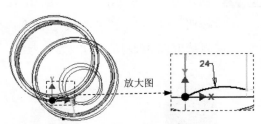

图 37.13　草图 9（建模环境）　　　　　　图 37.14　草图 9（草图环境）

Step 11　创建图 37.15 所示的草图 10。在 三维模型 选项卡 草图 区域中单击 ✎ 按钮，选
取工作平面 3 作为草图平面，绘制图 37.16 所示的草图。

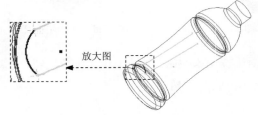

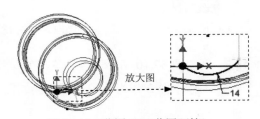

图 37.15　草图 10（建模环境）　　　　　图 37.16　草图 10（草图环境）

Step 12　创建图 37.17 所示的工作平面 4。在 定位特征 区域中单击"平面"按钮 下的 平面
按钮，选择 在指定点处与曲线垂直 命令；在图形区选取图 37.18 所示的点 1 为参考点，
然后再选取图 37.18 所示的线为参考线，完成工作平面 4 的创建。

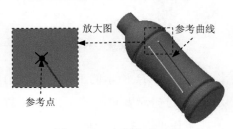

图 37.17　工作平面 4　　　　　　　　　图 37.18　定义参考对象

Step 13　创建图 37.19 所示的草图 11。在 三维模型 选项卡 草图 区域中单击 ✎ 按钮，选取工作平面 4 作为草图平面，绘制图 37.19 所示的草图。

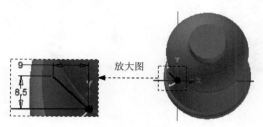

图 37.19　草图 11

Step 14　创建图 37.20 所示的工作平面 5。在 定位特征 区域中单击 "平面" 按钮 ▣ 下的 平面 按钮，选择 ▣ 三点 命令；选取图 37.21 所示的点 1、点 2 与点 3 作为参考元素，完成工作平面 5 的创建。

图 37.20　工作平面 5

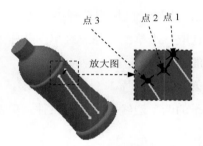

图 37.21　选取参考点

Step 15　创建图 37.22 所示的草图 12。在 三维模型 选项卡 草图 区域中单击 ✎ 按钮，选取工作平面 5 作为草图平面，绘制图 37.23 所示的草图。

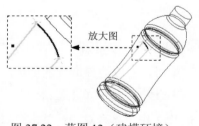

图 37.22　草图 12（建模环境）

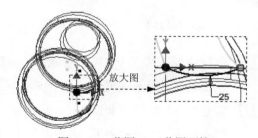

图 37.23　草图 12（草图环境）

Step 16　创建图 37.24 所示的草图 13。在 三维模型 选项卡 草图 区域中单击 ✎ 按钮，选取工作平面 5 作为草图平面，绘制图 37.25 所示的草图。

Step 17　创建图 37.26 所示的放样曲面 1（实体已隐藏）。

（1）选择命令。在 创建 ▾ 区域中单击 ▽ 放样 按钮，系统弹出 "放样" 对话框。

（2）定义输出类型。在 "放样" 对话框 输出 区域确认 "曲面" 按钮 ▣ 被按下。

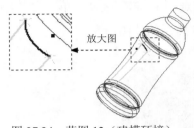
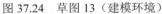
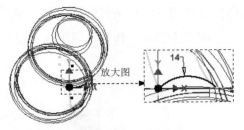

图 37.24　草图 13（建模环境）　　　　图 37.25　草图 13（草图环境）

（3）定义放样轮廓。选取草图 12 和草图 10 为轮廓。

（4）定义放样轨道。在"放样"对话框的 轨道 文本框中单击，然后选取三维草图 1 与三维草图 2 为轨道线，其他参数采用默认设置。

（5）单击 确定 按钮，完成放样曲面的创建。

Step 18　创建图 37.27 所示的放样曲面 2（实体已隐藏）。在 创建 ▼ 区域中单击 放样 按钮，在 输出 区域中选择类型为"曲面" ；选取草图 9 与草图 13 作为放样截面；选取三维草图 1 与三维草图 2 作为轨道线，单击 确定 按钮，完成放样曲面 2 的创建。

Step 19　创建边界嵌片 1（实体已隐藏），在 曲面 ▼ 区域中单击 按钮，选取图 37.28 所示的两条边线作为边界条件；单击 确定 按钮，完成边界嵌片的创建。

边界线

图 37.26　放样曲面 1　　　　图 37.27　放样曲面 2　　　　图 37.28　边界嵌片 1

Step 20　创建边界嵌片 2（实体已隐藏），在 曲面 ▼ 区域中单击 按钮，选取图 37.29 所示的两条边线作为边界条件；单击 确定 按钮，完成边界嵌片的创建。

Step 21　创建图 37.30 缝合曲面 1（实体已显示）。在 曲面 ▼ 区域中单击 按钮，选取放样曲面 1、放样曲面 1、边界嵌片 1 与边界嵌片 2 作为缝合对象；单击 应用 按钮，单击 完毕 按钮，完成缝合曲面 1 的创建。

Step 22　创建图 37.31 所示的环形阵列 1。在 阵列 区域中单击 按钮，选取"缝合曲面 1"为要阵列的特征，选取"Z 轴"为环形阵列轴，阵列个数为 6，阵列角度为 360，单击 确定 按钮，完成环形阵列的创建。

Step 23　创建图 37.32 所示的合并 1。

（1）选择命令。在 修改 ▼ 区域中单击 合并 按钮，系统弹出"分割"对话框。

图 37.29 边界嵌片 2

图 37.30 缝合曲面 1

图 37.31 环形阵列 1

（2）定义要修改的实体。在图形区选取图 37.33 所示的实体作为要修改的实体。

（3）定义工具体。在图形区选取图 37.34 所示的实体作为工具体。

图 37.32 合并

图 37.33 选取要修改的体

图 37.34 选取工具体

（4）在"合并"对话框中将布尔运算类型设置为"求差"类型 □。

（5）单击 确定 按钮，完成合并 1 的创建。

Step 24 创建图 37.35b 所示的倒圆特征 7。选取图 37.35a 所示的模型边线为倒圆的对象，输入倒圆角半径值 2.0。

这 12 条边线为倒圆参考

a）倒圆前   b）倒圆后

图 37.35 倒圆角 7

Step 25 创建图 37.36 所示的倒圆特征 8。选取图 37.36 所示的模型边线为倒圆的对象，输入倒圆角半径值 2.0。

Step 26 创建图 37.37 所示的拉伸特征 4。在 创建 ▼ 区域中单击 □ 按钮，选取图 37.38 所示的模型表面作为草图平面，绘制图 37.39 所示的截面草图，在"拉伸"对话框将布尔运算设置为"求差"类型 □，然后在 范围 区域中的下拉列表中选择 距离 选项，在"距离"文本框中输入 4.0，将拉伸方向设置为"方向 2"类型 ￩。单击"拉伸"对话框中的 确定 按钮，完成拉伸特征 4 的创建。

Chapter 37

图 37.36　倒圆特征 8

图 37.37　拉伸特征 4

图 37.38　定义草图平面

Step 27　创建倒圆特征 9。选取图 37.40 所示的两条边线为倒圆参考，输入倒圆角半径值 3.0。

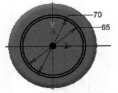

图 37.39　截面草图

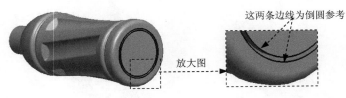

图 37.40　定义倒圆对象

Step 28　创建图 37.41b 所示的倒圆特征 10。选取图 37.41a 所示的模型边线为倒圆的对象，输入倒圆角半径值 1.0。

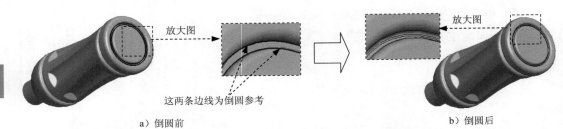

a）倒圆前　　　　　　　　　　　　　　　　b）倒圆后

图 37.41　倒圆角 10

Step 29　创建图 37.42b 所示的抽壳特征。

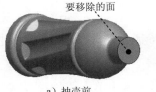 

a）抽壳前　　　　　　　　　　　　　　　　b）抽壳后

图 37.42　抽壳

（1）选择命令。在 修改 ▼ 区域中单击 🔲 抽壳 按钮。

（2）定义薄壁厚度。在"抽壳"对话框的 厚度 文本框中输入薄壁厚度值 1.0。

（3）选择要移除的面。在系统 选择要去除的表面 的提示下，选择图 37.42a 所示的模型表面为要移除的面。

（4）单击"抽壳"对话框中的 确定 按钮，完成抽壳特征的创建。

Step 30　创建图 37.43 所示的草图 15。

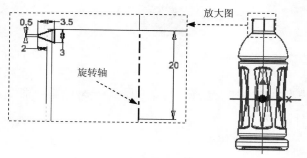

图 37.43　草图 15

（1）在 三维模型 选项卡 草图 区域中单击 按钮，然后选择 XZ 平面为草图平面，系统进入草图设计环境。

（2）绘制图 37.43 所示的草图，单击 按钮，退出草绘环境。

Step 31　创建图 37.44 所示的螺旋扫掠 1。

图 37.44　螺旋扫掠 1

（1）选择命令。在 创建 区域中单击 螺旋扫掠 按钮。

（2）定义特征的旋转轴。在图形区单击 按钮，然后将图 37.43 所示的线定义为旋转轴，单击 按钮调整方向。

（3）定义螺旋属性及规格。在"螺旋扫掠"对话框中单击 螺旋规格 选项卡，在 类型 下拉列表中选择 螺距和高度 选项，然后在 螺距 文本框中输入 8.0，在 高度 文本框中输入 20。

（4）单击"螺旋扫掠"对话框中的 确定 按钮，完成螺旋特征的创建。

Step 32　创建图 37.45 所示的拉伸特征 5。在 创建 区域中单击 按钮，选取图 37.45 所示的模型表面作为草图平面，绘制图 37.46 所示的截面草图，在"拉伸"对话框将布尔运算设置为"求差"类型 ，然后在 范围 区域中的下拉列表中选择 距离 选项，在"距离"文本框中输入 70，将拉伸方向设置为"方向 2"类型 。

单击"拉伸"对话框中的 ▊ 确定 ▊ 按钮，完成拉伸特征 5 的创建。

图 37.45　拉伸特征 5

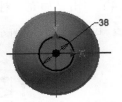

图 37.46　截面草图

Step 33 至此，零件模型创建完毕。选择下拉菜单 ▊ ➡ ▊ 保存 命令，命名为 BOTTLE，即可保存零件模型。

38

圆柱齿轮的参数化设计

 实例概述

　　本实例将创建一个由用户参数通过关系式所控制的圆柱齿轮模型，使用的是一种典型的系列化产品的设计方法，它使产品的更新换代更加快捷、方便。零件模型及模型树如图38.1 所示。

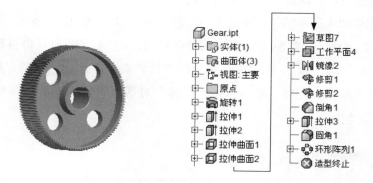

图 38.1　零件模型及模型树

　　说明： 本例前面的详细操作过程请参见随书光盘中 video\ch38\reference\文件下的语音视频讲解文件 Gear-r01.avi。

Step 1　打开文件 D:\inv13.3\work\ch38\Gear_ex.ipt。

Step 2　创建图 38.2 所示的旋转特征 1。

　　（1）在 **创建 ▼** 区域中选择命令，选取 XY 平面为草图平面，绘制图 38.3 所示的截面草图（包括中心线；初始的外圆直径值可任意给出，此后将由关系式控制）。

　　（2）双击图 38.3a 所示 80 的尺寸，系统弹出"编辑尺寸"对话框，单击 **▶** 按钮，弹出快捷菜单，选择 **列出参数** 命令，在系统弹出的"参数"对话框中选择 **齿厚** 选项，系统返回到"编辑参数"对话框，单击 ✔ 按钮。

（3）双击图 38.3 所示 20 的尺寸，在系统弹出的"编辑尺寸"文本框中输入"齿厚*0.25"，单击 ✔ 按钮。

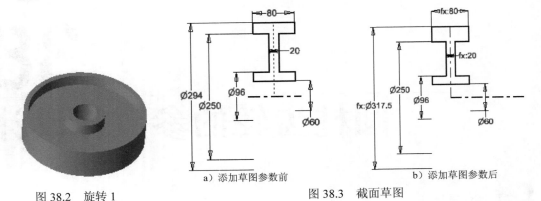

图 38.2　旋转 1

图 38.3　截面草图

（4）双击 294 的尺寸，在"编辑尺寸"文本框中输入"模数*齿数+模数*2"，单击 ✔ 按钮，输入完成后草图如图 38.3b 所示。

（5）在"旋转"对话框 范围 区域的下拉列表中选中 全部 选项；单击"旋转"对话框中的 确定 按钮，完成旋转特征 1 的创建。

Step 3　创建图 38.4 所示的拉伸特征 1。在 创建 ▼ 区域中单击 按钮，选取 YZ 平面作为草图平面，绘制图 38.5 所示的截面草图，在"拉伸"对话框将布尔运算设置为"求差"类型 ，在 范围 区域中的下拉列表中选择 贯通 选项，并将拉伸方向设置为"对称"类型 ，单击"拉伸"对话框中的 确定 按钮，完成拉伸特征 1 的创建。

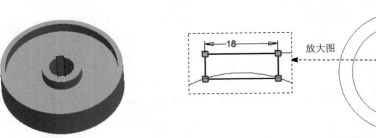

图 38.4　拉伸特征 1

图 38.5　截面草图

Step 4　创建图 38.6 所示的拉伸特征 2。在 创建 ▼ 区域中单击 按钮，选取 YZ 平面作为草图平面，绘制图 38.7 所示的截面草图，在"拉伸"对话框将布尔运算设置为"求差"类型 ，在 范围 区域中的下拉列表中选择 贯通 选项，并将拉伸方向设置为"对称"类型 ，单击"拉伸"对话框中的 确定 按钮，完成拉伸特征 2 的创建。

Step 5 创建图 38.8 所示的草图 1。在 `三维模型` 选项卡 `草图` 区域中单击 按钮，选取 YZ 平面作为草图平面，绘制图 38.8 所示的草图（直径值可任意给出，此后将由关系式控制），依次双击各圆直径尺寸，在系统弹出的"编辑尺寸"文本框中分别输入"模数*齿数"、"模数*齿数-模数*2.5"与"模数*齿数*cos（压力角）"，完成后如图 38.9 所示。

图 38.6　拉伸 2

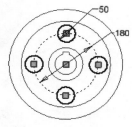

图 38.7　截面草图

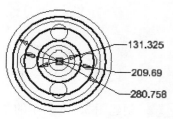

图 38.8　草图 1

Step 6 创建图 38.10 所示的拉伸曲面 1。在"拉伸"对话框 `输出` 区域中将输出类型设置为"曲面" ，选取图 38.10 所示的圆（直径为 306.25）为截面轮廓，在 `范围` 区域中的下拉列表中选择 `距离` 选项，在"距离"文本框中输入 100，并将拉伸方向设置为"对称"类型 ，单击"拉伸"对话框中的 `确定` 按钮，完成拉伸曲面 1 的创建。

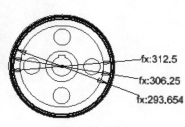

图 38.9　草图 1

图 38.10　拉伸曲面 1

Step 7 通过渐开线方程创建图 38.11 所示的曲线 1。在 `三维模型` 选项卡 `草图` 区域中单击 按钮，选取 YZ 平面作为草图平面，单击 `绘制 ▼` 区域中的"表达式函数"按钮 `表达式曲线`，在 `x(t):` 文本框中输入"模数*齿数*cos(压力角)/2*cos(t*60)+模数*齿数*cos(压力角)/2*(t*60*PI/180)*sin(t*60)"，在 `y(t):` 文本框中输入"模数*齿数*cos(压力角)/2*sin(t*60)-模数*齿数*cos(压力角)/2*(t*60*PI/180)*cos(t*60)"，在 `tmin:` 文本框中输入 0.001，单击 按钮，完成曲线 1 的创建。

Step 8 创建图 38.12 所示的拉伸曲面 2。在"拉伸"对话框 `输出` 区域中将输出类型设置为"曲面" ，选取 Step7 中创建的曲线 1 为截面轮廓，在 `范围` 区域中的

下拉列表中选择 **距离** 选项，在"距离"文本框中输入 100，并将拉伸方向设置为"对称"类型 ，单击"拉伸"对话框中的 **确定** 按钮，完成拉伸曲面 2 的创建。

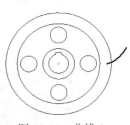

图 38.11　曲线 1

图 38.12　拉伸曲面 2

Step 9　创建图 38.13 所示的草图 2。在 **三维模型** 选项卡 **草图** 区域中单击 按钮，选取 YZ 平面作为草图平面，绘制图 38.13 所示的草图。

　　说明：此草图创建了一个中心点，该点为直径 312.5 的圆弧与渐开线的交点。

Step 10　创建图 38.14 所示的工作点 1。在 **定位特征** 区域中单击"工作点"按钮 后的小三角 ，选择 边回路的中心点 命令；选取图 38.15 所示的模型表面，完成工作点 1 的创建。

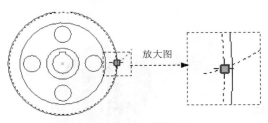

图 38.13　草图 2

图 38.14　工作点 1

Step 11　创建图 38.16 所示的工作点 2。具体操作可参照上一步。

Step 12　创建图 38.17 所示的工作平面 1（本步的详细操作过程请参见随书光盘中 video\ch38\reference\ 文件下的语音视频讲解文件 Gear-r02.avi）。

选取此面

图 38.15　选取参考

图 38.16　工作点 2

图 38.17　工作平面 1

Step 13 创建图 38.18 所示的工作平面 2（本步的详细操作过程请参见随书光盘中 video\ch38\reference\文件下的语音视频讲解文件 Gear-r03.avi）。

Step 14 创建图 38.19 所示的镜像 1。在 阵列 区域中单击"镜像"按钮 ⋈，选取"拉伸曲面 2"为要镜像的特征，然后选取工作平面 2 作为镜像中心平面，单击"镜像"对话框中的 确定 按钮，完成镜像操作。

a）镜像前　　　　　　　　b）镜像后

图 38.18　工作平面 2　　　　　　　　图 38.19　镜像 1

Step 15 创建图 38.20b 所示的修剪 1。在 曲面 ▾ 区域中单击"修剪曲面"按钮 ✂，系统弹出"修剪曲面"对话框；在系统 选择曲面、工作平面或草图作为切割工具 的提示下，选取图 38.20 所示的面为切割工具；在系统 选择要删除的面 的提示下，选取图 38.21 所示的面为要删除的面；单击 确定 按钮，完成曲面修剪 1 的创建。

选取该面

a）修剪前　　　　　　　　　　　　b）修剪后

图 38.20　修剪 1

Step 16 创建图 38.22 所示的修剪 2。具体操作可参照上一步。

放大图

删除面

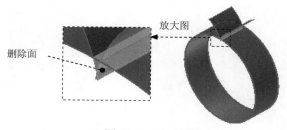

图 38.21　定义删除面　　　　　　　图 38.22　修剪 2

Step 17　创建图 38.23b 所示的倒角特征 1。选取图 38.23a 所示的模型边线为倒角的对象，输入倒角值 2.0。

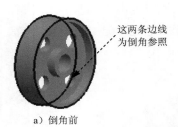

这两条边线
为倒角参照

a）倒角前　　　　　　　　　　　　　　　　　b）倒角后

图 38.23　倒角 1

Step 18　创建图 38.24 所示的拉伸特征 3。在 创建 ▼ 区域中单击 按钮，选取 YZ 平面所示的模型表面作为草图平面，绘制图 38.25 所示的截面草图，在"拉伸"对话框将布尔运算设置为"求差"类型 ，然后在 范围 区域中的下拉列表中选择 贯通 选项，将拉伸方向设置为"对称"类型 。单击"拉伸"对话框中的 确定 按钮，完成拉伸特征 6 的创建。

图 38.24　拉伸特征 3

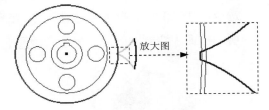

放大图

图 38.25　截面草图

Step 19　后面的详细操作过程请参见随书光盘中 video\ch38\reference\文件下的语音视频讲解文件 Gear-r04.avi。

39

减振器

39.1 概述

本实例详细讲解了减振器的整个设计过程，该过程是先将连接轴、减振弹簧、驱动轴、限位轴、下挡环及上挡环设计完成后，再在装配环境中将它们组装起来，最后在装配环境中创建。零件组装模型如图 39.1.1 所示。

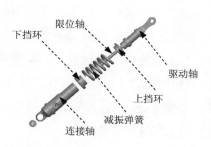

图 39.1.1　组装图及分解图

39.2 连接轴

连接轴为减振器的一个轴类连接零件，主要运用旋转、拉伸、孔及镜像等特征命令。连接轴零件模型及模型树如图 39.2.1 所示。

Step 1　新建一个零件模型，进入建模环境。

Step 2　创建图 39.2.2 所示的旋转特征 1。

（1）选择命令。在 创建 ▾ 区域中单击 按钮，系统弹出"创建旋转"对话框。

（2）定义特征的截面草图。单击"创建旋转"对话框中的 创建二维草图 按钮，选取 YZ 平面为草图平面，进入草绘环境，绘制图 39.2.3 所示的截面草图。

图 39.2.1　连接轴零件模型及模型树

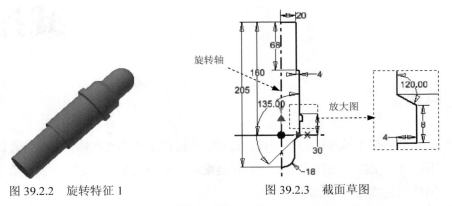

图 39.2.2　旋转特征 1　　　　图 39.2.3　截面草图

（3）定义旋转属性。单击 草图 选项卡 返回到三维 区域中的按钮，在"旋转"对话框 范围 区域的下拉列表中选中 全部 选项。

（4）单击"旋转"对话框中的 确定 按钮，完成旋转特征 1 的创建。

Step 3　创建图 39.2.4 所示的拉伸特征 1。

（1）选择命令。在 创建 ▼ 区域中单击按钮，系统弹出"创建拉伸"对话框。

（2）定义特征的截面草图。单击"创建拉伸"对话框中的 创建二维草图 按钮，选取 YZ 平面作为草图平面，进入草绘环境。绘制图 39.2.5 所示的截面草图。

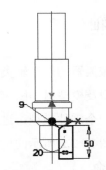

图 39.2.4　拉伸特征 1　　　　图 39.2.5　截面草图

（3）定义拉伸属性。单击 草图 选项卡 返回到三维 区域中的按钮，在"拉伸"对话框中将布尔运算设置为"求差"类型 ▣，在 范围 区域中的下拉列表中选择 贯通 选项，并将拉伸方向设置为"对称"类型 ▨。

（4）单击"拉伸"对话框中的 确定 按钮，完成拉伸特征 1 的创建。

Step 4 创建图 39.2.6 所示的镜像 1。

a）镜像前

b）镜像后

图 39.2.6　镜像特征 1

（1）选择命令。在 阵列 区域中单击"镜像"按钮 ⋈。

（2）选取要镜像的特征。在图形区中选取要镜像复制的拉伸特征（或在浏览器中选择"拉伸 1"特征）。

（3）定义镜像中心平面。单击"镜像"对话框中的 ▸ 镜像平面按钮，然后选取 XZ 平面作为镜像中心平面。

（4）单击"镜像"对话框中的 确定 按钮，完成镜像操作。

Step 5 创建图 39.2.7 所示的孔特征 1。

（1）选择命令。在 修改 ▾ 区域中单击"孔"按钮 ▣。

（2）定义孔的放置方式及参考。在"孔"对话框 放置 区域的下拉列表中选择 ◎ 同心选项，在系统的提示下，选取图 39.2.8 所示的模型表面为孔的放置面，选取图 39.2.9 所示的边线为放置的参考。

图 39.2.7　孔 1

孔 1 的放置面
图 39.2.8　定义孔的放置面

选取此模型边线
图 39.2.9　放置参考

（3）定义孔的样式及类型。在"孔"对话框中确认"直孔" ▨ 与"简单孔" ◉ ▨ 被选中。

（4）定义孔的参数。在"孔"对话框 终止方式 区域的下拉列表中选择 距离 选项；在"孔"对话框孔预览图像区域输入图 39.2.10 所示的参数。

（5）单击"孔"对话框中的 确定 按钮，完成孔的创建。

Step 6 创建图 39.2.11 所示的旋转特征 2。

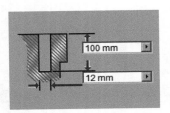

图 39.2.10　定义孔参数

图 39.2.11　旋转特征 2

（1）选择命令。在 创建 ▼ 区域中单击 按钮，系统弹出"创建旋转"对话框。

（2）定义特征的截面草图。单击"创建旋转"对话框中的 创建二维草图 按钮，选取 YZ 平面为草图平面，进入草绘环境，绘制图 39.2.12 所示的截面草图。

（3）定义旋转属性。单击 草图 选项卡 返回到三维 区域中的 按钮，然后在"旋转"对话框中将布尔运算设置为"求差"类型 ，在 范围 区域的下拉列表中选中 全部 选项。

（4）单击"旋转"对话框中的 确定 按钮，完成旋转特征 2 的创建。

Step 7 创建图 39.2.13 所示的拉伸特征 2。

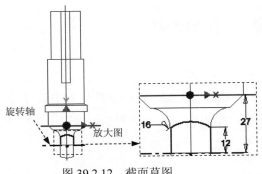

图 39.2.12　截面草图

图 39.2.13　拉伸特征 2

（1）选择命令。在 创建 ▼ 区域中单击 按钮，系统弹出"创建拉伸"对话框。

（2）定义特征的截面草图。单击"创建拉伸"对话框中的 创建二维草图 按钮，选取 YZ 平面作为草图平面，进入草绘环境。绘制图 39.2.14 所示的截面草图。

（3）定义拉伸属性。单击 草图 选项卡 返回到三维 区域中的 按钮，在"拉伸"对话框中将布尔运算设置为"求差"类型 ，在 范围 区域中的下拉列表中选择 贯通 选项，并将拉伸方向设置为"对称"类型 。

（4）单击"拉伸"对话框中的 确定 按钮，完成拉伸特征 2 的创建。

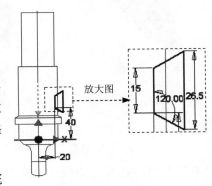

图 39.2.14　截面草图

Step 8 创建图 39.2.15 所示的镜像 2。

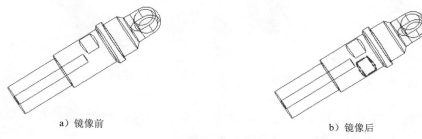

a）镜像前   b）镜像后

图 39.2.15 镜像特征 1

（1）选择命令。在 阵列 区域中单击"镜像"按钮 ᴺ。

（2）选取要镜像的特征。在图形区中选取要镜像复制的拉伸特征（或在浏览器中选择"拉伸 2"特征）。

（3）定义镜像中心平面。单击"镜像"对话框中的 ⌖ 镜像平面 按钮，然后选取 XZ 平面作为镜像中心平面。

（4）单击"镜像"对话框中的 确定 按钮，完成镜像操作。

Step 9 创建图 39.2.16 所示的拉伸特征 3。在 创建 ▼ 区域中单击 ▯ 按钮，选取图 39.2.17 所示的模型表面作为草图平面，绘制图 39.2.18 所示的截面草图，在"拉伸"对话框将布尔运算设置为"求差"类型 ᗺ，然后在 范围 区域中的下拉列表中选择 贯通 选项，将拉伸方向设置为"方向 2"类型 ⬚。单击"拉伸"对话框中的 确定 按钮，完成拉伸特征 3 的创建。

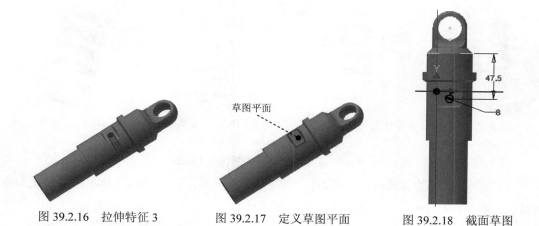

图 39.2.16 拉伸特征 3   图 39.2.17 定义草图平面   图 39.2.18 截面草图

Step 10 创建倒角特征 1。选取图 39.2.19 所示的模型边线为倒角的对象，输入倒角值 1。

Step 11 创建倒角特征 2。选取图 39.2.20 所示的模型边线为倒角的对象，输入倒角值 2。

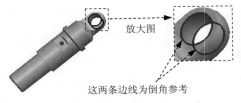
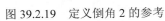

图 39.2.19　定义倒角 2 的参考

图 39.2.20　定义倒角 1 的参考

Step 12　至此，零件模型创建完毕。选择下拉菜单 ▐▼ ➡ ▐ 保存 命令，命名为 CONNECT_SHAFT，即可保存零件模型。

39.3　减振弹簧

此零件为减振器的一个减振弹簧，主要运用螺旋线扫掠和拉伸特征命令创建，结构比较简单。减振弹簧零件模型及其浏览器如图 39.3.1 所示。

Step 1　新建一个零件模型，进入建模环境。

Step 2　创建图 39.3.2 所示的草图 1。

（1）在 三维模型 选项卡 草图 区域中单击 按钮，然后选择 YZ 平面为草图平面，系统进入草图设计环境。

（2）绘制图 39.3.2 所示的草图，单击 ✔ 按钮，退出草绘环境。

Step 3　创建图 39.3.3 所示的螺旋扫掠 1。

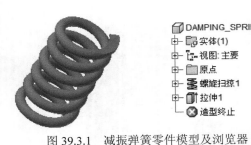

图 39.3.1　减振弹簧零件模型及浏览器

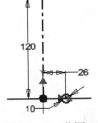

图 39.3.2　草图 1

图 39.3.3　螺旋扫掠 1

（1）选择命令。在 创建 ▼ 区域中单击 螺旋扫掠 按钮。

（2）定义特征的旋转轴。在图形区单击 按钮，然后将图 39.3.4 所示的线定义为旋转轴。

（3）定义螺旋属性及规格。在"螺旋扫掠"对话框中单击 螺旋规格 选项卡，在 类型 下拉列表中选择 螺距和高度 选项，然后在 螺距 文本框中输入 20，在 高度 文本框中输入 120。

（4）单击"螺旋扫掠"对话框中的 确定 按钮，完成螺旋特征的创建。

Step 4 创建图 39.3.5 所示的拉伸特征 1。

（1）选择命令。在 创建 ▾ 区域中单击 按钮，系统弹出"创建拉伸"对话框。

（2）定义特征的截面草图。单击"创建拉伸"对话框中的 创建二维草图 按钮，选取 YZ 平面作为草图平面，进入草绘环境。绘制图 39.3.6 所示的截面草图。

图 39.3.4　定义旋转轴　　　图 39.3.5　拉伸特征 1　　　图 39.3.6　截面草图

（3）定义拉伸属性。单击 草图 选项卡 返回到三维 区域中的 按钮，在"拉伸"对话框中将布尔运算设置为"求交"类型 ，在 范围 区域中的下拉列表中选择 贯通 选项，将拉伸方向设置为"对称"类型 。

（4）单击"拉伸"对话框中的 确定 按钮，完成拉伸特征 1 的创建。

Step 5 至此，零件模型创建完毕。选择下拉菜单 → 保存 命令，命名为 DAMPING_SPRING，即可保存零件模型。

39.4　驱动轴

驱动轴为减振器的一个驱动零件，主要运用旋转、拉伸、镜像、孔及其圆角等特征命令，其造型与连接轴类似。驱动轴零件模型及模型树器如图 39.4.1 所示。

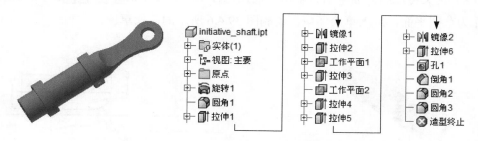

图 39.4.1　驱动轴零件模型及模型树

Step 1 新建一个零件模型，进入建模环境。

Step 2 创建图 39.4.2 所示的旋转特征 1。

（1）选择命令。在 创建 ▾ 区域中单击 按钮，系统弹出"创建旋转"对话框。

（2）定义特征的截面草图。单击"创建旋转"对话框中的 创建二维草图 按钮，选取 YZ

平面为草图平面，进入草绘环境，绘制图 39.4.3 所示的截面草图。

图 39.4.2　旋转特征 1

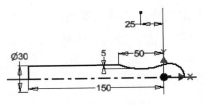

图 39.4.3　截面草图

（3）定义旋转属性。单击 草图 选项卡 返回到三维 区域中的 🔄 按钮，在"旋转"对话框 范围 区域的下拉列表中选中 全部 选项。

（4）单击"旋转"对话框中的 确定 按钮，完成旋转特征 1 的创建。

Step 3　创建图 39.4.4b 所示的倒圆特征 1。选取图 39.4.4a 所示的模型边线为倒圆的对象，输入倒圆角半径值 10.0。

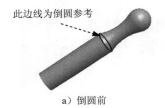

此边线为倒圆参考

a）倒圆前

b）倒圆后

图 39.4.4　倒圆特征 1

Step 4　创建图 39.4.5 所示的拉伸特征 1。

（1）选择命令。在 创建 ▼ 区域中单击 ▣ 按钮，系统弹出"创建拉伸"对话框。

（2）定义特征的截面草图。单击"创建拉伸"对话框中的 创建二维草图 按钮，选取 YZ 平面作为草图平面，进入草绘环境。绘制图 39.4.6 所示的截面草图。

图 39.4.5　拉伸特征 1

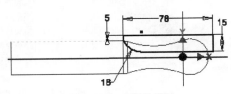

图 39.4.6　截面草图

（3）定义拉伸属性。单击 草图 选项卡 返回到三维 区域中的 ▣ 按钮，在"拉伸"对话框中将布尔运算设置为"求差"类型 🔲，在 范围 区域中的下拉列表中选择 贯通 选项，将拉伸方向设置为"对称"类型 🔀。

（4）单击"拉伸"对话框中的 确定 按钮，完成拉伸特征 1 的创建。

Step 5 创建图 39.4.7 所示的镜像 1。

a）镜像前 b）镜像后

图 39.4.7　镜像特征 1

（1）选择命令。在 阵列 区域中单击"镜像"按钮 。

（2）选取要镜像的特征。在图形区中选取要镜像复制的拉伸特征（或在浏览器中选择"拉伸 1"特征）。

（3）定义镜像中心平面。单击"镜像"对话框中的 镜像平面 按钮，然后选取 XY 平面作为镜像中心平面。

（4）单击"镜像"对话框中的 确定 按钮，完成镜像操作。

Step 6 创建图 39.4.8 所示的拉伸特征 2。

（1）选择命令。在 创建 ▾ 区域中单击 按钮，系统弹出"创建拉伸"对话框。

（2）定义特征的截面草图。单击"创建拉伸"对话框中的 创建二维草图 按钮，选取图 39.4.9 所示的模型表面作为草图平面，进入草绘环境。绘制图 39.4.10 所示的截面草图。

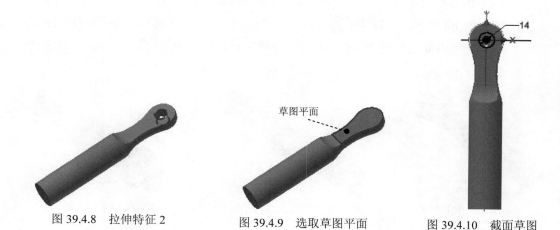

图 39.4.8　拉伸特征 2 图 39.4.9　选取草图平面 图 39.4.10　截面草图

（3）定义拉伸属性。单击 草图 选项卡 返回到三维 区域中的 按钮，在"拉伸"对话框中将布尔运算设置为"求差"类型 ，在 范围 区域中的下拉列表中选择 距离 选项，在"距离"文本框中输入 10.0，将拉伸方向设置为"方向 2"类型 。

（4）单击"拉伸"对话框中的 确定 按钮，完成拉伸特征 2 的创建。

Step 7 创建图 39.4.11 所示的工作平面 1。在 定位特征 区域中单击"平面"按钮 ▣ 下的 平面 按钮，选择 ▯从平面偏移 命令；选取 XZ 平面作为参考平面，输入要偏距的距离 为-60；单击 ✓ 按钮，完成工作平面 1 的创建。

Step 8 创建图 39.4.12 所示的拉伸特征 3。在 创建 ▾ 区域中单击 ▯ 按钮，选取工作平面 1 作为草图平面，绘制图 39.4.13 所示的截面草图，在"拉伸"对话框 范围 区域中的下拉列表中选择 距离 选项，在"距离"文本框中输入 12，并将拉伸方向设置为"方向 2"类型 ◣，单击"拉伸"对话框中的 确定 按钮，完成拉伸特征 3 的创建。

图 39.4.11 工作平面 1

图 39.4.12 拉伸特征 3

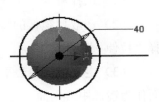

图 39.4.13 截面草图

Step 9 创建图 39.4.14 所示的工作平面 2。在 定位特征 区域中单击"平面"按钮 ▣ 下的 平面 按钮，选择 ▯从平面偏移 命令；选取图 39.4.15 所示的模型表面作为参考平面，输入要偏距的距离-20；单击 ✓ 按钮，完成工作平面 2 的创建。

Step 10 创建图 39.4.16 所示的拉伸特征 4。在 创建 ▾ 区域中单击 ▯ 按钮，选取工作平面 2 作为草图平面，绘制图 39.4.17 所示的截面草图，在"拉伸"对话框 范围 区域中的下拉列表中选择 距离 选项，在"距离"文本框中输入 12，并将拉伸方向设置为"方向 2"类型 ◣，单击"拉伸"对话框中的 确定 按钮，完成拉伸特征 4 的创建。

图 39.4.14 工作平面 2

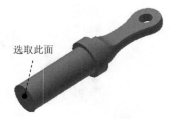

选取此面

图 39.4.15 定义参考平面

图 39.4.16 拉伸特征 4

Step 11 创建图 39.4.18 所示的拉伸特征 5。在 创建 ▾ 区域中单击 ▯ 按钮，选取工作平面 1 作为草图平面，绘制图 39.4.19 所示的截面草图，在"拉伸"对话框将布尔运算设置为"求差"类型 ▤，然后在 范围 区域中的下拉列表中选择 距离 选项，在"距离"文本框中输入 12，将拉伸方向设置为"方向 2"类型 ◣。单击"拉伸"对话框中的 确定 按钮，完成拉伸特征 5 的创建。

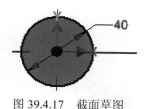

图 39.4.17　截面草图

图 39.4.18　拉伸特征 5

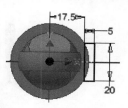

图 39.4.19　截面草图

Step 12　创建图 39.4.20 所示的镜像 2。

a）镜像前

b）镜像后

图 39.4.20　镜像特征 2

（1）选择命令。在 阵列 区域中单击"镜像"按钮 。

（2）选取要镜像的特征。在图形区中选取要镜像复制的拉伸特征 6（或在浏览器中选择"拉伸 6"特征）。

（3）定义镜像中心平面。单击"镜像"对话框中的 镜像平面 按钮，然后选取 YZ 平面作为镜像中心平面。

（4）单击"镜像"对话框中的 确定 按钮，完成镜像操作。

Step 13　创建图 39.4.21 所示的拉伸特征 6。在 创建 ▼ 区域中单击 按钮，选取图 39.4.22 所示的模型表面作为草图平面，绘制图 39.4.23 所示的截面草图，在"拉伸"对话框将布尔运算设置为"求差"类型 ，然后在 范围 区域中的下拉列表中选择 贯通 选项，将拉伸方向设置为"方向 2"类型 。单击"拉伸"对话框中的 确定 按钮，完成拉伸特征 6 的创建。

图 39.4.21　拉伸特征 6

图 39.4.22　选取草图平面

Step 14　创建图 39.4.24 所示的孔 1。

（1）选择命令。在 修改 ▼ 区域中单击"孔"按钮 。

图 39.4.23　截面草图

图 39.4.24　孔 1

（2）定义孔的放置方式及参考。在"孔"对话框 放置 区域的下拉列表中选择 ◎ 同心 选项，在系统的提示下，选取图 39.4.25 所示的模型表面为孔的放置面，选取图 39.4.26 所示的边线为放置的参考。

图 39.4.25　定义孔的放置面

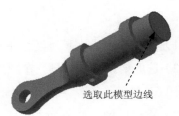

图 39.4.26　放置参考

（3）定义孔的样式及类型。在"孔"对话框中确认"直孔" 与"螺纹孔" 被选中，在 螺纹 区域 螺纹类型 下拉列表中选择 GB Metric profile 选项，在尺寸下拉列表中选择 12 选项，在 规格 下拉列表中选择 M12x1 选项，选中 ☑ 全螺纹 复选项，其余参数接受系统默认。

（4）定义孔的参数。在"孔"对话框 终止方式 区域的下拉列表中选择 距离 选项；在"孔"对话框孔预览图像区域输入孔的深度 20.0。

（5）单击"孔"对话框中的 确定 按钮，完成孔的创建。

Step 15　创建图 39.4.27b 所示的倒角特征 1。选取图 39.4.27a 所示的模型边线为倒角的对象，输入倒角值 1。

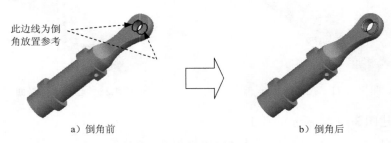

此边线为倒角放置参考

a）倒角前　　　　　　　　　b）倒角后

图 39.4.27　倒角特征 1

Step 16 创建图 39.4.28b 所示的倒圆特征 2。选取图 39.4.28a 所示的模型边线为倒圆的对象，输入倒圆角半径值 1.0。

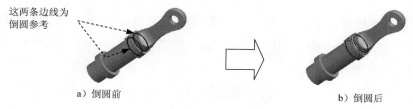

这两条边线为
倒圆参考

a）倒圆前

b）倒圆后

图 39.4.28　倒圆特征 2

Step 17 创建图 39.4.29b 所示的倒圆特征 3。选取图 39.4.29a 所示的模型边线为倒圆的对象，输入倒圆角半径值 1.0。

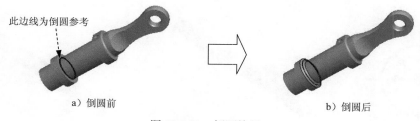

此边线为倒圆参考

a）倒圆前

b）倒圆后

图 39.4.29　倒圆特征 3

Step 18 至此，零件模型创建完毕。选择下拉菜单 [图标] ➡ [保存] 命令，命名为 initiative_shaft，即可保存零件模型。

39.5 限位轴

限位轴为减振器的一个轴类限位，主要运用拉伸、螺纹及倒角特征命令。限位轴零件模型及模型树如图 39.5.1 所示。

Step 1 新建一个零件模型，进入建模环境。

Step 2 创建图 39.5.2 所示的拉伸特征 1。

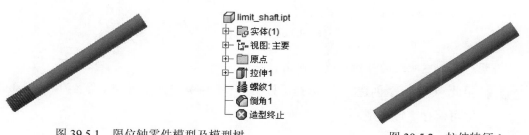

　limit_shaft.ipt
　实体(1)
　视图：主要
　原点
　拉伸1
　螺纹1
　倒角1
　造型终止

图 39.5.1　限位轴零件模型及模型树　　　　　图 39.5.2　拉伸特征 1

（1）选择命令。在 `创建▼` 区域中单击 🔲 按钮，系统弹出"创建拉伸"对话框。

（2）定义特征的截面草图。单击"创建拉伸"对话框中的 `创建二维草图` 按钮，选取 YZ 平面作为草图平面，进入草绘环境。绘制图 39.5.3 所示的截面草图。

（3）定义拉伸属性。单击 `草图` 选项卡 `返回到三维` 区域中的 🔲 按钮，在"拉伸"对话框 `范围` 区域中的下拉列表中选择 `距离` 选项，在"距离"文本框中输入 120.0，并将拉伸方向设置为"方向 1"类型 📐 。

（4）单击"拉伸"对话框中的 `确定` 按钮，完成拉伸特征 1 的创建。

Step 3 创建图 39.5.4 所示的螺纹特征 1。

（1）选择命令。在 `修改▼` 区域中单击 螺纹 按钮，系统弹出"螺纹"对话框。

（2）定义螺纹面。在系统 `选择圆柱面或圆锥面以创建螺纹` 的提示下，选取图 39.5.5 所示的圆柱表面作为要创建螺纹的面。

图 39.5.3　截面草图　　　　图 39.5.4　螺纹 1　　　　图 39.5.5　定义螺纹面

（3）定义螺纹长度。在"螺纹"对话框 `螺纹长度` 区域取消选中 ☐ `全螺纹` 复选框，在 `长度` 文本框中输入长度为 20.0。

（4）单击 `确定` 按钮，完成螺纹的创建。

Step 4 创建图 39.5.6b 所示的倒角特征 1。选取图 39.5.6a 所示的模型边线为倒角的对象，输入倒角值 1。

a）倒角前　　　　　　　　　　　　　　b）倒角后

图 39.5.6　倒角特征 1

说明： 在创建螺纹的一侧创建此倒角特征。

Step 5 至此，零件模型创建完毕。选择下拉菜单 ➡ 💾 保存 命令，命名为 limit_shaft，即可保存零件模型。

39.6　下挡环

下挡环为减振器的一个挡环零件，主要运用旋转、孔、阵列及倒角等特征命令。下挡环零件模型及模型树如图 39.6.1 所示。

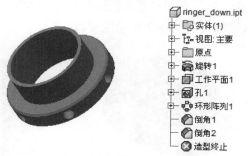

图 39.6.1　下挡环零件模型及模型树

Step 1　新建一个零件模型，进入建模环境。

Step 2　创建图 39.6.2 所示的旋转特征 1。

（1）选择命令。在 创建 ▼ 区域中单击 按钮，系统弹出"创建旋转"对话框。

（2）定义特征的截面草图。单击"创建旋转"对话框中的 创建二维草图 按钮，选取 XY 平面为草图平面，进入草绘环境，绘制图 39.6.3 所示的截面草图。

（3）定义旋转属性。单击 草图 选项卡 返回到三维 区域中的 按钮，在"旋转"对话框中 范围 区域的下拉列表中选中 全部 选项。

（4）单击"旋转"对话框中的 确定 按钮，完成旋转特征 1 的创建。

Step 3　创建图 39.6.4 所示的工作平面 1。在 定位特征 区域中单击"平面"按钮 下的 平面 ▼ 按钮，选择 从平面偏移 命令；选取 XZ 平面作为参考平面，输入要偏距的距离 30；单击 ✓ 按钮，完成工作平面 1 的创建。

图 39.6.2　旋转特征 1

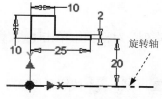

图 39.6.3　截面草图

图 39.6.4　工作平面 1

Step 4　创建图 39.6.5 所示的草图 2。在 三维模型 选项卡 草图 区域中单击 按钮，选取工作平面 1 作为草图平面，绘制图 39.6.5 所示的草图。

说明：此草图绘制了一个点，此点与坐标原点具有水平约束，距离值为 5。

Step **5** 创建图 39.6.6 所示的孔 1。

（1）选择命令。在 修改 ▾ 区域中单击"孔"按钮 。

（2）定义孔的放置方式。在"孔"对话框 放置 区域确认 从草图 被选中。

（3）定义孔的样式及类型。在"孔"对话框中确认"直孔" 与"简单孔" 被选中。

（4）定义孔的参数。在"孔"对话框 终止方式 区域的下拉列表中选择 距离 选项；在"孔"对话框孔预览图像区域输入图 39.6.7 所示的参数。

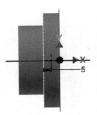
图 39.6.5 草图 2

图 39.6.6 孔 1

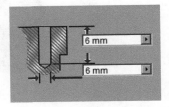
图 39.6.7 定义孔参数

（5）单击"孔"对话框中的 确定 按钮，完成孔的创建。

Step **6** 创建图 39.6.8 所示的环形阵列 1。

a）阵列前

b）阵列后

图 39.6.8 环形阵列 1

（1）选择命令。在 阵列 区域中单击 按钮。

（2）选择要阵列的特征。在图形区中选取孔特征（或在浏览器中选择"孔 1"特征）。

（3）定义阵列参数。

① 定义阵列轴。在"环形阵列"对话框中单击 按钮，然后在浏览器中选取"X 轴"为环形阵列轴。

② 定义阵列实例数。在 放置 区域的 按钮后的文本框中输入数值 6。

③ 定义阵列角度。在 放置 区域的 按钮后的文本框中输入数值 360.0。

（4）单击 确定 按钮，完成环形阵列的创建。

Step **7** 创建图 39.6.9b 所示的倒角特征 1。选取图 39.6.9a 所示的模型边线为倒角的对象，输入倒角值 1.0。

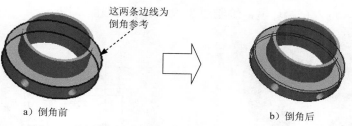

a）倒角前　　　　　　　　　　　　b）倒角后

图 39.6.9　倒角特征 1

Step 8　创建图 39.6.10b 所示的倒角特征 2。选取图 39.6.10a 所示的模型边线为倒角的对象，输入倒角值 1.0。

a）倒角前　　　　　　　　　　　　b）倒角后

图 39.6.10　倒角特征 2

Step 9　至此，零件模型创建完毕。选择下拉菜单 ⟶ 保存命令，命名为 ringer_down，即可保存零件模型。

39.7　上挡环

上挡环也是减振器的一个挡环零件，运用旋转和倒角特征命令即可完成创建。上挡环零件及模型树如图 39.7.1 所示。

图 39.7.1　上挡环零件模型及模型树

Step 1　新建一个零件模型，进入建模环境。

Step 2　创建图 39.7.2 所示的旋转特征 1。

（1）选择命令。在 创建 ▼ 区域中单击 按钮，系统弹出"创建旋转"对话框。

（2）定义特征的截面草图。单击"创建旋转"对话框中的 创建二维草图 按钮，选取 YZ

平面为草图平面，进入草绘环境，绘制图 39.7.3 所示的截面草图。

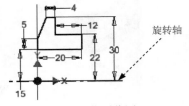

图 39.7.2　旋转特征 1　　　　　　　　　　图 39.7.3　截面草图

（3）定义旋转属性。单击 草图 选项卡 返回到三维 区域中的 🍥 按钮，在"旋转"对话框 范围 区域的下拉列表中选中 全部 选项。

（4）单击"旋转"对话框中的 确定 按钮，完成旋转特征 1 的创建。

Step 3 创建图 39.7.4b 所示的倒角特征 1。选取图 39.7.4a 所示的模型边线为倒角的对象，输入倒角值 1.0。

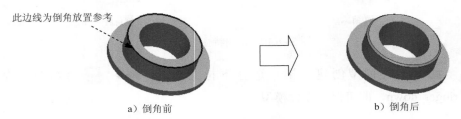

此边线为倒角放置参考

a）倒角前　　　　　　　　　　　　　　　　b）倒角后

图 39.7.4　倒角特征 1

Step 4 至此，零件模型创建完毕。选择下拉菜单 📁 ➡ 💾 保存 命令，命名为 RINGER_TOP，即可保存零件模型。

39.8　装配零件

Task1. 添加驱动轴、限位轴和上挡环的子装配（如图 39.8.1 所示）

限位轴
驱动轴
上挡环

图 39.8.1　组装图和分解图

Step 1 新建一个装配文件。选择下拉菜单 📁 ➡ 🗋 新建 ➡ 🔧 部件 命令，系统自动进入装配环境。

Step **2** 添加驱动轴零件模型。

在 装配 选项卡 零部件 区域中单击 按钮，系统弹出"装入零部件"对话框；在 D:\inv13.3\work\ch39 下选取驱动轴零件模型文件 initiative_shaft.ipt，再单击 打开(O) 按钮；按键盘上的 Esc 键，将模型放置在装配环境中，如图 39.8.2 所示。

Step **3** 添加图 39.8.3 所示的上挡环零件并定位。

（1）引入零件。

① 在 装配 选项卡 零部件 区域中单击 按钮，系统弹出"装入零部件"对话框。

② 选取添加模型。在 D:\inv13.5\work\ch32 下选取上挡环零件模型文件 ringer_top. ipt，再单击 打开(O) 按钮。

③ 在图形区合适的位置处单击，即可把零件放置到当前位置，如图 39.8.4 所示，放置完成后按键盘上的 Esc 键。

图 39.8.2 添加驱动轴零件

图 39.8.3 添加上挡环零件

图 39.8.4 放置零件

④ 调整零件的方位，通过旋转与移动命令，将零件调整至图 39.8.5 所示的位置。

（2）添加约束，使零件完全定位。

① 选择命令。单击"装配"选项卡 位置 区域中的"约束"按钮 （或在"装配"浏览器栏中右击选择 约束(C) 命令），系统弹出"放置约束"对话框。

② 添加"配合"约束 1。在"放置约束"对话框 部件 选项卡中的 类型 区域中选中"配合"约束 ，分别选取图 39.8.6 所示的两个轴线作为约束对象，在"放置约束"对话框中单击 应用 按钮，完成第一个装配约束。

图 39.8.5 调整后方位

选取要配合的轴线

图 39.8.6 定义配合参考

③ 添加"配合"约束 2。在"放置约束"对话框中选中"配合"约束 ，并将 选中，选取图 39.8.7 所示的两个面为约束面，并确认 按钮被按下，单击 应用 按

Chapter 39

钮，完成第二个装配约束。

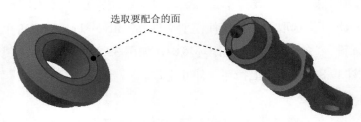

选取要配合的面

图 39.8.7　定义配合参考

④ 添加"配合"约束 3。在"放置约束"对话框 部件 选项卡中的 类型 区域中选中"配合"约束 ⿴，分别选取 ringer_top 零件上的 YZ 平面与 initiative_shaft 零件上的 XY 平面作为约束面，在"放置约束"对话框中单击 应用 按钮，完成第三个装配约束。

⑤ 单击"放置约束"对话框的 取消 按钮，完成上档环零件的定位。

Step 4　添加图 39.8.8 所示的限位轴零件并定位。

（1）引入零件。

① 在 装配 选项卡 零部件 区域中单击 按钮，系统弹出"装入零部件"对话框。

② 选取添加模型。在 D:\inv13.3\work\ch39 下选取限位轴零件模型文件 limit_shaft. ipt，再单击 打开(0) 按钮。

③ 在图形区合适的位置处单击，即可把零件放置到当前位置，如图 39.8.9 所示，放置完成后按键盘上的 Esc 键。

④ 调整零件的方位，通过旋转与移动命令，将零件调整至图 39.8.10 所示的位置。

图 39.8.8　添加限位轴零件

图 39.8.9　放置零件

图 39.8.10　调整后方位

（2）添加约束，使零件完全定位。

① 选择命令。单击"装配"选项卡 位置 区域中的"约束"按钮 （或在"装配"浏览器栏中右击选择 约束(C) 命令），系统弹出"放置约束"对话框。

② 添加"配合"约束 1。在"放置约束"对话框 部件 选项卡中的 类型 区域中选中"配合"约束 ⿴，分别选取图 39.8.11 所示的两个轴线作为约束对象，在"放置约束"对话框中单击 应用 按钮，完成第一个装配约束。

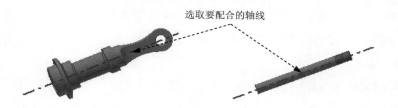

选取要配合的轴线

图 39.8.11　定义配合参考

③ 添加"配合"约束 2。在"放置约束"对话框中选中"配合"约束 ，并将 选中，选取图 39.8.12 所示的两个面为约束面，在 偏移量: 文本框中输入-20，并确认 按钮被按下，单击 应用 按钮，完成第二个装配约束。

选取要配合的面

图 39.8.12　定义配合参考

④ 单击"放置约束"对话框的 取消 按钮，完成限位轴零件的定位。

Step 5　至此，装配模型创建完毕。选择下拉菜单 ➡ 保存 命令，命名为 sub_asm_01，即可保存装配模型。

Task2. 连接轴和下挡环的子装配（如图 39.8.13 所示）

Step 1　新建一个装配文件。选择下拉菜单 ➡ 新建 ➡ 部件 命令，系统自动 进入装配环境。

Step 2　添加图 39.8.14 所示的连接轴零件并定位。

下挡环

驱动轴

图 39.8.13　组装图和分解图

图 39.8.14　添加连接轴零件

在 装配 选项卡 零部件 区域中单击 按钮，系统弹出"装入零部件"对话框；在 D:\inv13.3\work\ch39 下选取连接轴零件模型文件 connect_shaft.ipt，再单击 打开⑩ 按钮；

按键盘上的 Esc 键，将模型放置在装配环境中，如图 39.8.14 所示。

Step 3　添加图 39.8.15 所示的下挡环零件并定位。

（1）引入零件。

① 在 装配 选项卡 零部件 区域中单击 📥 按钮，系统弹出"装入零部件"对话框。

② 选取添加模型。在 D:\inv13.3\work\ch39 下选取下挡环零件模型文件 ringer_down.ipt，再单击 打开(O) 按钮。

③ 在图形区合适的位置处单击，即可把零件放置到当前位置，如图 39.8.16 所示，放置完成后按键盘上的 Esc 键。

④ 调整零件的方位，通过旋转与移动命令，将零件调整至图 39.8.17 所示的位置。

图 39.8.15　添加下挡环零件　　　图 39.8.16　放置零件　　　图 39.8.17　调整后方位

（2）添加约束，使零件完全定位。

① 选择命令。单击"装配"选项卡 位置 区域中的"约束"按钮 🔳（或在"装配"浏览器栏中右击选择 🔳 约束(C) 命令），系统弹出"放置约束"对话框。

② 添加"配合"约束 1。在"放置约束"对话框 部件 选项卡中的 类型 区域中选中"配合"约束 🔳，分别选取图 39.8.18 所示的两个轴线作为约束对象，并将 🔲 按钮按下，在"放置约束"对话框中单击 应用 按钮，完成第一个装配约束。

选取要配合的轴线

图 39.8.18　定义配合参考

③ 添加"配合"约束 2。在"放置约束"对话框中选中"配合"约束 🔳，并将 🔲 选中，选取图 39.8.19 所示的两个面为约束面，并确认 🔲 按钮被按下，单击 应用 按钮，完成第二个装配约束。

④ 单击"放置约束"对话框的 取消 按钮，完成下挡环零件的定位。

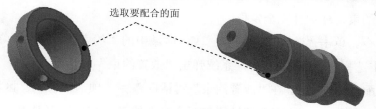
选取要配合的面

图 39.8.19 定义配合参考

Step 4 选择下拉菜单 ![] ➡ ![] 保存 命令，命名为 SUB_ASM_02，即可保存装配模型。

Task3. 减振器的总装配过程（如图 39.1 所示）

Step 1 新建一个装配文件。选择下拉菜单 ![] ➡ ![] 新建 ➡ ![] 部件 命令，系统自动
进入装配环境。

Step 2 添加图 39.8.20 所示的 sub_asm_01 子装配并定位。

在 ![装配] 选项卡 零部件 区域中单击 ![] 按钮，系统弹出"装入零部件"对话框；在
D:\inv13.3\work\ch39 下选取 sub_asm_01 子装配，再单击 ![] 打开(0) 按钮；按键盘上的 Esc 键，
将模型放置在装配环境中，如图 39.8.20 所示。

Step 3 添加图 39.8.21 所示的弹簧零件并定位。

图 39.8.20 添加 sub_asm_01 子装配

图 39.8.21 添加弹簧零件

（1）引入零件。

① 在 ![装配] 选项卡 零部件 区域中单击 ![] 按钮，系统弹出"装入零部件"对话框。

② 在 D:\inv13.3\work\ch39 下选取弹簧零件模型文件 damping_spring.ipt，再单击
![] 打开(0) 按钮。

③ 在图形区合适的位置处单击，即可把零件放置到当前位置，如图 39.8.22 所示，放
置完成后按键盘上的 Esc 键。

④调整零件的方位，通过旋转与移动命令，将零件调整至图 39.8.23 所示的位置。

图 39.8.22 放置零件

图 39.8.23 调整后方位

（2）添加约束，使零件完全定位。

① 选择命令。单击"装配"选项卡 位置 区域中的"约束"按钮 （或在"装配"浏览器栏中右击选择 约束(C) 命令），系统弹出"放置约束"对话框。

② 添加"配合"约束 1。在"放置约束"对话框 部件 选项卡中的 类型 区域中选中"配合"约束 ，选取图 39.8.24 所示的轴线与两个零件的 Z 轴作为约束对象，并将 按钮按下，在"放置约束"对话框中单击 应用 按钮，完成第一个装配约束。

选取要配合的轴线

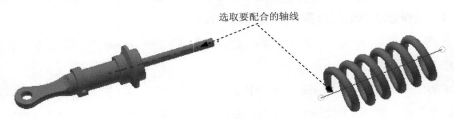

图 39.8.24　定义配合参考

③ 添加"配合"约束 2。在"放置约束"对话框 部件 选项卡中的 类型 区域中选中"配合"约束 ，分别选取图 39.8.25 所示的两个面作为约束面，并将 按钮按下，在"放置约束"对话框中单击 应用 按钮，完成第二个装配约束。

选取要配合的面

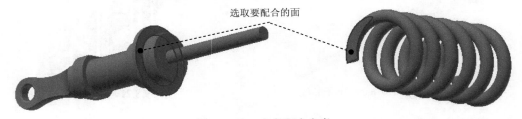

图 39.8.25　定义配合参考

④ 单击"放置约束"对话框的 取消 按钮，完成弹簧零件的定位。

Step 4　添加图 39.8.26 所示的 sub_asm_02 子装配并定位。

（1）引入零件。

① 在 装配 选项卡 零部件 区域中单击 按钮，系统弹出"装入零部件"对话框。

② 选取添加模型。在 D:\inv13.3\work\ch39 下选取 sub_asm_02 子装配，再单击 打开(0) 按钮。

图 39.8.26　添加 sub_asm_02 子装配

③ 在图形区合适的位置处单击，即可把零件放置到当前位置，如图 39.8.27 所示，放置完成后按键盘上的 Esc 键。

④ 调整零件的方位，通过旋转与移动命令，将零件调整至图 39.8.28 所示的位置。

图 39.8.27　放置零件

图 39.8.28　调整后方位

（2）添加约束，使零件完全定位。

① 选择命令。单击"装配"选项卡 位置 区域中的"约束"按钮 ⊐（或在"装配"浏览器栏中右击选择 ⊐ 约束(C) 命令），系统弹出"放置约束"对话框。

② 添加"配合"约束 1。在"放置约束"对话框 部件 选项卡中的 类型 区域中选中"配合"约束 ⊐，分别选取图 39.8.29 所示的两个轴线作为约束对象，并将 ⌖ 按钮按下，在"放置约束"对话框中单击 应用 按钮，完成第一个装配约束。

选取要配合的轴线

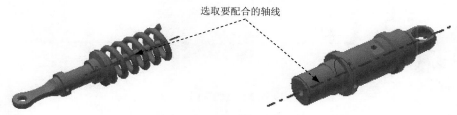

图 39.8.29　定义配合参考

③ 添加"配合"约束 2。在"放置约束"对话框 部件 选项卡中的 类型 区域中选中"配合"约束 ⊐，分别选取图 39.8.30 所示的两个面作为约束面，并将 ⌖ 按钮按下，在"放置约束"对话框中单击 应用 按钮，完成第二个装配约束。

选取要配合的面

图 39.8.30　定义配合参考

④ 添加"配合"约束 3。在"放置约束"对话框 部件 选项卡中的 类型 区域中选中"配合"约束 ⊐，分别选取 sub_asm_02 子装配中的 XZ 平面与 sub_asm_01 子装配中的 XY 平面作为约束面，在"放置约束"对话框中单击 应用 按钮，完成第三个装配约束。

⑤ 单击"放置约束"对话框的 取消 按钮，完成弹簧零件的定位。

Chapter
39

Step 5 创建图 39.8.31 所示的 ROTATE_RINGER 零件模型。

（1）单击 装配 功能选项卡 零部件 区域中的"创建"按钮 。

（2）此时系统弹出"创建在位零件"对话框，在 新零部件名称(N) 文本框中输入零件名称 rotate_ringer；采
图 39.8.31　创建零件

用系统默认的模板和新文件位置。

（3）单击 确定 按钮，在系统 为基础特征选择草图平面 的提示下，选取特征树中的
"中心点"选项 ⬥ 中心点 ，此时系统进入到编辑零部件环境中。

（4）创建旋转特征。在 创建 ▾ 区域中选择 命令，选取 YZ 平面（总装配中的 YZ
平面）为草图平面，绘制图 39.8.32 所示的截面草图；在"旋转"对话框 范围 区域的下拉
列表中选中 全部 选项；单击"旋转"对话框中的 完成 按钮，完成旋转特征 1 的创建。

图 39.8.32　截面草图

Step 6 激活并保存总装配。双击总装配名称将其激活，然后选择下拉菜单 ➡ 保存
命令，命名为 damper_asm，即可保存零件模型。

40

球轴承

40.1　概述

本实例介绍球轴承的创建和装配过程：首先是创建轴承的内环、保持架及滚珠，它们分别生成一个模型文件；然后装配模型，并在装配体中创建轴承外环。其中，创建外环时用到"在装配体中创建零件模型"的方法。装配组件模型如图 40.1.1 所示。

图 40.1.1　球轴承装配组件模型

40.2　轴承内环

轴承内环零件模型及模型树如图 40.2.1 所示。

图 40.2.1　轴承内环零件模型及模型树

Step 1　新建一个零件模型，进入建模环境。

Step 2　创建图 40.2.2 所示的旋转特征 1。

（1）选择命令。在 创建 ▼ 区域中单击 按钮，系统弹出"创建旋转"对话框。

（2）定义特征的截面草图。单击"创建旋转"对话框中的 创建二维草图 按钮，选取 YZ 平面为草图平面，进入草绘环境，绘制图 40.2.3 所示的截面草图。

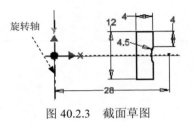

图 40.2.2　旋转特征 1

图 40.2.3　截面草图

（3）定义旋转属性。单击 草图 选项卡 返回到三维 区域中的 按钮，在"旋转"对话框 范围 区域的下拉列表中选中 全部 选项。

（4）单击"旋转"对话框中的 确定 按钮，完成旋转特征 1 的创建。

Step 3　创建图 40.2.4b 所示的倒角特征。

a）倒角前　　　　　　　　　　　　　　　　　b）倒角后

图 40.2.4　倒角特征

（1）选择命令。在 修改 ▼ 区域中单击 倒角 按钮。

（2）定义倒角类型。在"倒角"对话框中定义倒角类型为"倒角边长" 。

（3）选取模型中要倒角的边线，在系统的提示下，选取图 40.2.4a 所示的模型边线为倒角的对象。

（4）定义倒角参数。在"倒角"对话框 倒角边长 文本框中输入 1.0。

（5）单击"倒角"对话框中的 确定 按钮，完成倒角特征的定义。

Step 4　至此，零件模型创建完毕。选择下拉菜单 ➡ 保存 命令，命名为 BEARING_IN，即可保存零件模型。

40.3　轴承保持架

轴承保持架零件模型及模型树如图 40.3.1 所示。

图 40.3.1　轴承保持架零件模型及模型树

Step 1　新建一个零件模型，进入建模环境。

Step 2　创建图 40.3.2 所示的旋转特征 1。

（1）选择命令。在 创建 ▾ 区域中单击 按钮，系统弹出"创建旋转"对话框。

（2）定义特征的截面草图。单击"创建旋转"对话框中的 创建二维草图 按钮，选取 YZ 平面为草图平面，进入草绘环境，绘制图 40.3.3 所示的截面草图。

图 40.3.2　旋转特征 1

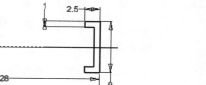

图 40.3.3　截面草图

（3）定义旋转属性。单击 草图 选项卡 返回到三维 区域中的 按钮，在"旋转"对话框 范围 区域的下拉列表中选中 全部 选项。

（4）单击"旋转"对话框中的 确定 按钮，完成旋转特征 2 的创建。

Step 3　创建图 40.3.4 所示的拉伸特征 1。

（1）选择命令。在 创建 ▾ 区域中单击 按钮，系统弹出"创建拉伸"对话框。

（2）定义特征的截面草图。单击"创建拉伸"对话框中的 创建二维草图 按钮，选取 YZ 平面作为草图平面，进入草绘环境。绘制图 40.3.5 所示的截面草图。

图 40.3.4　拉伸特征 1

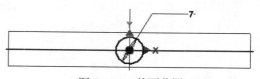

图 40.3.5　截面草图

（3）定义拉伸属性。单击 草图 选项卡 返回到三维 区域中的 按钮，在"拉伸"对话框中将布尔运算设置为"求差"类型 ，在 范围 区域中的下拉列表中选择 贯通 选项，将拉伸方向设置为"方向 2"类型 。

（4）单击"拉伸"对话框中的 ▭确定▭ 按钮，完成拉伸特征 1 的创建。

Step 4 创建图 40.3.6 所示的环形阵列 1。

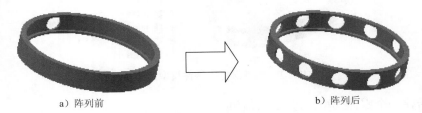

a）阵列前　　　　　　　　　　　　　　　　b）阵列后

图 40.3.6　阵列特征 1

（1）选择命令。在 阵列 区域中单击 ✛ 按钮。

（2）选择要阵列的特征。在图形区中选取拉伸特征（或在浏览器中选择"拉伸 1"特征）。

（3）定义阵列参数。

① 定义阵列轴。在"环形阵列"对话框中单击 ▸ 按钮，然后在浏览器中选取"Z 轴"为环形阵列轴。

② 定义阵列实例数。在 放置 区域的 ⁘ 按钮后的文本框中输入数值 12。

③ 定义阵列角度。在 放置 区域的 ◇ 按钮后的文本框中输入数值 360.0。

（4）单击 ▭确定▭ 按钮，完成环形阵列的创建。

Step 5 至此，零件模型创建完毕。选择下拉菜单 ⬛ ➡ 💾保存 命令，命名为 BEARING_RING，即可保存零件模型。

40.4　轴承滚珠

轴承滚珠零件模型及模型树如图 40.4.1 所示。

Step 1 新建一个零件模型，进入建模环境。

Step 2 创建图 40.4.2 所示的球体特征。在 基本要素 区域中选择 ◯ 命令，选取 YZ 平面为草图平面，绘制图 40.4.3 所示的截面草图；单击"旋转"对话框中的 ▭确定▭ 按钮，完成球体特征的创建。

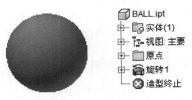　　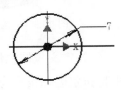

图 40.4.1　轴承滚珠零件模型及模型树　　图 40.4.2　旋转特征 1　　图 40.4.3　截面草图

说明：绘制球体的截面草图时，选择原点为圆中心，在动态文本框中输入圆的直径尺寸 7，然后按 Enter 键即可。

Step 3 至此，零件模型创建完毕。选择下拉菜单 命令，命名为 BALL，即可保存零件模型。

40.5 轴承的装配

装配组件如图 40.5.1 所示。

Step 1 新建一个装配文件。选择下拉菜单 新建 部件 命令，系统自动进入装配环境。

Step 2 添加轴承内环零件模型。

在 装配 选项卡 零部件 区域中单击 按钮，系统弹出"装入零部件"对话框；在 D:\inv13.3\work\ch40 下选取轴承内环模型文件 BEARING_IN.ipt，再单击 打开(O) 按钮；按键盘上的 Esc 键，将模型放置在装配环境中，如图 40.5.1 所示。

Step 3 添加轴承保持架零件模型。

（1）引入零件。

① 在 装配 选项卡 零部件 区域中单击 按钮，系统弹出"装入零部件"对话框。

② 选取添加模型。在 D:\inv13.3\work\ch40 下选取轴承保持架模型文件 BEARING_RING.ipt，再单击 打开(O) 按钮。

③ 在图形区合适的位置处单击，即可把零件放置到当前位置，如图 40.5.2 所示，放置完成后按键盘上的 Esc 键。

图 40.5.1　添加轴承内环模型

图 40.5.2　添加轴承保持架模型

④ 通过旋转与移动命令调整零件方位以便于装配。

（2）添加约束，使零件完全定位。

① 选择命令。单击"装配"选项卡 位置 区域中的"约束"按钮 （或在"装配"浏览器栏中右击选择 约束(C) 命令），系统弹出"放置约束"对话框。

② 添加"配合"约束 1。在"放置约束"对话框 部件 选项卡中的 类型 区域中选中"配

合"约束[图标]，分别选取 BEARING_IN 零件上的 XY 平面与 BEARING_RING 零件上的 XY 平面作为约束面，在"放置约束"对话框中单击 应用 按钮，完成第一个装配约束。

③ 添加"配合"约束 2。在"放置约束"对话框 部件 选项卡中的 类型 区域中选中"配合"约束[图标]，分别选取图 40.5.3 所示的两个轴线作为约束对象，并确认 [图标] 按钮被按下，在"放置约束"对话框中单击 应用 按钮，完成第二个装配约束。

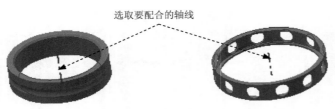

图 40.5.3　定义配合参考　　　　　图 40.5.4　放置零件

④ 单击"放置约束"对话框的 取消 按钮，完成 BEARING_IN 零件的定位。

Step 4 添加轴承滚珠零件模型。

（1）引入零件。

① 在 装配 选项卡 零部件 区域中单击 [图标] 按钮，系统弹出"装入零部件"对话框。

② 选取添加模型。在 D:\inv13.3\work\ch40 下选取轴承滚珠模型文件 BALL.ipt，再单击 打开(0) 按钮。

③ 在图形区合适的位置处单击，即可把零件放置到当前位置，如图 40.5.4 所示，放置完成后按键盘上的 Esc 键。

④ 通过旋转与移动命令调整零件方位以便于装配。

（2）添加约束，使零件完全定位。

① 选择命令。单击"装配"选项卡 位置 区域中的"约束"按钮[图标]（或在"装配"浏览器栏中右击选择[图标] 约束(C) 命令），系统弹出"放置约束"对话框。

② 添加"配合"约束 1。在"放置约束"对话框 部件 选项卡中的 类型 区域中选中"配合"约束[图标]，分别选取 BEARING_IN 零件上的 XY 平面与 BALL 零件上的 XY 平面作为约束面，在"放置约束"对话框中单击 应用 按钮，完成第一个装配约束。

③ 添加"配合"约束 2。在"放置约束"对话框 部件 选项卡中的 类型 区域中选中"配合"约束[图标]，分别选取 BEARING_IN 零件上的 XZ 平面与 BALL 零件上的 XZ 平面作为约束面，在"放置约束"对话框中单击 应用 按钮，完成第二个装配约束。

④ 添加"配合"约束 3。在"放置约束"对话框中选中"相切"约束[图标]，分别选取图 40.5.5 所示的两个面作为约束面，并确认 [图标] 按钮被按下，单击 应用 按钮，完成第三个装配约束。

图 40.5.5　定义配合参考

Step 5　创建图 40.5.6 所示的阵列 1。

a）阵列前　　　　　　　　　　b）阵列后

图 40.5.6　阵列特征 1

（1）选择命令。单击 装配 选项卡 零部件 区域中的 阵列 按钮，系统弹出"阵列零部件"对话框。

（2）定义要阵列的零部件。在系统 选择零部件进行阵列 的提示下，选取轴承滚珠零件作为要阵列的零部件。

（3）定义阵列类型。在"阵列零部件"对话框中单击"环形"选项卡，以将阵列类型设置为环形阵列。

（4）定义阵列轴。在"阵列零部件"对话框中单击"轴向"按钮，然后在浏览器中选取"Z 轴"为环形阵列轴。

（5）定义阵列实例数与角度。在"阵列零部件"对话框 按钮后的文本框中输入数值 12，在 按钮后的文本框中输入数值 30.0。

（6）单击 确定 按钮，完成环形阵列的创建。

Step 6　创建轴承外环。

（1）单击 装配 功能选项卡 零部件 区域中的"创建"按钮。

（2）此时系统弹出"创建在位零件"对话框，在 新零部件名称(N) 文本框中输入零件名称 BEARING_OUT；采用系统默认的模板和新文件位置。

（3）单击 确定 按钮，在系统 为基础特征选择草图平面 的提示下，选取"中心点"选项 中心点 ，此时系统进入到编辑零部件环境中。

（4）创建图 40.5.7 所示的旋转特征。在 创建 ▼ 区域中选择 命令，选取 YZ 平面为草图平面，绘制图 40.5.8 所示的截面草图；在"旋转"对话框 范围 区域的下拉列表中选中 全部 选项；单击"旋转"对话框中的 确定 按钮，完成旋转特征 1 的创建。

图 40.5.7 旋转特征 1

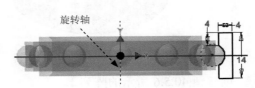

图 40.5.8 截面草图

Step 7 创建图 40.5.9b 所示的倒角特征 1。

（1）选择命令。在 修改 ▼ 区域中单击 倒角 按钮。

（2）定义倒角类型。在"倒角"对话框中定义倒角类型为"倒角边长" 。

（3）选取模型中要倒角的边线，在系统的提示下，选取图 40.5.9a 所示的模型边线为倒角的对象。

（4）定义倒角参数。在"倒角"对话框 倒角边长 文本框中输入 1.0。

（5）单击"倒角"对话框中的 确定 按钮，完成倒角特征的定义。

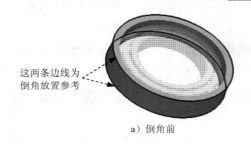

这两条边线为倒角放置参考

a）倒角前

b）倒角后

图 40.5.9 倒角特征 1

Step 8 激活并保存总装配。双击总装配名称将其激活，然后选择下拉菜单 → 保存 命令，命名为 BEARING_ASM，即可保存零件模型。

41

衣架

41.1 概述

本实例详细讲解了衣架的整个设计过程，下面将通过介绍图 41.1.1 所示衣架的设计，来学习和掌握产品装配的一般过程，熟悉装配的操作流程。本实例先通过设计每个零部件，然后再到装配，循序渐进，由浅入深；在设计零件的过程中，需要将所有零件保存在同一目录下，并注意零件的尺寸及每个特征的位置，为以后的装配提供方便。衣架的最终装配模型如图 41.1.1 所示。

图 41.1.1　装配模型

41.2 衣架零件（一）

零件模型及模型树如图 41.2.1 所示。

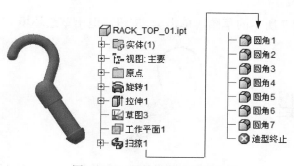

图 41.2.1　零件模型及模型树

Step 1 新建一个零件模型，进入建模环境。

Step 2 创建图 41.2.2 所示的旋转特征 1。

（1）选择命令。在 创建 ▼ 区域中单击 按钮，系统弹出"创建旋转"对话框。

（2）定义特征的截面草图。单击"创建旋转"对话框中的 创建二维草图 按钮，选取 YZ 平面为草图平面，进入草绘环境，绘制图 41.2.3 所示的截面草图。

（3）定义旋转属性。单击 草图 选项卡 返回到三维 区域中的 按钮，然后在"旋转"对话框 范围 区域的下拉列表中选中 全部 选项。

（4）单击"旋转"对话框中的 确定 按钮，完成旋转特征 1 的创建。

Step 3 创建图 41.2.4 所示的拉伸特征 1。

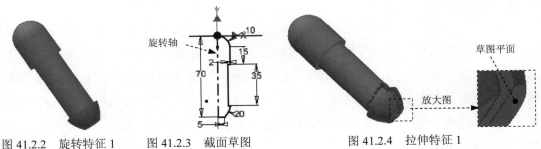

图 41.2.2 旋转特征 1　　图 41.2.3 截面草图　　图 41.2.4 拉伸特征 1

（1）选择命令。在 创建 ▼ 区域中单击 按钮，系统弹出"创建拉伸"对话框。

（2）定义特征的截面草图。单击"创建拉伸"对话框中的 创建二维草图 按钮，选图 41.2.4 所示的模型表面作为草图平面，进入草绘环境。绘制图 41.2.5 所示的截面草图。

（3）定义拉伸属性。单击 草图 选项卡 返回到三维 区域中的 按钮，在"拉伸"对话框将布尔运算设置为"求差"类型 ，在 范围 区域中的下拉列表中选择 距离 选项，在"距离"文本框中输入 15.0，并将拉伸方向设置为"方向 2"类型 。

（4）单击"拉伸"对话框中的 确定 按钮，完成拉伸特征 1 的创建。

Step 4 创建图 41.2.6 所示的草图 3。

（1）在 三维模型 选项卡 草图 区域中单击 按钮，然后选择 XY 平面为草图平面，系统进入草图设计环境。

（2）绘制图 41.2.7 所示的草图，单击 按钮，退出草绘环境。

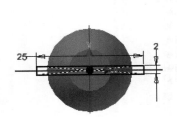  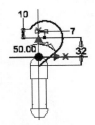

图 41.2.5 截面草图　　图 41.2.6 草图 3（建模环境）　　图 41.2.7 草图 3（草图环境）

Step 5 创建图 41.2.8 所示的工作平面 1。在 定位特征 区域中单击"平面"按钮 下的 平面 按钮，选择 在指定点处与曲线垂直 命令；在图形区选取图 41.2.9 所示的点 1 为参考点，然后再选取图 41.2.9 所示的曲线作为参考线，单击 按钮即可创建通过点 1 且垂直于参考曲线的平面。

Step 6 创建图 41.2.10 所示的草图 4。在 三维模型 选项卡 草图 区域中单击 按钮，选取工作平面 1 作为草图平面，绘制图 41.2.11 所示的草图。

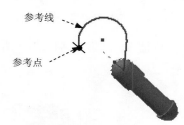

图 41.2.8 工作平面 1　　　图 41.2.9 选取参考　　　图 41.2.10 草图 4（建模环境）

Step 7 创建图 41.2.12 所示的扫掠 1。

（1）选择命令。在 创建 ▼ 区域中单击"扫掠"按钮 扫掠。

（2）定义扫掠轨迹。在"扫掠"对话框中单击 按钮，然后在图形区中选取图 41.2.13 所示的草图 3 作为扫掠轨迹，完成扫掠轨迹的选取。

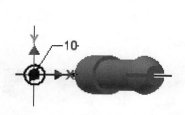

图 41.2.11 草图 4（草图环境）　　　图 41.2.12 扫掠 1　　　图 41.2.13 扫掠轨迹

（3）定义扫掠类型。在"扫掠"对话框 类型 区域的下拉列表中选择 路径 选项，其他参数接受系统默认。

（4）单击"扫掠"对话框中的 确定 按钮，完成扫掠特征的创建。

Step 8 创建图 41.2.14b 所示的倒圆特征 1。选取图 41.2.14a 所示的模型边线为倒圆的对象，输入倒圆角半径值 5.0。

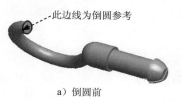

a）倒圆前　　　　　　　　　　　　　　　b）倒圆后

图 41.2.14 倒圆特征 1

Step 9　创建图 41.2.15b 所示的倒圆特征 2。选取图 41.2.15a 所示的模型边线为倒圆的对象，输入倒圆角半径值 2.0。

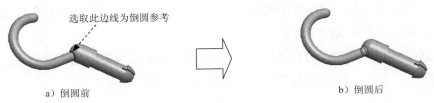

a）倒圆前　　　　　　　　　　　b）倒圆后

图 41.2.15　倒圆特征 2

Step 10　创建图 41.2.16b 所示的倒圆特征 3。选取图 41.2.16a 所示的模型边线为倒圆的对象，输入倒圆角半径值 0.5。

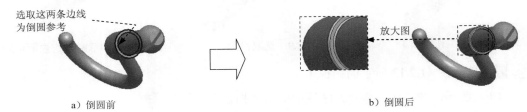

a）倒圆前　　　　　　　　　　　b）倒圆后

图 41.2.16　倒圆特征 3

Step 11　创建图 41.2.17b 所示的倒圆特征 4。选取图 41.2.17a 所示的模型边线为倒圆的对象，输入倒圆角半径值 0.5。

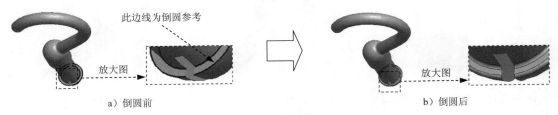

a）倒圆前　　　　　　　　　　　b）倒圆后

图 41.2.17　倒圆特征 4

Step 12　创建图 41.2.18b 所示的倒圆特征 5。选取图 41.2.18a 所示的模型边线为倒圆的对象，输入倒圆角半径值 0.5。

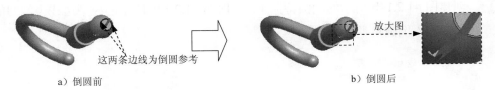

a）倒圆前　　　　　　　　　　　b）倒圆后

图 41.2.18　倒圆特征 5

Step 13　创建图 41.2.19b 所示的倒圆特征 6。选取图 41.2.19a 所示的模型边线为倒圆的对象，输入倒圆角半径值 0.5。

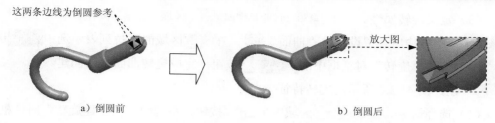

这两条边线为倒圆参考

a）倒圆前　　　　　　　　放大图　　　b）倒圆后

图 41.2.19　倒圆特征 6

Step 14　创建图 41.2.20b 所示的倒圆特征 7。选取图 41.2.20a 所示的模型边线为倒圆的对象，输入倒圆角半径值 0.5。

这两条边线为倒圆参考

a）倒圆前　　　　　　　　　放大图　　　b）倒圆后

图 41.2.20　倒圆特征 7

Step 15　至此，零件模型创建完毕。选择下拉菜单 ![PRO] ➡ ![保存] 命令，命名为 RACK_TOP_01，即可保存零件模型。

41.3　衣架零件（二）

零件模型及模型树如图 41.3.1 所示。

Step 1　新建一个零件模型，进入建模环境。

Step 2　创建图 41.3.2 所示的旋转曲面 1。

（1）选择命令。在 创建▼ 区域中单击 按钮，系统弹出"创建旋转"对话框。

（2）定义特征的截面草图。单击"创建旋转"对话框中的 创建二维草图 按钮，选取 YZ 平面为草图平面，进入草绘环境，绘制图 41.3.3 所示的截面草图。

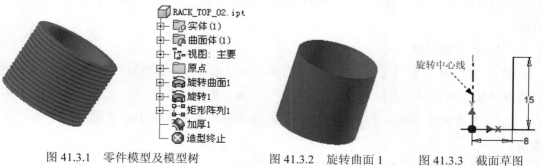

图 41.3.1　零件模型及模型树　　　图 41.3.2　旋转曲面 1　　　图 41.3.3　截面草图

旋转中心线

15

8

（3）定义旋转属性。单击 草图 选项卡 返回到三维 区域中的 <button> 按钮，在"旋转"对话框 输出 区域中将输出类型设置为"曲面" <button>；在 范围 区域的下拉列表中选中 全部 选项。

（4）单击"旋转"对话框中的 确定 按钮，完成旋转曲面 1 的创建。

Step 3 创建图 41.3.4 所示的旋转特征 1。

（1）选择命令。在 创建 ▼ 区域中单击 <button> 按钮，系统弹出"创建旋转"对话框。

（2）定义特征的截面草图。单击"创建旋转"对话框中的 创建二维草图 按钮，选取 YZ 平面为草图平面，进入草绘环境，绘制图 41.3.5 所示的截面草图。

图 41.3.4 旋转特征 1

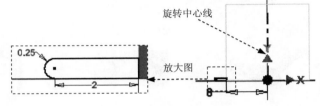

图 41.3.5 截面草图

（3）定义旋转属性。单击 草图 选项卡 返回到三维 区域中的 <button> 按钮，然后在"旋转"对话框 范围 区域的下拉列表中选中 全部 选项。

（4）单击"旋转"对话框中的 确定 按钮，完成旋转特征 1 的创建。

Step 4 创建图 41.3.6 所示的矩形阵列 1。

a）阵列前 b）阵列后

图 41.3.6 阵列特征 1

（1）选择命令。在 阵列 区域中单击 <button> 按钮，系统弹出"矩形阵列"对话框。

（2）选择要阵列的特征。在图形区中选取旋转特征 1（或在浏览器中选择"旋转 1"特征）。

（3）定义阵列参数。

① 定义方向 1 参考边线。在"矩形阵列"对话框中单击 方向1 区域中的 <button> 按钮，然后选取 Z 轴作为方向 1 的参考边线，阵列方向可参考图 41.3.6。

② 定义方向 1 参数。在 方向1 区域的 °°° 文本框中输入数值 16；在 ◇ 文本框中输入数值 1。

（4）单击 确定 按钮，完成矩形阵列的创建。

Step **5**   创建加厚曲面 1。

（1）选择命令。在 曲面 ▾ 区域中单击"加厚/偏移"按钮 ⬧，系统弹出"加厚/偏移"对话框。

（2）定义偏移曲面。选取 Step2 中创建的旋转曲面 1 为要加厚的曲面。

（3）定义输出类型。在"加厚/偏移"对话框 输出 区域中选择"实体" ⬜。

（4）定义等距加厚距离与方向。在"加厚/偏移"对话框 距离 文本框中输入数值 0.5，并将加厚方向设置为"方向 2"类型 ⬀。

（5）单击 确定 按钮，完成等距曲面的创建。

Step **6**   至此，零件模型创建完毕。选择下拉菜单 ⬛ ➡ 🖫 保存 命令，命名为 RACK_TOP_02，即可保存零件模型。

41.4   衣架零件（三）

零件模型和浏览器如图 41.4.1 所示。

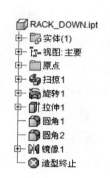

图 41.4.1   零件模型及浏览器

Step **1**   新建一个零件模型，进入建模环境。

Step **2**   创建图 41.4.2 所示的草图 1。在 三维模型 选项卡 草图 区域中单击 ✏ 按钮，选取 YZ 平面作为草图平面，绘制图 41.4.2 所示的草图。

Step **3**   创建图 41.4.3 所示的草图 2。在 三维模型 选项卡 草图 区域中单击 ✏ 按钮，选取 XZ 平面作为草图平面，绘制图 41.4.3 所示的草图。

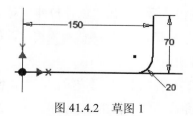

图 41.4.2   草图 1

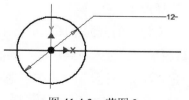

图 41.4.3   草图 2

Step 4 创建图 41.4.4 所示的扫掠 1。

（1）选择命令，在 创建 ▼ 区域中单击"扫掠"按钮 ⇨ 扫掠 。

（2）定义扫掠轨迹。在"扫掠"对话框中单击 ▶ 按钮，然后在图形区中选取草图 1 作为扫掠轨迹，完成扫掠轨迹的选取。

（3）定义扫掠类型。在"扫掠"对话框 类型 区域的下拉列表中选择 路径 选项，其他参数接受系统默认，

（4）单击"扫掠"对话框中的 确定 按钮，完成扫掠特征的创建。

Step 5 创建图 41.4.5 所示的旋转特征 1。

图 41.4.4　扫描特征 1　　　　　　　图 41.4.5　旋转特征 1

（1）选择命令。在 创建 ▼ 区域中单击 ⬭ 按钮，系统弹出"创建旋转"对话框。

（2）定义特征的截面草图。单击"创建旋转"对话框中的 创建二维草图 按钮，选取 YZ 平面为草图平面，进入草绘环境，绘制图 41.4.6 所示的截面草图。

（3）定义旋转属性。单击 草图 选项卡 返回到三维 区域中的 ⬭ 按钮，然后在"旋转"对话框中将布尔运算设置为"求差"类型 ⬛ ，在 范围 区域的下拉列表中选中 全部 选项。

（4）单击"旋转"对话框中的 确定 按钮，完成旋转特征 1 的创建。

Step 6 创建图 41.4.7 所示的拉伸特征 1。

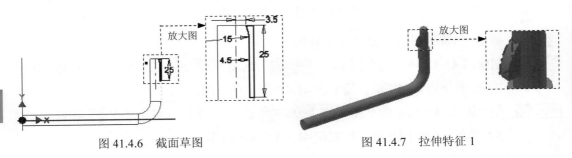

图 41.4.6　截面草图　　　　　　　图 41.4.7　拉伸特征 1

（1）选择命令。在 创建 ▼ 区域中单击 ⬚ 按钮，系统弹出"创建拉伸"对话框。

（2）定义特征的截面草图。单击"创建拉伸"对话框中的 创建二维草图 按钮，选取 YZ 平面作为草图平面，进入草绘环境。绘制图 41.4.8 所示的截面草图。

（3）定义拉伸属性。单击 草图 选项卡 返回到三维 区域中的 ⬚ 按钮，在"拉伸"对话框 范围 区域中的下拉列表中选择 距离 选项，在"距离"文本框中输入 4.0，并将拉伸方向

设置为"对称"类型 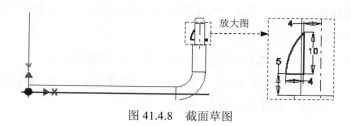。

图 41.4.8　截面草图

（4）单击"拉伸"对话框中的 **确定** 按钮，完成拉伸特征 1 的创建。

Step 7　创建图 41.4.9b 所示的倒圆特征 1。选取图 41.4.9a 所示的模型边线为倒圆的对象，输入倒圆角半径值 0.5。

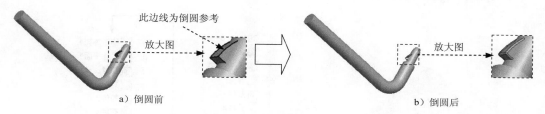

a）倒圆前　　　　　　　　　　　　b）倒圆后

图 41.4.9　倒圆特征 1

Step 8　创建图 41.4.10b 所示的倒圆特征 2。选取图 41.4.10a 所示的模型边线为倒圆的对象，输入倒圆角半径值 0.5。

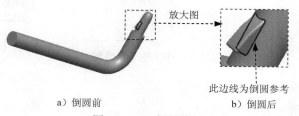

a）倒圆前　　　　　　　　　b）倒圆后

图 41.4.10　倒圆特征 2

Step 9　创建图 41.4.11 所示的镜像 1。

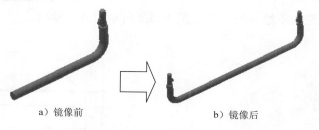

a）镜像前　　　　　　　　　　　b）镜像后

图 41.4.11　镜像 1

（1）选择命令。在 **阵列** 区域中单击"镜像"按钮 ▷◁。

（2）选取要镜像的特征。在图形区中选取要镜像复制的扫掠 1、旋转 1、拉伸 1、圆角 1 与圆角 2 特征。

（3）定义镜像中心平面。单击"镜像"对话框中的 镜像平面按钮，然后选取 XZ 平面作为镜像中心平面。

（4）单击"镜像"对话框中的 确定 按钮，完成镜像操作。

Step 10 至此，零件模型创建完毕。选择下拉菜单 ➡ 保存命令，命名为 RACK_DOWN，即可保存零件模型。

41.5 衣架零件（四）

零件模型及模型树如图 41.5.1 所示。

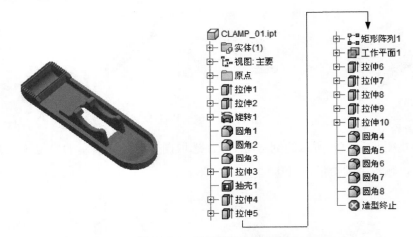

图 41.5.1 零件模型及模型树

Step 1 新建一个零件模型，进入建模环境。

Step 2 创建图 41.5.2 所示的拉伸特征 1。

（1）选择命令。在 创建 ▼ 区域中单击 按钮，系统弹出"创建拉伸"对话框。

（2）定义特征的截面草图。单击"创建拉伸"对话框中的 创建二维草图 按钮，选取 YZ 平面作为草图平面，进入草绘环境。绘制图 41.5.3 所示的截面草图。

图 41.5.2 拉伸特征 1

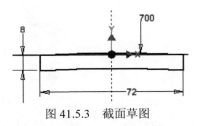

图 41.5.3 截面草图

（3）定义拉伸属性。单击 草图 选项卡 返回到三维 区域中的 按钮，在"拉伸"对话

框 范围 区域中的下拉列表中选择 距离 选项，在"距离"文本框中输入 20.0，并将拉伸方向设置为"对称"类型 ⊠ 。

（4）单击"拉伸"对话框中的 确定 按钮，完成拉伸特征 1 的创建。

Step 3 创建图 41.5.4 所示的拉伸特征 2。

（1）选择命令。在 创建 ▾ 区域中单击 ▢ 按钮，系统弹出"创建拉伸"对话框。

（2）定义特征的截面草图。单击"创建拉伸"对话框中的 创建二维草图 按钮，选取 XY 平面作为草图平面，进入草绘环境。绘制图 41.5.5 所示的截面草图。

图 41.5.4　拉伸特征 2

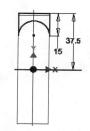

图 41.5.5　截面草图

（3）定义拉伸属性。单击 草图 选项卡 返回到三维 区域中的 ▢ 按钮，在"拉伸"对话框中将布尔运算设置为"求差"类型 ⊟ ，在 范围 区域中的下拉列表中选择 贯通 选项，将拉伸方向设置为"对称"类型 ⊠ 。

（4）单击"拉伸"对话框中的 确定 按钮，完成拉伸特征 2 的创建。

Step 4 创建图 41.5.6 所示的旋转特征 1。

（1）选择命令。在 创建 ▾ 区域中单击 ⌒ 按钮，系统弹出"创建旋转"对话框。

（2）定义特征的截面草图。单击"创建旋转"对话框中的 创建二维草图 按钮，选取 YZ 平面为草图平面，进入草绘环境，绘制图 41.5.7 所示的截面草图。

图 41.5.6　旋转特征 1

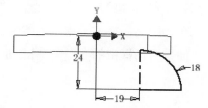

图 41.5.7　截面草图

（3）定义旋转属性。单击 草图 选项卡 返回到三维 区域中的 ⌒ 按钮，然后在"旋转"对话框中将布尔运算设置为"求差"类型 ⊟ ，在 范围 区域的下拉列表中选中 全部 选项。

（4）单击"旋转"对话框中的 确定 按钮，完成旋转特征 1 的创建。

Step 5 创建图 41.5.8b 所示的倒圆特征 1。选取图 41.5.8a 所示的模型边线为倒圆的对象，输入倒圆角半径值 5.0。

此边线为倒圆参考

a）倒圆前　　　　　　　　　　　　　　b）倒圆后

图 41.5.8　倒圆特征 1

Step 6 创建图 41.5.9b 所示的倒圆特征 2。选取图 41.5.9a 所示的模型边线为倒圆的对象，输入倒圆角半径值 2.0。

此边链为倒圆参考

a）倒圆前　　　　　　　　　　　　　　b）倒圆后

图 41.5.9　倒圆特征 2

Step 7 创建图 41.5.10b 所示的倒圆特征 3。选取图 41.5.10a 所示的模型边线为倒圆的对象，输入倒圆角半径值 5.0。

此边线为倒圆参考

a）倒圆前　　　　　　　　　　　　　　b）倒圆后

图 41.5.10　倒圆特征 3

Step 8 创建图 41.5.11 所示的拉伸特征 3。在 创建 ▼ 区域中单击 按钮，选取 YZ 平面作为草图平面，绘制图 41.5.12 所示的截面草图，在"拉伸"对话框将布尔运算设置为"求差"类型 ，然后在 范围 区域中的下拉列表中选择 距离 选项，在"距离"文本框中输入 20，将拉伸方向设置为"对称"类型 。单击"拉伸"对话框中的 确定 按钮，完成拉伸特征 3 的创建。

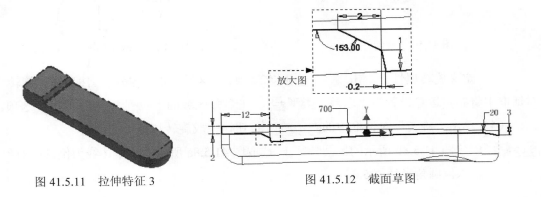

图 41.5.11　拉伸特征 3　　　　　　　　　图 41.5.12　截面草图

Step 9 创建图 41.5.13b 所示的抽壳特征 1。

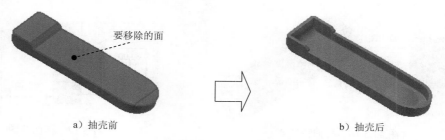

a）抽壳前　　　　　　　　　　　b）抽壳后

图 41.5.13　抽壳特征 1

（1）选择命令。在 修改 ▼ 区域中单击 抽壳 按钮。

（2）定义薄壁厚度。在"抽壳"对话框 厚度 文本框中输入薄壁厚度值为 1.5。

（3）选择要移除的面。在系统 选择要去除的表面 的提示下，选择图 41.5.13a 所示的模型表面为要移除的面。

（4）单击"抽壳"对话框中的 确定 按钮，完成抽壳特征的创建。

Step 10 创建图 41.5.14 所示的拉伸特征 4。在 创建 ▼ 区域中单击 按钮，选取图 41.5.14 所示的模型表面作为草图平面，绘制图 41.5.15 所示的截面草图，在"拉伸"对话框 范围 区域中的下拉列表中选择 到表面或平面 选项，并将拉伸方向设置为"方向 2"类型 ，单击"拉伸"对话框中的 确定 按钮，完成拉伸特征 4 的创建。

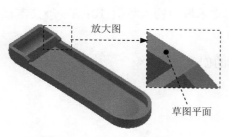

图 41.5.14　拉伸特征 4

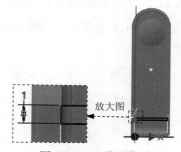

图 41.5.15　截面草图

Step 11 创建图 41.5.16 所示的拉伸特征 5。在 创建 ▼ 区域中单击 按钮，选取图 41.5.16 所示的模型表面作为草图平面，绘制图 41.5.17 所示的截面草图，在"拉伸"对话框将布尔运算设置为"求差"类型 ，然后在 范围 区域中的下拉列表中选择 贯通 选项，在将拉伸方向设置为"方向 2"类型 。单击"拉伸"对话框中的 确定 按钮，完成拉伸特征 5 的创建。

Step 12 创建图 41.5.18 所示的矩形阵列 1。

（1）选择命令。在 阵列 区域中单击 按钮，系统弹出"矩形阵列"对话框。

放大图

草图平面

图 41.5.16　拉伸特征 4

60.00　0.5

0.3

放大图

图 41.5.17　截面草图

a）阵列前

放大图

b）阵列后

图 41.5.18　阵列特征 1

（2）选择要阵列的特征。在图形区中选取拉伸特征 5（或在浏览器中选择"拉伸 5"特征）。

（3）定义阵列参数。

① 定义方向 1 参考边线。在"矩形阵列"对话框中单击 方向1 区域中的 按钮，然后选取图 41.5.19 所示的边线 1 为方向 1 的参考边线，阵列方向可参考图 41.5.19。

② 定义方向 1 参数。在 方向1 区域的 ••• 文本框中输入数值 10；在 ◇ 文本框中输入数值 1。

（4）单击 确定 按钮，完成矩形阵列的创建。

Step 13　创建图 41.5.20 所示的工作平面 1。

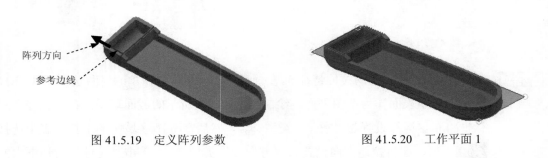

阵列方向

参考边线

图 41.5.19　定义阵列参数

图 41.5.20　工作平面 1

（1）选择命令，在 定位特征 区域中单击"平面"按钮 下的 平面 按钮，选择 从平面偏移 命令。

（2）定义参考平面，在图形区选取 XY 平面作为参考平面。

（3）定义偏移距离与方向，在"基准面"小工具条的下拉列表中输入要偏距的距离-3。

（4）单击 ✔ 按钮，完成偏距基准面的创建。

Step 14 创建图 41.5.21 所示的拉伸特征 6。在 创建 ▾ 区域中单击 按钮，选取工作平面 1 作为草图平面，绘制图 41.5.22 所示的截面草图，在"拉伸"对话框 范围 区域中的下拉列表中选择 到表面或平面 选项，并将拉伸方向设置为"方向 2"类型 ⬩，单击"拉伸"对话框中的 确定 按钮，完成拉伸特征 6 的创建。

图 41.5.21　拉伸特征 6

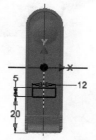

图 41.5.22　截面草图

Step 15 创建图 41.5.23 所示的拉伸特征 7。在 创建 ▾ 区域中单击 按钮，选取 YZ 平面作为草图平面，绘制图 41.5.24 所示的截面草图，在"拉伸"对话框 范围 区域中的下拉列表中选择 距离 选项，输入距离值 12.0，并将拉伸方向设置为"对称"类型 ⬩，单击"拉伸"对话框中的 确定 按钮，完成拉伸特征 7 的创建。

图 41.5.23　拉伸特征 7

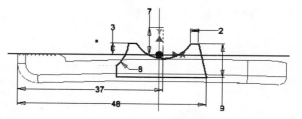

图 41.5.24　截面草图

Step 16 创建图 41.5.25 所示的拉伸特征 8。在 创建 ▾ 区域中单击 按钮，选取 YZ 平面作为草图平面，绘制图 41.5.26 所示的截面草图，在"拉伸"对话框将布尔运算设置为"求差"类型 ⬩，在 范围 区域中的下拉列表中选择 距离 选项，输入距离值 8.0，并将拉伸方向设置为"对称"类型 ⬩，单击"拉伸"对话框中的 确定 按钮，完成拉伸特征 8 的创建。

Step 17 创建图 41.5.27 所示的拉伸特征 9。在 创建 ▾ 区域中单击 按钮，选取 YZ 平面作为草图平面，绘制图 41.5.28 所示的截面草图，在"拉伸"对话框将布尔运

41 Chapter

算设置为"求差"类型 ，在 范围 区域中的下拉列表中选择 距离 选项，输入
距离值 8.0，并将拉伸方向设置为"对称"类型 ，单击"拉伸"对话框中的
确定 按钮，完成拉伸特征 9 的创建。

图 41.5.25　拉伸特征 8

图 41.5.26　截面草图

图 41.5.27　拉伸特征 9

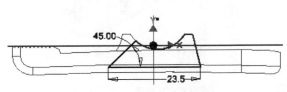

图 41.5.28　截面草图

Step 18 创建图 41.5.29 所示的拉伸特征 10。在 创建 ▼ 区域中单击 按钮，选取 XY 平
面作为草图平面，绘制图 41.5.30 所示的截面草图，在"拉伸"对话框将布尔运
算设置为"求差"类型 ，在 范围 区域中的下拉列表中选择 贯通 选项，并将拉
伸方向设置为"对称"类型 ，单击"拉伸"对话框中的 确定 按钮，完成
拉伸特征 10 的创建。

图 41.5.29　拉伸特征 10

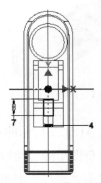

图 41.5.30　截面草图

Step 19 创建图 41.5.31b 所示的倒圆特征 4。选取图 41.5.31a 所示的模型边线为倒圆的对
象，输入倒圆角半径值 1.0。

Step 20 创建图 41.5.32b 所示的倒圆特征 5。选取图 41.5.32a 所示的模型边线为倒圆的对

象，输入倒圆角半径值 0.5。

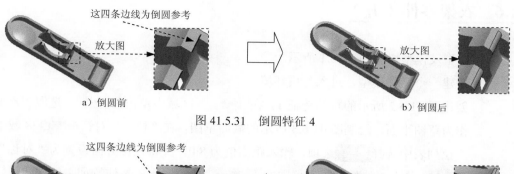

图 41.5.31　倒圆特征 4

图 41.5.32　倒圆特征 5

Step 21　创建图 41.5.33 所示的倒圆特征 6。选取图 41.5.33 所示的边线为倒圆参考，输入圆角半径值 1.0。

Step 22　创建图 41.5.34 所示的倒圆特征 7。选取图 41.5.34 所示的六条边线为倒圆参考，输入圆角半径值 0.5。

图 41.5.33　倒圆特征 6

图 41.5.34　倒圆特征 7

Step 23　创建图 41.5.35 所示的倒圆特征 8。选取图 41.5.35 所示的边线为倒圆参考，输入圆角半径值 0.5。

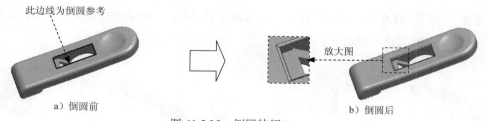

图 41.5.35　倒圆特征 8

Step 24　至此，零件模型创建完毕。选择下拉菜单 ▣ ➡ 🖫 保存 命令，命名为 CLAMP_01，即可保存零件模型。

41.6 衣架零件（五）

零件模型及模型树如图 41.6.1 所示。

Step 1 新建一个零件模型，进入建模环境。

Step 2 创建图 41.6.2 所示的拉伸特征 1。在 创建 ▼ 区域中单击 按钮，选取 YZ 平面作为草图平面，绘制图 41.6.3 所示的截面草图，在"拉伸"对话框 范围 区域中的下拉列表中选择 距离 选项，输入距离值为 8.0，并将拉伸方向设置为"对称"类型 ，单击"拉伸"对话框中的 确定 按钮，完成拉伸特征 1 的创建。

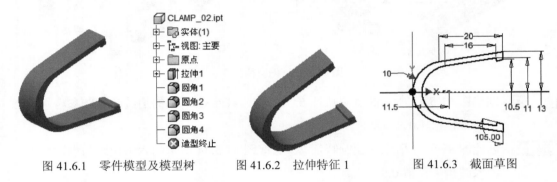

图 41.6.1 零件模型及模型树   图 41.6.2 拉伸特征 1   图 41.6.3 截面草图

Step 3 创建图 41.6.4b 所示的倒圆特征 1。选取图 41.6.4a 所示的模型边线为倒圆的对象，输入倒圆角半径值 0.5。

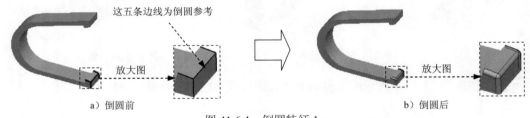

图 41.6.4 倒圆特征 1

Step 4 创建图 41.6.5b 所示的倒圆特征 2。选取图 41.6.5a 所示的模型边线为倒圆的对象，输入倒圆角半径值 0.5。

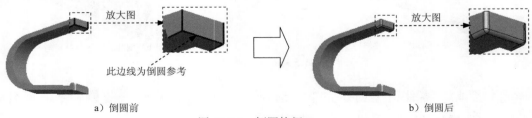

a）倒圆前   b）倒圆后

图 41.6.5 倒圆特征 2

Step 5　创建图 41.6.6 所示的倒圆特征 3。选取图 41.6.6 所示的模型边线为倒圆的对象，输入倒圆角半径值 0.5。

Step 6　创建图 41.6.7 所示的倒圆特征 4。选取图 41.6.7 所示的模型边线为倒圆的对象，输入倒圆角半径值 0.5。

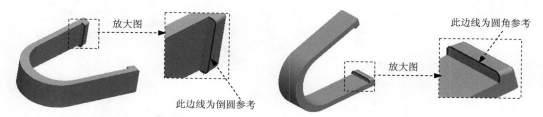

图 41.6.6　倒圆特征 3　　　　　　图 41.6.7　倒圆特征 4

Step 7　至此，零件模型创建完毕。选择下拉菜单 ➡ 保存命令，命名为 CLAMP_02，即可保存零件模型。

41.7　衣架零件（六）

零件模型及模型树如图 41.7.1 所示。

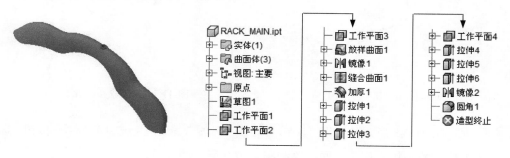

图 41.7.1　零件模型及模型树

Step 1　新建一个零件模型，进入建模环境。

Step 2　创建图 41.7.2 所示的草图 1。在 三维模型 选项卡 草图 区域中单击 📝 按钮，选取 XY 平面作为草图平面，绘制图 41.7.3 所示的草图。

Step 3　创建图 41.7.4 所示的草图 2。在 三维模型 选项卡 草图 区域中单击 📝 按钮，选取 YZ 平面作为草图平面，绘制图 41.7.5 所示的草图。

Step 4　创建图 41.7.6 所示的工作平面 1。在 定位特征 区域中单击"平面"按钮 📐 下的 平面 按钮，选择 📐 在指定点处与曲线垂直 命令；在图形区选取图 41.7.7 所示的点为参考点，然后再选取图 41.7.7 所示曲线作为参考曲线，单击 ✔ 按钮，完成工作平面 1 的创建。

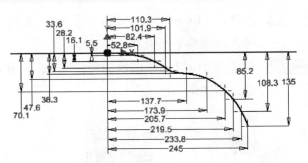

图 41.7.2　草图 1（建模环境）　　　　图 41.7.3　草图 1（草图环境）

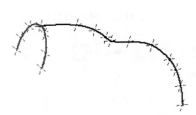

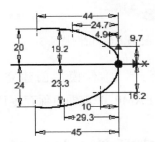

图 41.7.4　草图 2（建模环境）　　　　图 41.7.5　草图 2（草图环境）

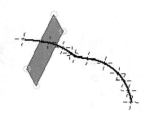

图 41.7.6　工作平面 1　　　　　　　图 41.7.7　选取参考元素

Step 5　创建图 41.7.8 所示的草图 3。在 三维模型 选项卡 草图 区域中单击 按钮，选取工作平面 1 作为草图平面，绘制图 41.7.9 所示的草图。

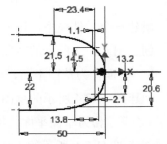

图 41.7.8　草图 3（建模环境）　　　　图 41.7.9　草图 3（建模环境）

Step 6　创建图 41.7.10 所示的工作平面 2。在 定位特征 区域中单击"平面"按钮 下的 平面 按钮，选择 在指定点处与曲线垂直 命令；在图形区选取图 41.7.11 所示的点作为参考点，然后再选取图 41.7.11 所示的曲线作为参考曲线，单击 ✓ 按钮，完成工作平面 2 的创建。

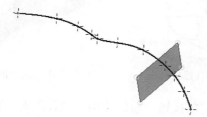

图 41.7.10　工作平面 2

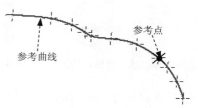

图 41.7.11　选取参考元素

Step 7　创建图 41.7.12 所示的草图 4。在 三维模型 选项卡 草图 区域中单击 ✏ 按钮，选取工作平面 2 作为草图平面，绘制图 41.7.13 所示的草图。

图 41.7.12　草图 4（建模环境）

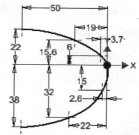

图 41.7.13　草图 4（建模环境）

Step 8　创建图 41.7.14 所示的工作平面 3。在 定位特征 区域中单击"平面"按钮 ▢ 下的 平面 按钮，选择 ▨ 在指定点处与曲线垂直 命令；在图形区选取图 41.7.15 所示的点作为参考点，然后再选取图 41.7.15 所示的曲线作为参考曲线，单击 ✓ 按钮，完成工作平面 3 的创建。

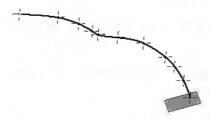

图 41.7.14　工作平面 3

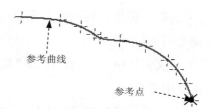

图 41.7.15　选取参考元素

Step 9　创建图 41.7.16 所示的草图 5。在 三维模型 选项卡 草图 区域中单击 ✏ 按钮，选取工作平面 3 作为草图平面，绘制图 41.7.17 所示的草图。

Step 10　创建图 41.7.18 所示的放样曲面 1。

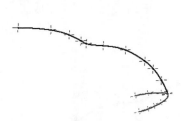

图 41.7.16　草图 5（建模环境）

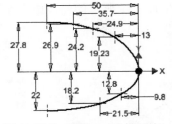

图 41.7.17　草图 5（建模环境）

图 41.7.18　放样曲面 1

（1）选择命令。在 创建 ▼ 区域中单击 放样 按钮，系统弹出"放样"对话框。

（2）定义放样轮廓。依次选取草图 2～草图 5 作为轮廓。

（3）定义输出类型。在"扫掠"对话框 输出 区域确认"曲面"按钮 被按下。

（4）定义放样轨道。在"扫掠"对话框的 轨道 文本框中单击，然后选取草图 1 作为轨道线，其他参数采用默认设置。

（5）定义方向条件。单击 条件 选项卡，在 草图2（剖视图）与 草图5（剖视图）下拉列表中选择"方向条件"选项 。

（6）单击 确定 按钮，完成放样曲面的创建。

Step 11　创建图 41.7.19 所示的镜像 1。

a）镜像前　　　　　　　　　　　　　　　　　b）镜像后

图 41.7.19　镜像 1

（1）选择命令。在 阵列 区域中单击"镜像"按钮 。

（2）选取要镜像的特征。在图形区中选取要镜像复制的放样特征（或在浏览器中选择"放样曲面 1"特征）。

（3）定义镜像中心平面。单击"镜像"对话框中的 镜像平面 按钮，然后选取 YZ 平面作为镜像中心平面。

（4）单击"镜像"对话框中的 确定 按钮，完成镜像操作。

Step 12　创建缝合曲面 1。

（1）选择命令。在 曲面 ▼ 区域中单击"缝合曲面"按钮 ，系统弹出"缝合"对话框。

（2）定义缝合对象。在系统 选择要缝合的实体 的提示下，选取放样曲面 1 与镜像 1 作为缝合对象。

（3）在该对话框中单击 应用 按钮，单击 完毕 按钮，完成缝合曲面的创建。

Step 13 创建图 41.7.20 所示的加厚 1。

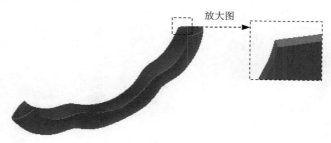

放大图 →

图 41.7.20 加厚 1

（1）选择命令。在 曲面▼ 区域中单击"加厚/偏移"按钮 ◇，系统弹出"加厚/偏移"对话框。

（2）定义加厚曲面。在"加厚/偏移"对话框中选中 ⊙ 缝合曲面 单选项，然后选取缝合曲面 1 作为加厚曲面。

（3）定义加厚方向。在"加厚/偏移"对话框 距离 区域中单击 ⬚ 按钮。

（4）定义厚度。在"加厚/偏移"对话框 距离 区域中的文本框输入数值 2.0。

（5）单击 确定 按钮，完成开放曲面的加厚。

Step 14 创建图 41.7.21 所示的拉伸特征 1。在 创建▼ 区域中单击 按钮，选取 XY 平面作为草图平面，绘制图 41.7.22 所示的截面草图，在"拉伸"对话框将布尔运算设置为"求差"类型 ⬚，在 范围 区域中的下拉列表中选择 贯通 选项，将拉伸方向设置为"对称"类型 ⬚。单击"拉伸"对话框中的 确定 按钮，完成拉伸特征 1 的创建。

图 41.7.21 拉伸特征 1

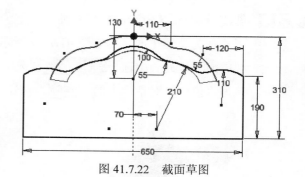

图 41.7.22 截面草图

Step 15 创建图 41.7.23 所示的拉伸特征 2。在 创建▼ 区域中单击 按钮，选取 XZ 平面作为草图平面，绘制图 41.7.24 所示的截面草图，在"拉伸"对话框将拉伸方向设置为"不对称"类型 ，在 范围 区域中的下拉列表中均选择 距离 选项，分别输入距离值 2 和 10；单击"拉伸"对话框中的 确定 按钮，完成拉伸特征 2 的创建。

图 41.7.23　拉伸特征 2

图 41.7.24　截面草图

Step 16　创建图 41.7.25 所示的拉伸特征 3。在 创建 ▾ 区域中单击 按钮，选取 XZ 平面作为草图平面，绘制图 41.7.26 所示的截面草图，在"拉伸"对话框将布尔运算设置为"求差"类型 ，然后在 范围 区域中的下拉列表中选择 贯通 选项，将拉伸方向设置为"对称"类型 。单击"拉伸"对话框中的 确定 按钮，完成拉伸特征 3 的创建。

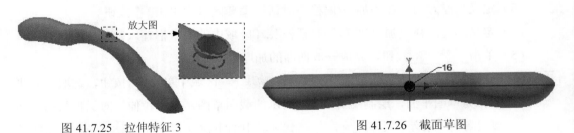

图 41.7.25　拉伸特征 3　　　　图 41.7.26　截面草图

Step 17　创建图 41.7.27 所示的工作平面 4（本步的详细操作过程请参见随书光盘中 video\ch41.07\reference\文件下的语音视频讲解文件 RACK_MAIN-r01.avi）。

Step 18　创建图 41.7.28 所示的拉伸特征 4。在 创建 ▾ 区域中单击 按钮，选取工作平面 4 作为草图平面，绘制图 41.7.29 所示的截面草图，在"拉伸"对话框 范围 区域中的下拉列表中选择 到表面或平面 选项，并将拉伸方向设置为"方向 1"类型 ，单击"拉伸"对话框中的 确定 按钮，完成拉伸特征 4 的创建。

图 41.7.27　工作平面 4　　　　图 41.7.28　拉伸特征 4

Step 19 创建图 41.7.30 所示的拉伸特征 5。在 创建 ▾ 区域中单击 按钮，选取工作平面 4 作为草图平面，绘制图 41.7.31 所示的截面草图，在"拉伸"对话框将布尔运算设置为"求差"类型 ，然后在 范围 区域中的下拉列表中选择 距离 选项，在"距离"下拉列表中输入 25，将拉伸方向设置为"方向 1"类型 。单击"拉伸"对话框中的 确定 按钮，完成拉伸特征 5 的创建。

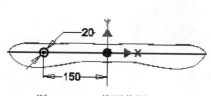

图 41.7.29　截面草图

图 41.7.30　拉伸特征 5

Step 20 创建图 41.7.32 所示的拉伸特征 6。在 创建 ▾ 区域中单击 按钮，选取 YZ 平面作为草图平面，绘制图 41.7.33 所示的截面草图，在"拉伸"对话框将布尔运算设置为"求差"类型 ，然后在 范围 区域中的下拉列表中选择 到 选项，选取图 41.7.32 所示的面作为拉伸终止面；单击"拉伸"对话框中的 确定 按钮，完成拉伸特征 6 的创建。

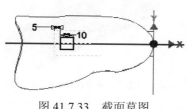

图 41.7.31　截面草图

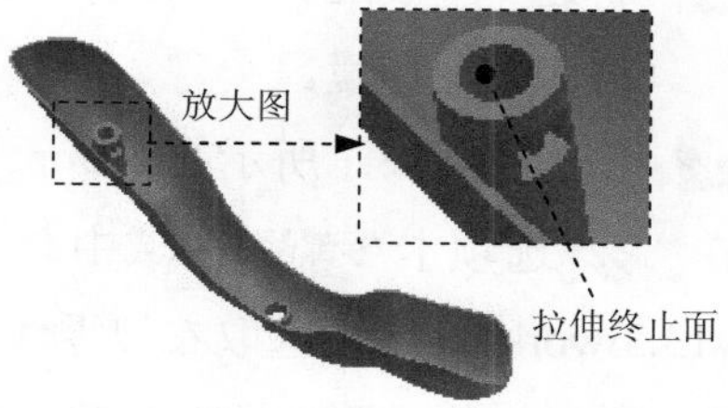

图 41.7.32　拉伸特征 6

Step 21 创建图 41.7.34 所示的镜像 2。

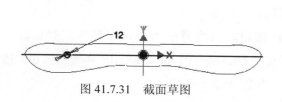

图 41.7.33　截面草图

图 41.7.34　镜像特征 2

（1）选择命令。在 阵列 区域中单击"镜像"按钮 。

（2）选取要镜像的特征。在图形区中选取要镜像复制的拉伸 4、拉伸 5 与拉伸 6 特征。

（3）定义镜像中心平面。单击"镜像"对话框中的 [🗕 镜像平面] 按钮，然后选取 YZ 平面作为镜像中心平面。

（4）单击"镜像"对话框中的 [确定] 按钮，完成镜像操作。

Step 22 创建图 41.7.35b 所示的倒圆特征 1。选取图 41.7.35a 所示的模型边线为倒圆的对象，输入倒圆角半径值 0.5。

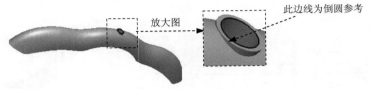

放大图　　　　此边线为倒圆参考

图 41.7.35　倒圆特征 1

Step 23 至此，零件模型创建完毕。选择下拉菜单 [🔻 PRO] ➡ [💾 保存] 命令，命名为 RACK_MAIN，即可保存零件模型。

41.8　零件装配

Task1.　创建 clamp_01 和 clamp_02 的子装配模型

Step 1 新建一个装配文件。选择下拉菜单 [🔻 PRO] ➡ [🗋 新建] ➡ [🗗 部件] 命令，系统自动进入装配环境。

Step 2 添加图 41.8.1 所示的 clamp_01 （1）。

在 [装配] 选项卡 [零部件] 区域中单击 [📥] 按钮，系统弹出"装入零部件"对话框；在 D:\inv13.3\work\ch41 下选取衣架零件模型文件 CLAMP_01.ipt，再单击 [打开(O)] 按钮；按键盘上的 Esc 键，将模型放置在装配环境中，如图 41.8.1 所示。

Step 3 添加图 41.8.2 所示的 clamp_02。

图 41.8.1　添加 clamp_01 （1）零件

图 41.8.2　添加 clamp_02 零件

（1）引入零件。

① 在 [装配] 选项卡 [零部件] 区域中单击 [📥] 按钮，系统弹出"装入零部件"对话框。

② 选取添加模型。在 D:\inv13.3\work\ch41 下选取衣架零件模型文件 clamp_02.ipt，再

单击 打开(0) 按钮。

③ 在图形区合适的位置处单击，即可把零件放置到当前位置，如图 41.8.3 所示，放置完成后按键盘上的 Esc 键。

④ 调整零件的方位，通过旋转与移动命令，将零件调整至图 41.8.4 所示的位置。

图 41.8.3　放置零件　　　　　图 41.8.4　调整后方位

（2）添加约束，使零件完全定位。

① 选择命令。单击"装配"选项卡 位置 区域中的"约束"按钮 （或在"装配"浏览器栏中右击选择 约束(C) 命令），系统弹出"放置约束"对话框。

② 添加"配合"约束 1。在"放置约束"对话框 部件 选项卡中的 类型 区域中选中"配合"约束，分别选取图 41.8.5 所示的两个面作为约束面，并将 按钮按下，在"放置约束"对话框中单击 应用 按钮，完成第一个装配约束。

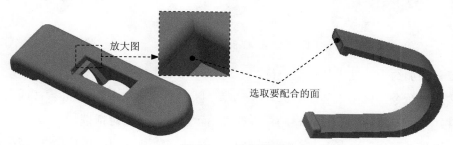

图 41.8.5　定义配合参考

③ 添加"配合"约束 2。在"放置约束"对话框中选中"配合"约束，并将 选中，选取 clamp_01 零件上的 YZ 平面与 clamp_02 零件上的 YZ 平面作为约束面，单击 应用 按钮，完成第二个装配约束。

④ 添加"相切"约束 3。在"放置约束"对话框中选中"相切"约束，分别选取图 41.8.6 所示的两个面作为约束面，并确认 按钮被按下，单击 应用 按钮，完成第三个装配约束。

⑤ 单击"放置约束"对话框的 取消 按钮，完成 clamp_02 零件的定位。

Step 4　添加图 41.8.7 所示的 clamp_01（2）。

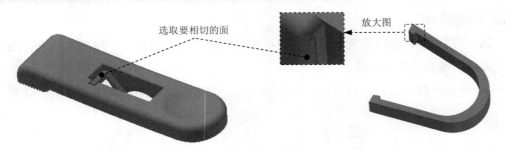

图 41.8.6　定义相切参考

（1）引入零件。

① 在 装配 选项卡 零部件 区域中单击 按钮，系统弹出"装入零部件"对话框。

② 选取添加模型。在 D:\inv13.3\work\ch41 下选取衣架零件模型文件 clamp_01.ipt，单击 打开(O) 按钮。

③ 在图形区合适的位置处单击，即可把零件放置到当前位置，如图 41.8.8 所示，放置完成后按键盘上的 Esc 键。

④ 调整零件的方位，通过旋转与移动命令，将零件调整至图 41.8.9 所示的位置。

图 41.8.7　添加 clamp_01（2）零件　　图 41.8.8　放置零件　　图 41.8.9　调整后方位

（2）添加约束，使零件完全定位。

① 选择命令。单击"装配"选项卡 位置 区域中的"约束"按钮 （或在"装配"浏览器栏中右击选择 约束(C) 命令），系统弹出"放置约束"对话框。

② 添加"配合"约束 1。在"放置约束"对话框 部件 选项卡中的 类型 区域中选中"配合"约束 ，分别选取图 41.8.10（为了装配的方便可先将 clamp_01（1）隐藏起来）所示的两个面作为约束面，并将 按钮按下，在"放置约束"对话框中单击 应用 按钮，完成第一个装配约束。

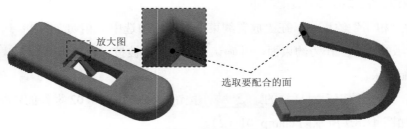

图 41.8.10　定义配合参考

③ 添加"配合"约束 2。在"放置约束"对话框中选中"配合"约束 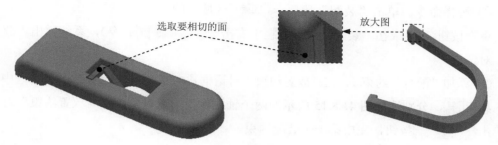，并将 选中，选取 clamp_01（2）零件上的 YZ 平面与 clamp_02 零件上的 YZ 平面作为约束面，单击 应用 按钮，完成第二个装配约束。

④ 添加"配合"约束 3。在"放置约束"对话框中选中"相切"约束 ，分别选取图 41.8.11 所示的两个面作为约束面，并确认 按钮被按下，单击 应用 按钮，完成第三个装配约束。

选取要相切的面

放大图

图 41.8.11　定义相切参考

⑤ 单击"放置约束"对话框的 取消 按钮，完成 clamp_01（2）零件的定位。

Step 5　至此，模型装配完毕。选择下拉菜单 ━━▶ 保存 命令，命名为 pin.iam，即可保存零件模型。

Task2.　衣架的总装配

Step 1　新建一个装配文件。选择下拉菜单 ━━▶ 新建 ━━▶ 部件 命令，系统自动进入装配环境。

Step 2　添加图 41.8.12 所示的 rack_main。

（1）引入零件。在 装配 选项卡 零部件 区域中单击 按钮，系统弹出"装入零部件"对话框；在 D:\inv13.3\work\ch41 下选取衣架零件模型文件 RACK_MAIN.ipt，再单击 打开(O) 按钮；按键盘上的 Esc 键，将模型放置在装配环境中，如图 41.8.12 所示。

Step 3　添加图 41.8.13 所示的 rack_top_01。

图 41.8.12　添加 rack_main

图 41.8.13　创建 rack_top_01

（1）引入零件。

① 在 装配 选项卡 零部件 区域中单击 按钮，系统弹出"装入零部件"对话框。

② 选取添加模型。在 D:\inv13.3\work\ch41 下选取轴套零件模型文件 rack_top_01. ipt，再单击  按钮。

③ 在图形区合适的位置处单击，即可把零件放置到当前位置，如图 41.8.14 所示，放置完成后按键盘上的 Esc 键。

（2）添加约束，使零件完全定位。

图 41.8.14　放置零件

① 选择命令。单击"装配"选项卡 位置 区域中的"约束"按钮 （或在"装配"浏览器栏中右击选择 约束(C) 命令），系统弹出"放置约束"对话框。

② 添加"配合"约束 1。在"放置约束"对话框 部件 选项卡中的 类型 区域中选中"配合"约束 ，分别选取图 41.8.15 所示的两个轴线作为约束对象，在"放置约束"对话框中单击 应用 按钮，完成第一个装配约束。

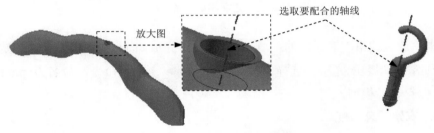

图 41.8.15　定义配合参考

③ 添加"配合"约束 2。在"放置约束"对话框中选中"配合"约束 ，并将 选中，选取图 41.8.16 所示的两个面为约束面，在 偏移量: 文本框中输入 15.5，并确认 按钮被按下，单击 应用 按钮，完成第二个装配约束。

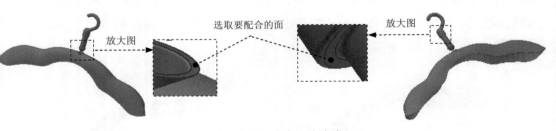

图 41.8.16　定义配合参考

④ 单击"放置约束"对话框的 取消 按钮，完成 rack_top_01 零件的定位。

Step 4　添加图 41.8.17 所示的 rack_top_02。

（1）引入零件。

① 在 装配 选项卡 零部件 区域中单击 按钮，系统弹出"装入零部件"对话框。

② 在 D:\inv13.3\work\ch41 下选取衣架零件模型文件 rack_top_02. ipt，再单击 打开(0) 按钮。

③ 在图形区合适的位置处单击，即可把零件放置到当前位置，如图 41.8.18 所示，放置完成后按键盘上的 Esc 键。

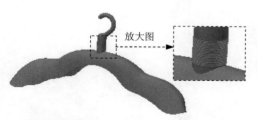

图 41.8.17　添加 rack_top_02

图 41.8.18　放置零件

④调整零件的方位，通过旋转与移动命令，将零件调整至图 41.8.19 所示的位置。

（2）添加约束，使零件完全定位。

① 选择命令。单击"装配"选项卡 位置 区域中的"约束"按钮 （或在"装配"浏览器栏中右击选择 约束(C) 命令），系统弹出"放置约束"对话框。

图 41.8.19　调整后方位

② 添加"配合"约束 1。在"放置约束"对话框 部件 选项卡中的 类型 区域中选中"配合"约束 ，分别选取图 41.8.20 所示的两个轴线作为约束对象，在"放置约束"对话框中单击 应用 按钮，完成第一个装配约束。

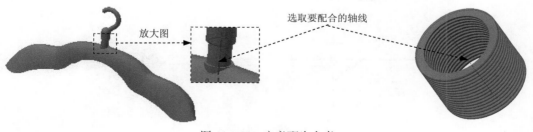

选取要配合的轴线

图 41.8.20　定义配合参考

③ 添加"配合"约束 2。在"放置约束"对话框 部件 选项卡中的 类型 区域中选中"配合"约束 ，分别选取图 41.8.21 所示的两个面作为约束面，并将 按钮按下，在"放置约束"对话框中单击 应用 按钮，完成第一个装配约束。

④ 单击"放置约束"对话框的 取消 按钮，完成 rack_top_02 零件的定位。

Step 5　创建图 41.8.22 所示的 spacer01。

（1）单击 装配 功能选项卡 零部件 区域中的"创建"按钮 。

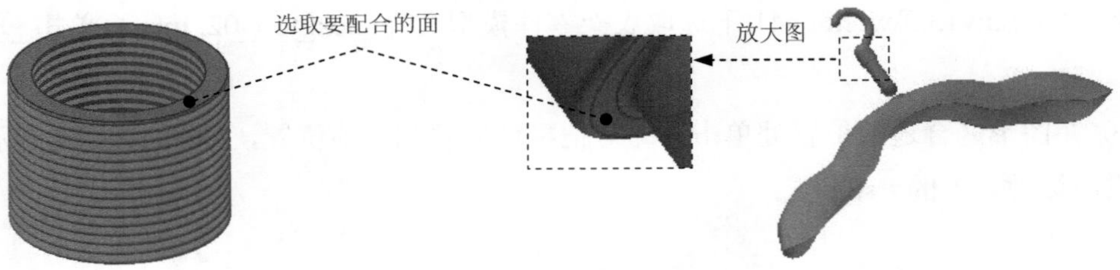

选取要配合的面　　　　　　　　　放大图

图 41.8.21　定义配合参考

放大图　　　　　　　　　　　放大图

a）创建前　　　　　　　　　　　　b）创建后

图 41.8.22　创建 spacer01

（2）此时系统弹出"创建在位零件"对话框，在 新零部件名称(N) 文本框中输入零件名称 spacer01；采用系统默认的模板和新文件位置。

（3）单击 确定 按钮，在系统 为基础特征选择草图平面 的提示下，选取"中心点"选项 中心点 ，此时系统进入到编辑零部件环境中。

（4）创建旋转特征。在 创建 ▼ 区域中选择 命令，选取 XY 平面为草图平面，绘制图 41.8.23 所示的截面草图；在"旋转"对话框 范围 区域的下拉列表中选中 全部 选项；单击"旋转"对话框中的 确定 按钮，完成旋转特征 1 的创建。

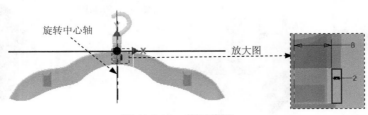

旋转中心轴　　　　　　　　　　放大图

图 41.8.23　截面草图

（5）单击 按钮，返回到装配环境。

Step 6　添加图 41.8.24 所示的 rack_down。

（1）引入零件。

① 在 装配 选项卡 零部件 区域中单击 按钮，系统弹出"装入零部件"对话框。

② 选取添加模型。在 D:\inv13.3\work\ch41 下选取衣架零件模型文件 rack_down. ipt，再单击 打开(0) 按钮。

③ 在图形区合适的位置处单击，即可把零件放置到当前位置，如图 41.8.25 所示，放

置完成后按键盘上的 Esc 键。

图 41.8.24　添加 rack_down

图 41.8.25　放置零件

④ 通过旋转与移动命令调整零件方位以便于装配。

（2）添加约束，使零件完全定位。

① 选择命令。单击"装配"选项卡 位置 区域中的"约束"按钮，（或在"装配"浏览器栏中右击选择 约束(C) 命令），系统弹出"放置约束"对话框。

② 添加"配合"约束 1。在"放置约束"对话框 部件 选项卡中的 类型 区域中选中"配合"约束，分别选取图 41.8.26 所示的两个轴线作为约束对象，在"放置约束"对话框中单击 应用 按钮，完成第一个装配约束。

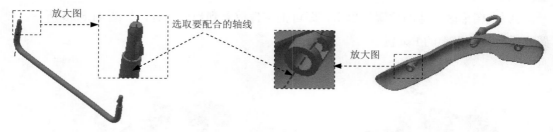

图 41.8.26　定义配合参考

③ 添加"配合"约束 2。在"放置约束"对话框 部件 选项卡中的 类型 区域中选中"配合"约束，分别选取图 41.8.27 所示的两个轴线作为约束对象，在"放置约束"对话框中单击 应用 按钮，完成第二个装配约束。

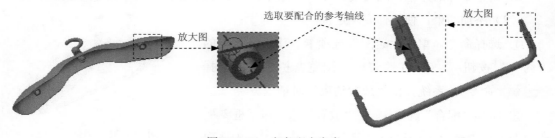

图 41.8.27　定义配合参考

④ 添加"配合"约束 3。在"放置约束"对话框 部件 选项卡中的 类型 区域中选中"配

合"约束 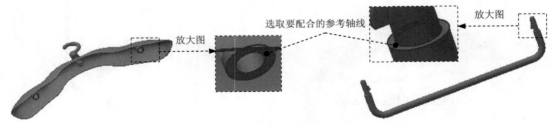，分别选取图 41.8.28 所示的两个面作为约束面，并确认 按钮被按下，
在"放置约束"对话框中单击 应用 按钮，完成第三个装配约束。

图 41.8.28　定义配合参考

⑤ 单击"放置约束"对话框的 取消 按钮，完成 rack_down 零件的定位。

Step 7　添加图 41.8.29 所示的 pin（1）。

（1）引入零部件。

① 在 装配 选项卡 零部件 区域中单击 按钮，系统弹出"装入零部件"对话框。

② 选取添加模型。在 D:\inv13.3\work\ch41 下选取衣架装配模型文件 pin.iam，单击
打开(O) 按钮。

③ 在图形区合适的位置处单击，即可把零件放置到当前位置，如图 41.8.30 所示，放
置完成后按键盘上的 Esc 键。

图 41.8.29　添加 pin（1）

图 41.8.30　放置零件

④ 调整零件的方位，通过旋转与移动命令，将零件调整至图 41.8.31 所示的位置。

（2）添加约束，使零件完全定位。

① 选择命令。单击"装配"选项卡 位置 区域中的
"约束"按钮 （或在"装配"浏览器栏中右击选择
约束(C) 命令），系统弹出"放置约束"对话框。

② 添加"配合"约束 1。在"放置约束"对话框 部件
选项卡中的 类型 区域中选中"配合"约束 ，分别选取

图 41.8.31　调整后方位

pin（1）子装配中 clamp_02 上的 XY 平面与 rack_down 零件上的 XY 平面作为约束面，在
"放置约束"对话框中单击 应用 按钮，完成第一个装配约束。

③ 添加"配合"约束 2。在"放置约束"对话框 部件 选项卡中的 类型 区域中选中"配合"约束 🔲，分别选取 pin（1）子装配上的 XZ 平面与 rack_down 零件上的 YZ 平面作为约束面，在 偏移量: 文本框中输入 1.0，并确认 🔳 按钮被按下，在"放置约束"对话框中单击 应用 按钮，完成第二个装配约束。

④ 单击"放置约束"对话框的 取消 按钮，完成 pin 子装配的定位。

（3）通过移动命令将子装配移动至合适的位置。

Step 8 添加图 41.8.32 所示的 pin（2）。

图 41.8.32　添加 pin（2）

具体操作方法可参照上一步。

Step 9 选择下拉菜单 📁 ➡ 💾 保存 命令，命名为 RACK，即可保存装配模型。

42

储蓄罐

42.1 实例概述

本实例介绍了一款精致的储蓄罐（图 42.1.1）的主要设计过程，采用的设计方法是自顶向下的方法（Top_Down Design）。许多家用电器（如电脑机箱、吹风机和电脑鼠标）都可以采用这种方法进行设计，以获得较好的整体造型。

a）方位 1

b）方位 2

c）方位 3

图 42.1.1　储蓄罐

42.2 创建储蓄罐的整体结构

Task1. 新建一个装配体文件

单击"新建"按钮 ▢ ▾，在系统弹出的"新建文件"对话框 ▾ 部件 － 装配二维和三维零部件 区域选中 "Standard.iam" 模板；单击 创建 按钮，进入装配环境。

Task2. 创建图 42.2.1 所示的整体结构

在装配环境下，创建图 42.2.1 所示的整体结构及模型树。

Step 1　在装配体中建立整体结构 MONEY_SAVER_SKEL。

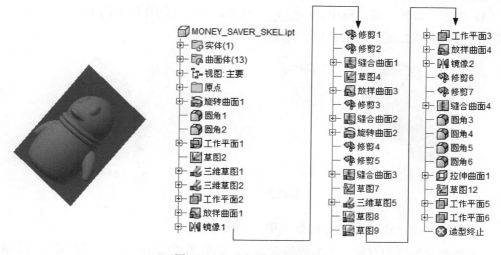

图 42.2.1   骨架模型及模型树

（1）单击 装配 功能选项卡 零部件 区域中的"创建"按钮🗔。

（2）此时系统弹出"创建在位零件"对话框，在 新零部件名称(N) 文本框中输入零件名称为 MONEY_SAVER_SKEL；采用系统默认的模板和新文件位置。

（3）单击 确定 按钮，在系统 为基础特征选择草图平面 的提示下，选取"中心点"选项 ⬩ 中心点 ，此时系统进入到编辑零部件环境中。

Step 2   在 装 配 体 中 打 开 主 控 件 MONEY_SAVER_SKEL 。 在 浏 览 器 中 单 击 ⊞🎇MONEY_SAVER_SKEL:1 后右击，在快捷菜单中选择 🔓 打开(O) 命令。

Step 3   创建图 42.2.2 所示的旋转曲面 1。

（1）选择命令。在 创建 ▾ 区域中单击🟠按钮，系统弹出"创建旋转"对话框。

（2）定义特征的截面草图。单击"创建旋转"对话框中的 创建二维草图 按钮，选取 XY 平面为草图平面，进入草绘环境，绘制图 42.2.3 所示的截面草图。

图 42.2.2   旋转曲面 1

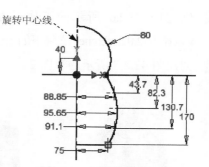

图 42.2.3   截面草图

（3）定义旋转属性。单击 草图 选项卡 返回到三维 区域中的🟠按钮，在"旋转"对话框 输出 区域中将输出类型设置为"曲面"🗔；在 范围 区域的下拉列表中选中 全部 选项。

（4）单击"旋转"对话框中的 **确定** 按钮，完成旋转特征 1 的创建。

Step 4 创建图 42.2.4b 所示的倒圆特征 1。

a）倒圆前　　　　　　　　　　　　　　　b）倒圆后

图 42.2.4　倒圆角 1

（1）选择命令。在 **修改 ▾** 区域中单击 按钮。

（2）选取要倒圆的对象。在系统的提示下，选取图 42.2.4a 所示的模型边线为倒圆的对象。

（3）定义倒圆参数。在"倒圆角"小工具条的"半径 R"文本框中输入 35。

（4）单击"圆角"对话框中的 **确定** 按钮，完成圆角特征的定义。

Step 5 创建图 42.2.5b 所示的倒圆特征 2。选取图 42.2.5a 所示的模型边线为倒圆的对象，输入倒圆角半径值 20。

a）倒圆前　　　　　　　　　　　　　　　b）倒圆后

图 42.2.5　倒圆角 2

Step 6 创建图 42.2.6 所示的工作平面 1（本步的详细操作过程请参见随书光盘中 video\ch42.02reference\文件下的语音视频讲解文件 MONEY_SAVER_SKEL-r01.avi）。

Step 7 创建图 42.2.7 所示的草图 2。

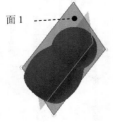

图 42.2.6　工作平面 1

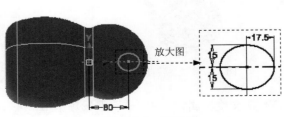

图 42.2.7　草图 2

（1）在 三维模型 选项卡 草图 区域中单击 ✎ 按钮，然后选择工作平面 1 为草图平面，系统进入草图设计环境。

（2）绘制图 42.2.7 所示的草图，单击 ✔ 按钮，退出草绘环境。

说明：在绘制图 42.2.7 所示的草图时，需保证此图形是有上下各半个椭圆组成的。

Step 8　创建图 42.2.8 所示的三维草图 1。

（1）单击 三维模型 选项卡 草图 区域中的 创建二维草图 按钮，选择 ✎ 创建三维草图 命令，系统进入三维草图环境。

（2）选择命令。单击 三维草图 选项卡 绘制 ▾ 区域中的"投影到曲面"按钮 ⌂ ，系统弹出"将曲线投影到曲面"对话框。

（3）定义投影面。在系统 选择面、曲面特征或工作平面 的提示下，选取图 42.2.9 所示的面为投影面。

（4）定义投影曲线。单击"将曲线投影到曲面"对话框中的 ▸ 曲线 按钮，然后选取图 42.2.10 所示的曲线作为投影曲线。

图 42.2.8　三维草图 1　　　　图 42.2.9　定义投影面　　　　图 42.2.10　定义投影曲线

（5）定义投影曲线的输出类型。在"将曲线投影到曲面"对话框 输出 区域单击"沿矢量投影"按钮 ⛢ 。

（6）单击 确定 按钮，单击 ✔ 按钮，完成投影曲线的创建。

Step 9　创建图 42.2.11 所示的三维草图 2。

（1）单击 三维模型 选项卡 草图 区域中的 创建二维草图 按钮，选择 ✎ 创建三维草图 命令，系统进入三维草图环境。

（2）选择命令。单击 三维草图 选项卡 绘制 ▾ 区域中的"投影到曲面"按钮 ⌂ ，系统弹出"将曲线投影到曲面"对话框。

（3）定义投影面。在系统 选择面、曲面特征或工作平面 的提示下，选取图 42.2.9 所示的面为投影面。

（4）定义投影曲线。单击"将曲线投影到曲面"对话框中的 ▸ 曲线 按钮，然后选取图 42.2.12 所示的曲线作为投影曲线。

（5）定义投影曲线的输出类型。在"将曲线投影到曲面"对话框 输出 区域选中"沿矢量投影"按钮 。

（6）单击 确定 按钮，单击 完成草图 按钮，完成投影曲线的创建。

Step 10 创建图 42.2.13 所示的工作平面 2。在 定位特征 区域中单击"平面"按钮 下的 平面 按钮，选择 平面绕边旋转的角度 命令；选取工作平面 1 作为参考平面，选取 Y 轴作 为旋转轴，然后输入要旋转的角度 90°；单击 按钮，完成工作平面 2 的创建。

图 42.2.11　三维草图 2

图 42.2.12　定义投影曲线

图 42.2.13　工作平面 2

Step 11 创建图 42.2.14 所示的草图 3。在 三维模型 选项卡 草图 区域中单击 按钮，选 取工作平面 2 作为草图平面，绘制图 42.2.14 所示的草图。

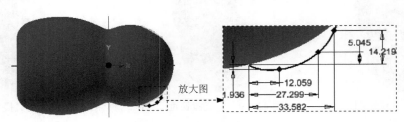

图 42.2.14　草图 3

Step 12 创建图 42.2.15 所示的放样曲面 1。

（1）选择命令。在 创建 ▼ 区域中单击 放样 按钮，系统弹出"放样"对话框。

（2）定义输出类型。在"放样"对话框 输出 区域确认"曲面"按钮 被按下。

（3）定义放样轮廓。在图形区选取三维草图 1、草图 3 与三维草图 2 为轮廓。

（4）单击 确定 按钮，完成放样曲面的创建。

Step 13 创建图 42.2.16 所示的镜像 1。

（1）选择命令。在 阵列 区域中单击"镜像"按钮 。

（2）选取要镜像的特征。在图形区中选取要镜像复制的放样特征（或在浏览器中选 择"放样曲面 1"特征）。

（3）定义镜像中心平面。单击"镜像"对话框中的 镜像平面 按钮，然后选取 XY 平 面作为镜像中心平面。

（4）单击"镜像"对话框中的 确定 按钮，完成镜像操作。

Step 14　创建修剪 1。

（1）选择命令。在 曲面 ▾ 区域中单击"修剪曲面"按钮 ✂，系统弹出"修剪曲面"对话框。

（2）定义切割工具。在系统 选择曲面、工作平面或草图作为切割工具 的提示下，选取放样曲面 1 为切割工具。

（3）定义要删除的面，在系统 选择要删除的面 的提示下，选取图 42.2.17 所示的面为要删除的面。

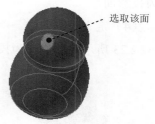

图 42.2.15　放样曲面 1　　　　图 42.2.16　镜像 1　　　　图 42.2.17　定义删除面

（4）单击 确定 按钮，完成曲面修剪 1 的创建。

Step 15　创建修剪 2，在 曲面 ▾ 区域中单击 ✂ 按钮；选取镜像 1 作为修剪工具，再选取图 42.2.18 所示的面为要删除的面；单击 确定 按钮，完成修剪 2 的创建。

Step 16　创建图 42.2.19 所示的缝合曲面 1。

（1）选择命令。在 曲面 ▾ 区域中单击"缝合曲面"按钮 ▤，系统弹出"缝合"对话框。

（2）定义缝合对象。在系统 选择要缝合的实体 的提示下，选取旋转曲面 1、放样曲面 1 与镜像 1 作为缝合对象。

（3）在该对话框中选中 ☑ 保留为曲面 复选项，单击 应用 按钮，单击 完毕 按钮，完成缝合曲面的创建。

Step 17　创建图 42.2.20 所示的草图 4。在 三维模型 选项卡 草图 区域中单击 ✐ 按钮，选取 YZ 平面作为草图平面，绘制图 42.2.20 所示的草图。

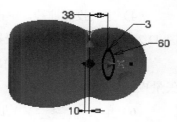

图 42.2.18　定义删除面　　　　图 42.2.19　缝合曲面 1　　　　图 42.2.20　草图 4

说明：在绘制图 42.2.20 所示的草图时，需保证此图形是由上下两部分组成的。

Step 18　创建图 42.2.21 所示的三维草图 3。

（1）单击 三维模型 选项卡 草图 区域中的创建二维草图按钮，选择 创建三维草图命令，系统进入三维草图环境。

（2）选择命令。单击 三维草图 选项卡 绘制 ▾ 区域中的"投影到曲面"按钮，系统弹出"将曲线投影到曲面"对话框。

（3）定义投影面。在系统选择面、曲面特征或工作平面 的提示下，选取图 42.2.22 所示的面为投影面。

（4）定义投影曲线。单击"将曲线投影到曲面"对话框中的 曲线按钮，然后选取图 42.2.23 所示的曲线作为投影曲线。

图 42.2.21　三维草图 3

图 42.2.22　定义投影面

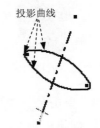

图 42.2.23　定义投影曲线

（5）定义投影曲线的输出类型。在"将曲线投影到曲面"对话框 输出 区域单击"沿矢量投影"按钮。

（6）单击 确定 按钮，单击 按钮，完成投影曲线的创建。

Step 19　创建图 42.2.24 所示的三维草图 4。

（1）单击 三维模型 选项卡 草图 区域中的创建二维草图按钮，选择 创建三维草图命令，系统进入三维草图环境。

（2）选择命令。单击 三维草图 选项卡 绘制 ▾ 区域中的"投影到曲面"按钮，系统弹出"将曲线投影到曲面"对话框。

（3）定义投影面。在系统选择面、曲面特征或工作平面 的提示下，选取图 42.2.22 所示的面为投影面。

（4）定义投影曲线。单击"将曲线投影到曲面"对话框中的 曲线按钮，然后选取图 42.2.25 所示的曲线作为投影曲线。

（5）定义投影曲线的输出类型。在"将曲线投影到曲面"对话框 输出 区域单击"沿矢量投影"按钮。

（6）单击 确定 按钮，完成投影曲线的创建。

Step 20　创建图 42.2.26 所示的草图 5。在 三维模型 选项卡 草图 区域中单击 按钮，选取 XY 平面作为草图平面，绘制图 42.2.27 所示的草图。

图 42.2.24　三维草图 4

图 42.2.25　定义投影曲线

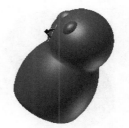

图 42.2.26　草图 5（建模环境）

Step 21　创建图 42.2.28 所示的放样曲面 3。

（1）选择命令。在 创建 ▼ 区域中单击 放样 按钮，系统弹出"放样"对话框。

（2）定义输出类型。在"放样"对话框 输出 区域确认"曲面"按钮 被按下。

（3）定义放样轮廓。在图形区选取三维草图 3、草图 5 与三维草图 4 为轮廓。

（4）单击 确定 按钮，完成放样曲面的创建。

Step 22　创建修剪 3，在 曲面 ▼ 区域中单击 按钮；选取放样曲面 3 作为修剪工具，再选取图 42.2.29 所示的面为要删除的面；单击 确定 按钮，完成修剪 3 的创建。

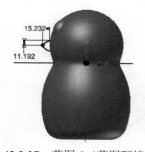

图 42.2.27　草图 5（草图环境）

图 42.2.28　放样曲面 3

图 42.2.29　定义删除曲面

Step 23　创建缝合曲面 2。

（1）选择命令。在 曲面 ▼ 区域中单击"缝合曲面"按钮 ，系统弹出"缝合"对话框。

（2）定义缝合对象。在系统 选择要缝合的实体 的提示下，选取缝合曲面 1 与放样曲面 3 作为缝合对象。

（3）在该对话框中选中 ☑ 保留为曲面 复选项，单击 应用 按钮，单击 完毕 按钮，完成缝合曲面的创建。

Step 24　创建图 42.2.30 所示的旋转曲面 2。

（1）选择命令。在 创建 ▼ 区域中单击 按钮，系统弹出"创建旋转"对话框。

（2）定义特征的截面草图。单击"创建旋转"对话框中的 创建二维草图 按钮，选取 YZ

平面作为草图平面，进入草绘环境，绘制图 42.2.31 所示的截面草图。

图 42.2.30　旋转曲面 2

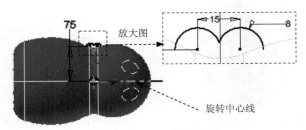

图 42.2.31　截面草图

（3）定义旋转属性。单击 草图 选项卡 返回到三维 区域中的 ⬭ 按钮，在"旋转"对话框 输出 区域中将输出类型设置为"曲面" ⬜；在 范围 区域的下拉列表中选中 全部 选项。

（4）单击"旋转"对话框中的 确定 按钮，完成旋转特征 2 的创建。

Step 25　创建修剪 4。在 曲面 ▾ 区域中单击 ✂ 按钮；选取缝合曲面 2 作为修剪工具，再选取图 42.2.32 所示的面为要删除的面；单击 确定 按钮，完成修剪 4 的创建。

Step 26　创建修剪 5。在 曲面 ▾ 区域中单击 ✂ 按钮；选取旋转曲面 2 作为修剪工具，再选取图 42.2.33 所示的面为要删除的面；单击 确定 按钮，完成修剪 5 的创建。

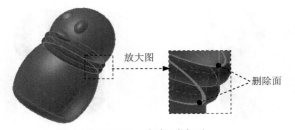

图 42.2.32　定义删除面

图 42.2.33　定义删除面

Step 27　创建缝合曲面 3。

（1）选择命令。在 曲面 ▾ 区域中单击"缝合曲面"按钮 ⬛，系统弹出"缝合"对话框。

（2）定义缝合对象。在系统 选择要缝合的实体 的提示下，选取缝合曲面 2 与旋转曲面 2 作为缝合对象。

（3）在该对话框中选中 ☑ 保留为曲面 复选项，单击 应用 按钮，单击 完毕 按钮，完成缝合曲面的创建。

Step 28　创建图 42.2.34 所示的草图 6。在 三维模型 选项卡 草图 区域中单击 ✎ 按钮，选取 XY 平面作为草图平面，绘制图 42.2.34 所示的草图。

Step 29　创建图 42.2.35 所示的三维草图 5。

（1）单击 三维模型 选项卡 草图 区域中的 创建二维草图 按钮，选择 创建三维草图 命令，系统进入三维草图环境。

（2）选择命令。单击 三维草图 选项卡 绘制 ▾ 区域中的"投影到曲面"按钮，系统弹出"将曲线投影到曲面"对话框。

（3）定义投影面。在系统 选择面、曲面特征或工作平面 的提示下，选取图 42.2.36 所示的面为投影面。

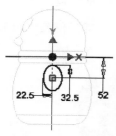

图 42.2.34　草图 6

图 42.2.35　三维草图 5

图 42.2.36　投影面

（4）定义投影曲线。单击"将曲线投影到曲面"对话框中的 ▶ 曲线 按钮，然后选取图 42.2.37 所示的曲线作为投影曲线。

（5）定义投影曲线的输出类型。在"将曲线投影到曲面"对话框 输出 区域单击"沿矢量投影"按钮 。

（6）单击 确定 按钮，单击 ✔ 按钮，完成投影曲线的创建。

Step 30 创建图 42.2.38 所示的草图 7。在 三维模型 选项卡 草图 区域中单击 按钮，选取 YZ 平面作为草图平面，绘制图 42.2.39 所示的草图。

图 42.2.37　投影曲线

图 42.2.38　草图 7（建模环境）

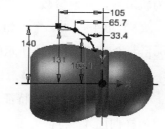

图 42.2.39　草图 7（草绘环境）

Step 31 创建图 42.2.40 所示的草图 8。在 三维模型 选项卡 草图 区域中单击 按钮，选取 YZ 平面作为草图平面，绘制图 42.2.41 所示的草图。

Step 32 创建工作平面 3（本步的详细操作过程请参见随书光盘中 video\ch42.02\reference\ 文件下的语音视频讲解文件 MONEY_SAVER_SKEL-r02.avi）。

Step 33 创建图 42.2.42 所示的草图 9。在 三维模型 选项卡 草图 区域中单击 按钮，选取工作平面 3 作为草图平面，绘制图 42.2.42 所示的草图。

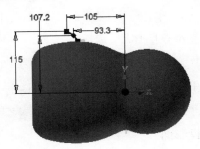

图 42.2.40　草图 8（建模环境）　　　　　图 42.2.41　草图 8（草绘环境）

注意：草绘中的圆是约束在草图曲线 7 和草图曲线 8 上面的，所以没有任何尺寸约束。

Step 34　创建图 42.2.43 所示的放样曲面 4。

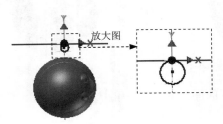

图 42.2.42　草图 9

图 42.2.43　放样曲面 4

（1）选择命令。在 创建 ▼ 区域中单击 放样 按钮，系统弹出"放样"对话框。

（2）定义输出类型。在"放样"对话框 输出 区域确认"曲面"按钮 被按下。

（3）定义放样轮廓。在图形区选取三维草图 5 与草图 9 为轮廓。

（4）定义放样轨道。在"放样"对话框 轨道 文本框中单击，然后选取草图 7 与草图 8 作为轨道线，其他参数采用默认设置。

（5）单击 确定 按钮，完成放样曲面的创建。

Step 35　创建图 42.2.44 所示的镜像 2。

（1）选择命令。在 阵列 区域中单击"镜像"按钮 。

（2）选取要镜像的特征。在图形区中选取要镜像复制的放样特征（或在浏览器中选择"放样曲面 4"特征）。

（3）定义镜像中心平面。单击"镜像"对话框中的 镜像平面 按钮，然后选取 XY 平面作为镜像中心平面。

（4）单击"镜像"对话框中的 确定 按钮，完成镜像操作。

Step 36　创建修剪 6。在 曲面 ▼ 区域中单击 按钮；选取放样曲面 4 作为修剪工具，再选取图 42.2.45 所示的面为要删除的面；单击 确定 按钮，完成修剪 6 的创建。

Step 37　创建修剪 7。在 曲面 ▼ 区域中单击 按钮；选取镜像 2 作为修剪工具，再选取图 42.2.46 所示的面为要删除的面；单击 确定 按钮，完成修剪 7 的创建。

图 42.2.44　镜像 2

图 42.2.45　定义删除面

图 42.2.46　定义删除面

Step 38　创建图 42.2.47 所示的边界嵌片 1。

（1）选择命令。在 曲面 ▼ 区域中单击"边界嵌片"按钮 ⬚，系统弹出"边界嵌片"对话框。

（2）定义边界边。在系统 选择边或草图曲线 的提示下，选取图 42.2.47 所示的边界为曲面的边界。

（3）单击 确定 按钮，完成边界嵌片的创建。

Step 39　创建图 42.2.48 所示的边界嵌片 2。

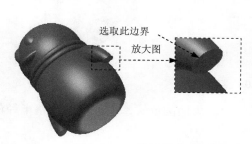

图 42.2.47　边界嵌片 1

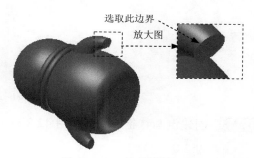

图 42.2.48　边界嵌片 2

（1）选择命令。在 曲面 ▼ 区域中单击"边界嵌片"按钮 ⬚，系统弹出"边界嵌片"对话框。

（2）定义边界边。在系统 选择边或草图曲线 的提示下，选取图 42.2.48 所示的边界为曲面的边界。

（3）单击 确定 按钮，完成边界嵌片的创建。

Step 40　创建缝合曲面 4。

（1）选择命令。在 曲面 ▼ 区域中单击"缝合曲面"按钮 ⬚，系统弹出"缝合"对话框。

（2）定义缝合对象。在系统 选择要缝合的实体 的提示下选取缝合曲面 3、放样曲面 4、镜像 2、边界嵌片 1 与边界嵌片 2 作为缝合对象。

（3）在该对话框中单击 应用 按钮，单击 完毕 按钮，完成缝合曲面的创建。

Step 41　创建图 42.2.49b 所示的倒圆特征 3。选取图 42.2.49a 所示的模型边线为倒圆的对象，输入倒圆角半径值 10。

a）倒圆前　　　　　　　　　　　　　　　　　　　b）倒圆后

图 42.2.49　倒圆角 3

Step 42　创建图 42.2.50b 所示的倒圆特征 4。选取图 42.2.50a 所示的模型边线为倒圆的对象，输入倒圆角半径值 15。

a）倒圆前　　　　　　　　　　　　　　　　　　　b）倒圆后

图 42.2.50　倒圆角 4

Step 43　创建倒圆特征 5。选取图 42.2.51 所示的边线为倒圆放置参考，输入圆角半径值为 2.0。

Step 44　创建倒圆特征 6。选取图 42.2.52 所示的边线为倒圆放置参考，输入圆角半径值为 8.0。

图 42.2.51　倒圆角 5　　　　　　　　　　图 42.2.52　倒圆角 6

Step 45　创建图 42.2.53 所示的拉伸曲面 1。

（1）在 创建 ▼ 区域中单击 按钮，系统弹出"创建拉伸"对话框。

（2）定义特征的截面草图。单击"创建拉伸"对话框中的 创建二维草图 按钮，选取 XY 平面作为草图平面，进入草绘环境。绘制图 42.2.54 所示的截面草图。

图 42.2.53　拉伸曲面 1

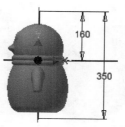

图 42.2.54　截面草图

（3）定义拉伸属性。单击 草图 选项卡 返回到三维 区域中的 按钮，在"拉伸"对话框 输出 区域中将输出类型设置为"曲面" ；在 范围 区域的的下拉列表中选择 距离 选项，输入距离值 300.0，并将拉伸方向设置为"对称"类型 。

（4）单击"拉伸"对话框中的 确定 按钮，完成拉伸曲面 1 的创建。

Step 46 创建图 42.2.55 所示的草图 11。在 三维模型 选项卡 草图 区域中单击 按钮，选取 YZ 平面作为草图平面，绘制图 42.2.55 所示的草图。

Step 47 创建图 42.2.56 所示的工作平面 4。在 定位特征 区域中单击"平面"按钮 下的 平面 按钮，选择 从平面偏移 命令；选取 YZ 平面作为参考平面，输入要偏距的距离 20；单击 按钮，完成工作平面 4 的创建。

Step 48 创建图 42.2.57 所示的工作平面 5。在 定位特征 区域中单击"平面"按钮 下的 平面 按钮，选择 从平面偏移 命令；选取 YZ 平面作为参考平面，输入要偏距的距离 -20；单击 按钮，完成工作平面 5 的创建。

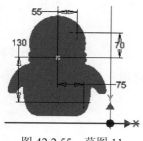

图 42.2.55　草图 11

图 42.2.56　工作平面 4

图 42.2.57　工作平面 5

Step 49 保存零件模型文件。

42.3　创建储蓄罐后盖

下面讲解储蓄罐后盖零件 MONEY_SAVER_BACK 的创建过程，零件模型及模型树如图 42.3.1 所示。

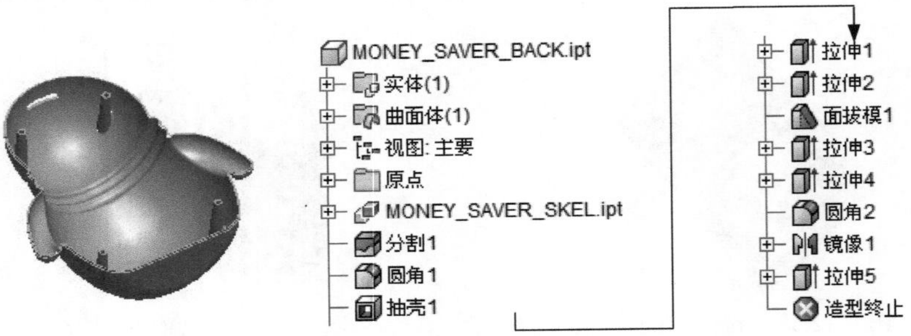

MONEY_SAVER_BACK.ipt
  实体(1)
  曲面体(1)
  视图:主要
  原点
  MONEY_SAVER_SKEL.ipt
  分割1
  圆角1
  抽壳1

  拉伸1
  拉伸2
  面拔模1
  拉伸3
  拉伸4
  圆角2
  镜像1
  拉伸5
  造型终止

图 42.3.1　零件模型及模型树

Step 1　在装配体中建立储蓄罐后盖零件 MONEY_SAVER_BACK。

（1）单击 装配 功能选项卡 零部件 区域中的"创建"按钮。

（2）此时系统弹出"创建在位零件"对话框，在 新零部件名称(N) 文本框中输入零件名称 MONEY_SAVER_BACK；采用系统默认的模板和新文件位置。

（3）单击 确定 按钮，在系统 为基础特征选择草图平面 的提示下，选取"中心点"选项 中心点，此时系统进入到编辑零部件环境中。

Step 2　在装配体中储蓄罐后盖零件 MONEY_SAVER_BACK。在浏览器中单击 MONEY_SAVER_BACK:1 后右击，在快捷菜单中选择 打开(O) 命令。

Step 3　引入主控件 MONEY_SAVER_SKEL。在 创建 ▼ 区域中单击 衍生 按钮，打开 MONEY_SAVER_SKEL.ipt 文件，单击 打开(O) 按钮，系统弹出"衍生零件"对话框。

Step 4　设置衍生参数。在"衍生零件"对话框中将 衍生样式(D): 设置为"将每个实体保留为单个实体"，并将实体、曲面 13、草图 12、工作平面 5 与工作平面 6 衍生到下一级中，单击 确定 按钮。

说明：读者在选取衍生到下一级的曲面体、草图、工作平面时，可能与上一步操作有差异，此时可根据实际情况选取合适的曲面、草图、工作几何图元。

Step 5　创建图 42.3.2 所示的分割 1。

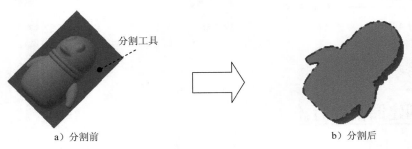

a）分割前　　　　　　　　　　　　　　b）分割后

图 42.3.2　分割 1

（1）选择命令。在 修改 ▼ 区域中单击 分割 按钮，系统弹出"分割"对话框。

（2）定义分割类型。在"分割"对话框中将分割类型设置为"修剪实体" ⬚ 选项。

（3）定义分割工具。在图形区选取图 42.3.2 所示的面作为分割工具。

（4）定义分割方向。在"分割"对话框中将删除方向设置为"方向 2"类型 ⬚。

（5）单击 ▢ 确定 ▢ 按钮，完成分割 1 的创建。

Step 6 创建倒圆特征 1。选取图 42.3.3 所示的边线为倒圆参考，输入圆角半径值 2.0。

Step 7 创建图 42.3.4b 所示的抽壳特征 1。

图 42.3.3 倒圆角 1　　　　　　a）抽壳前　　　　　　b）抽壳后

图 42.3.4 抽壳特征 1

（1）选择命令。在 修改 ▾ 区域中单击 ▢ 抽壳 按钮。

（2）定义薄壁厚度。在"抽壳"对话框的 厚度 文本框中输入薄壁厚度值 0.5。

（3）选择要移除的面。在系统 选择要去除的表面 的提示下，选择图 42.3.4a 所示的模型表面为要移除的面。

（4）单击"抽壳"对话框中的 ▢ 确定 ▢ 按钮，完成抽壳特征的创建。

Step 8 创建图 42.3.5 所示的拉伸特征 1。

（1）选择命令。在 创建 ▾ 区域中单击 ▢ 按钮，系统弹出"创建拉伸"对话框。

（2）定义特征的截面草图。单击"创建拉伸"对话框中的 创建二维草图 按钮，选取 YZ 平面作为草图平面，进入草绘环境。绘制图 42.3.6 所示的截面草图。

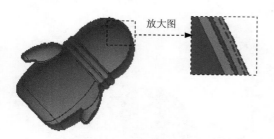

图 42.3.5 拉伸特征 1

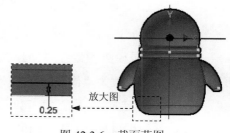

图 42.3.6 截面草图

（3）定义拉伸属性。单击 草图 选项卡 返回到三维 区域中的 ▢ 按钮，在"拉伸"对话框 范围 区域中的下拉列表中选择 距离 选项，在"距离"文本框中输入 0.25，并将拉伸方向设置为"方向 1"类型 ⬚。

（4）单击"拉伸"对话框中的 确定 按钮，完成拉伸特征 1 的创建。

Step 9 创建图 42.3.7 所示的拉伸特征 2。

（1）选择命令。在 创建 ▼ 区域中单击 按钮，系统弹出"创建拉伸"对话框。

（2）定义特征的截面草图。单击"创建拉伸"对话框中的 创建二维草图 按钮，选取 YZ 平面作为草图平面，进入草绘环境。绘制图 42.3.8 所示的截面草图。

图 42.3.7 拉伸特征 2

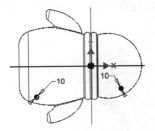

图 42.3.8 截面草图

（3）定义拉伸属性。单击 草图 选项卡 返回到三维 区域中的 按钮，在"拉伸"对话框 范围 区域中的下拉列表中选择 到表面或平面 选项，并将拉伸方向设置为"方向 1"类型 。

（4）单击"拉伸"对话框中的 确定 按钮，完成拉伸特征 2 的创建。

注意：草绘中，两圆的圆心分别捕捉到的是草图 12 中的两个参考点。

Step 10 创建图 42.3.9 所示的拔模 1。

a）拔模前

放大图

b）拔模后

图 42.3.9 拔模

（1）选择命令。在 修改 ▼ 区域中单击 拔模 按钮。

（2）定义拔模类型。在"面拔模"对话框中将拔模类型设置为"固定平面" 。

（3）定义固定面。在系统 选择平面或工作平面 的提示下，选取图 42.3.10 所示的面 1 为拔模固定平面。

（4）定义拔模面。在系统 选择拔模面 的提示下，选取图 42.3.10 所示的面 2（共两个面）为需要拔模的面。

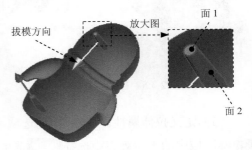

拔模方向

放大图

面 1

面 2

图 42.3.10 定义拔模参数

（5）定义拔模属性。在"面拔模"对话框的 拔模斜度 文本框中输入 3。

（6）定义拔模方向。拔模方向如图 42.3.10 所示。

（7）单击"面拔模"工具条中的 确定 按钮，完成从拔模特征的创建。

Step 11 创建图 42.3.11 所示的拉伸特征 3。在 创建▼ 区域中单击 按钮，选取 YZ 平面作为草图平面，绘制图 42.3.12 所示的截面草图，在"拉伸"对话框中将布尔运算设置为"求差"类型 ，然后在 范围 区域中的下拉列表中选择 贯通 选项，将拉伸方向设置为"方向 1"类型 。单击"拉伸"对话框中的 确定 按钮，完成拉伸特征 3 的创建。

图 42.3.11　拉伸特征 3

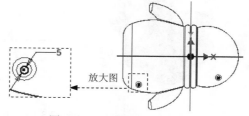

图 42.3.12　截面草图

Step 12 创建图 42.3.13 所示的拉伸特征 4。在 创建▼ 区域中单击 按钮，选取工作平面 5 作为草图平面，绘制图 42.3.14 所示的截面草图，在"拉伸"对话框将布尔运算设置为"求差"类型 ，然后在 范围 区域中的下拉列表中选择 贯通 选项，将拉伸方向设置为"方向 1"类型 。单击"拉伸"对话框中的 确定 按钮，完成拉伸特征 4 的创建。

图 42.3.13　拉伸特征 4

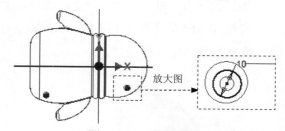

图 42.3.14　截面草图

Step 13 创建图 42.3.15b 所示的倒圆特征 2。选取图 42.3.15a 所示的模型边线为倒圆的对象，输入倒圆角半径值 2。

Step 14 创建图 42.3.16 所示的镜像 1。

（1）选择命令。在 阵列 区域中单击"镜像"按钮 。

（2）选取要镜像的特征。在图形区中选取要镜像复制的拉伸 2、面拔模 1、拉伸 3、伸 4 与圆角 2 特征。

选取这两条边线

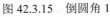

a）倒圆前

b）倒圆后

图 42.3.15　倒圆角 1

a）镜像前

b）镜像后

图 42.3.16　镜像特征 1

（3）定义镜像中心平面。单击"镜像"对话框中的 ▶ 镜像平面 按钮，然后选取 XY 平面作为镜像中心平面。

（4）单击"镜像"对话框中的 确定 按钮，完成镜像操作。

Step 15　创建图 42.3.17 所示的拉伸特征 5。在 创建 ▼ 区域中单击 按钮，选取 XZ 平面 4 为草图平面，绘制图 42.3.18 所示的截面草图，在"拉伸"对话框中将布尔运算设置为"求差"类型 ，然后在 范围 区域中的下拉列表中选择 贯通 选项，将拉伸方向设置为"方向 1"类型 。单击"拉伸"对话框中的 确定 按钮，完成拉伸特征 5 的创建。

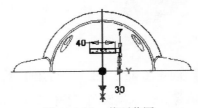

图 42.3.17　拉伸特征 5

图 42.3.18　截面草图

Step 16　保存零件模型文件。

42.4   创建储蓄罐前盖

下面讲解储蓄罐前盖零件 MONEY_SAVER_ FRONT 的创建过程，零件模型及模型树如图 42.4.1 所示。

图 42.4.1   零件模型及模型树

Step 1   在装配体中建立储蓄罐前盖零件 MONEY_SAVER_FRONT。

（1）单击 装配 功能选项卡 零部件 区域中的"创建"按钮 。

（2）此时系统弹出"创建在位零件"对话框，在 新零部件名称(N) 文本框中输入零件名称 MONEY_SAVER_FRONT；采用系统默认的模板和新文件位置。

（3）单击 确定 按钮，在系统 为基础特征选择草图平面 的提示下，选取"中心点"选项 中心点，此时系统进入到编辑零部件环境中。

Step 2   在浏览器中单击 MONEY_SAVER_FRONT:1 后右击，在快捷菜单中选择 打开(O) 命令。

Step 3   引入主控件 MONEY_SAVER_SKEL。在 创建 区域中单击 衍生 按钮，打开 MONEY_SAVER_SKEL.ipt 文件，单击 打开(O) 按钮，系统弹出"衍生零件"对话框。

Step 4   设置衍生参数。在"衍生零件"对话框中将 衍生样式(D) 设置为"将每个实体保留为单个实体" ，并将实体、曲面 13、草图 12、工作平面 5 与工作平面 6 衍生到下一级中，单击 确定 按钮。

说明：读者在选取衍生到下一级的曲面体、草图、工作平面时，可能与上一步操作有差异，此时可根据实际情况选取合适的曲面、草图、工作几何图元。

Step 5   创建图 42.4.2 所示的分割 1。

（1）选择命令。在 修改 区域中单击 分割 按钮，系统弹出"分割"对话框。

（2）定义分割类型。在"分割"对话框中将分割类型设置为"修剪实体" 。

（3）定义分割工具。在图形区选取图 42.4.2 所示的面作为分割工具。

（4）定义分割方向。在"分割"对话框中将删除方向设置为"方向 1"类型 。

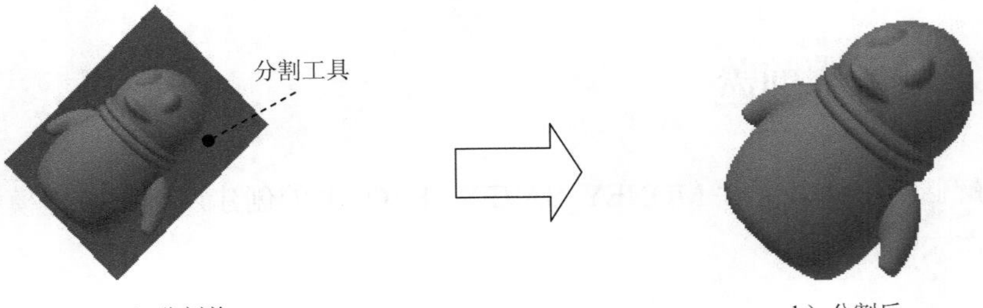

a）分割前　　b）分割后

图 42.4.2　分割 1

（5）单击 确定 按钮，完成分割 1 的创建。

Step 6　创建倒圆特征 1。选取图 42.4.3 所示的边线为倒圆参考，输入圆角半径值为 2.0。

Step 7　创建图 42.4.4b 所示的抽壳特征 1。

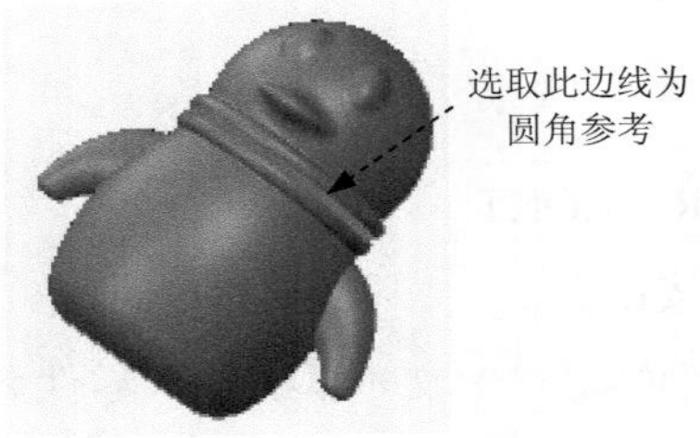

图 42.4.3　倒圆角 1

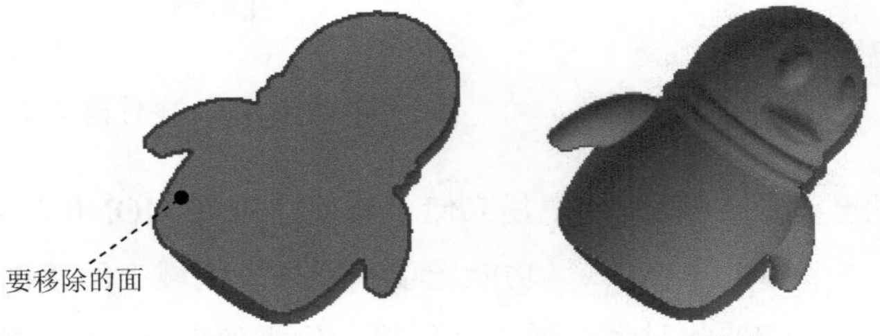

a）抽壳前　　b）抽壳后

图 42.4.4　抽壳特征 1

（1）选择命令。在 修改 ▾ 区域中单击 抽壳 按钮。

（2）定义薄壁厚度。在“抽壳”对话框 厚度 文本框中输入薄壁厚度值为 0.5。

（3）选择要移除的面。在系统 选择要去除的表面 的提示下，选择图 42.4.4a 所示的模型表面为要移除的面。

（4）单击“抽壳”对话框中的 确定 按钮，完成抽壳特征的创建。

Step 8　创建图 42.4.5 所示的拉伸特征 1。

（1）选择命令。在 创建 ▾ 区域中单击 按钮，系统弹出“创建拉伸”对话框。

（2）定义特征的截面草图。单击“创建拉伸”对话框中的 创建二维草图 按钮，选取 YZ 平面作为草图平面，进入草绘环境。绘制图 42.4.6 所示的截面草图。

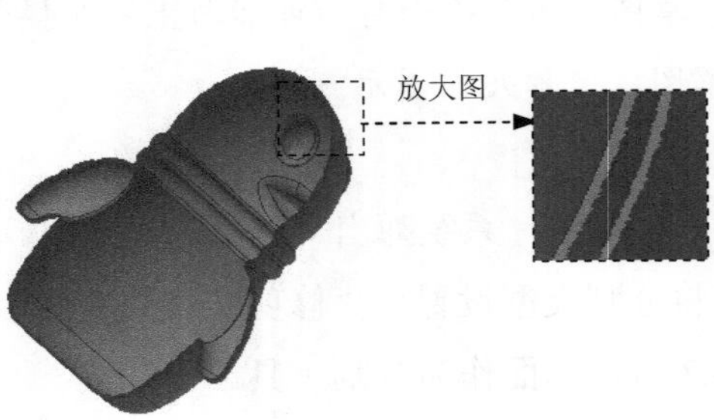

图 42.4.5　拉伸特征 1

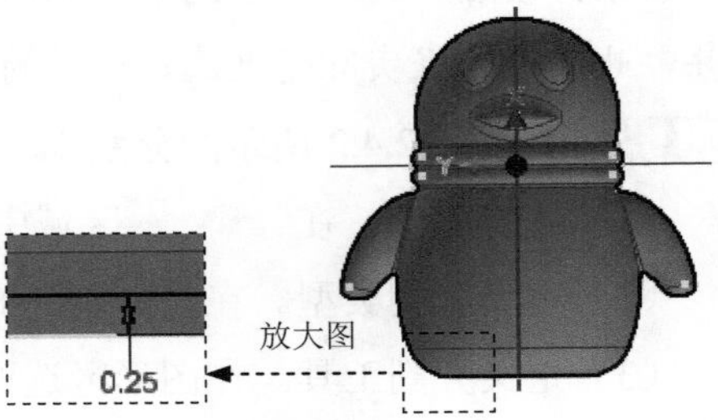

图 42.4.6　截面草图

（3）定义拉伸属性。单击 草图 选项卡 返回到三维 区域中的 按钮，在"拉伸"对话框中将布尔运算设置为"求差"类型 ，在 范围 区域中的下拉列表中选择 距离 选项，在"距离"文本框中输入 0.25，并将拉伸方向设置为"方向 2"类型 。

（4）单击"拉伸"对话框中的 确定 按钮，完成拉伸特征 1 的创建。

Step 9　创建图 42.4.7 所示的拉伸特征 2。

（1）选择命令。在 创建 ▾ 区域中单击 按钮，系统弹出"创建拉伸"对话框。

（2）定义特征的截面草图。单击"创建拉伸"对话框中的 创建二维草图 按钮，选取 YZ 平面作为草图平面，进入草绘环境。绘制图 42.4.8 所示的截面草图。

图 42.4.7　拉伸特征 2

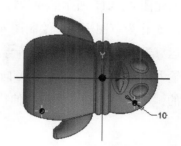

图 42.4.8　截面草图

（3）定义拉伸属性。单击 草图 选项卡 返回到三维 区域中的 按钮，在"拉伸"对话框 范围 区域中的下拉列表中选择 到表面或平面 选项，并将拉伸方向设置为"方向 2"类型 。

（4）单击"拉伸"对话框中的 确定 按钮，完成拉伸特征 2 的创建。

注意：草绘中两圆的圆心分别捕捉到的是草图 15 中的两个参考点。

Step 10　创建图 42.4.9 所示的拔模 1。

a）拔模前

放大图

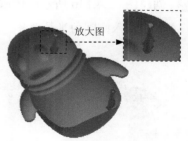

b）拔模后

图 42.4.9　拔模

（1）选择命令。在 修改 ▾ 区域中单击 拔模 按钮。

（2）定义拔模类型。在"面拔模"对话框中将拔模类型设置为"固定平面" 。

（3）定义固定面。在系统 选择平面或工作平面 的提示下，选取图 42.4.10 所示的面 1 为拔模固定平面。

（4）定义拔模面。在系统 选择拔模面 的提示下，选取图 42.4.10 所示的面 2（共两个面）为需要拔模的面。

（5）定义拔模属性。在"面拔模"对话框的 拔模斜度 文本框中输入 3。

（6）定义拔模方向。拔模方向如图 42.4.10 所示。

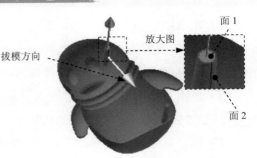

图 42.4.10　定义拔模参数

（7）单击"面拔模"工具条中的 确定 按钮，完成从拔模特征的创建。

Step 11 创建图 42.4.11 所示的拉伸特征 3。在 创建 ▾ 区域中单击 按钮，选取工作平面 5 作为草图平面，绘制图 42.4.12 所示的截面草图，在"拉伸"对话框将布尔运算设置为"求差"类型 ，然后在 范围 区域中的下拉列表中选择 距离 选项，输入距离值 50.0；将拉伸方向设置为"方向 2"类型 ；单击"拉伸"对话框中的 确定 按钮，完成拉伸特征 3 的创建。

图 42.4.11　拉伸特征 3

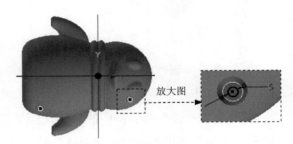

图 42.4.12　截面草图

Step 12 创建图 42.4.13b 所示的倒圆特征 2。选取图 42.4.13a 所示的模型边线为倒圆的对象，输入倒圆角半径值 2。

这两条边线为倒圆参考

a）倒圆前

b）倒圆后

图 42.4.13　倒圆角 2

Step 13 创建图 42.4.14 所示的镜像 1。

（1）选择命令。在 阵列 区域中单击"镜像"按钮 。

a）镜像前　　　　　　　　　　　　　　b）镜像后

图 42.4.14　镜像特征 1

（2）选取要镜像的特征。在图形区中选取要镜像复制的拉伸 2、面拔模 1、拉伸 3 与圆角 2 特征。

（3）定义镜像中心平面。单击"镜像"对话框中的 ▶ 镜像平面 按钮，然后选取 XY 平面作为镜像中心平面。

（4）单击"镜像"对话框中的 确定 按钮，完成镜像操作。

Step 14　保存零件模型文件。

43

遥控器的自顶向下设计

43.1　实例概述

本实例详细讲解了一款遥控器的整个设计过程，该设计过程中采用了较为先进的设计方法——自顶向下（Top-Down Design）。采用这种方法不仅可以获得较好的整体造型，并且能够大大缩短产品的上市时间。许多家用电器（如电脑机箱、吹风机和电脑鼠标）都可以采用这种方法进行设计。设计流程图如图 43.1.1 所示。

43.2　创建遥控器的整体结构

Task1．新建一个装配体文件。

单击"新建"按钮 ，在系统弹出的"新建文件"对话框 ▼ 部件 – 装配二维和三维零部件 区域选中"Standard.iam"模板；单击 创建 按钮，进入装配环境。

Task2．创建图 43.2.1 所示的骨架模型

在装配环境下，创建图 43.2.1 所示的骨架模型及模型树。

Step 1　在装配体中建立整体结构 CONTROLLER_FIRST。

（1）单击 装配 功能选项卡 零部件 区域中的"创建"按钮 。

（2）此时系统弹出"创建在位零件"对话框，在 新零部件名称(N) 文本框中输入零件名称 CONTROLLER_FIRST；采用系统默认的模板和新文件位置。

（3）单击 确定 按钮，在系统 为基础特征选择草图平面 的提示下，选取"中心点"选项 中心点，此时系统进入到编辑零部件环境中。

Step 2　在装配体中打开主控件 CONTROLLER_FIRST 。在浏览器中单击 - CONTROLLER_FIRST:1 后右击，在快捷菜单中选择 打开(O) 命令。

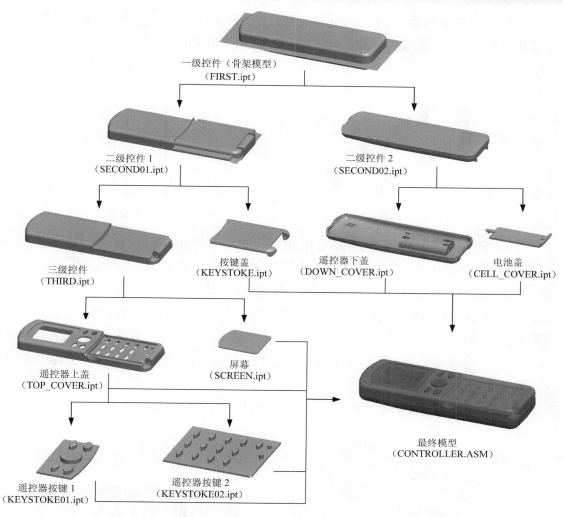

一级控件（骨架模型）
（FIRST.ipt）

二级控件 1
（SECOND01.ipt）

二级控件 2
（SECOND02.ipt）

三级控件
（THIRD.ipt）

按键盖
（KEYSTOKE.ipt）

遥控器下盖
（DOWN_COVER.ipt）

电池盖
（CELL_COVER.ipt）

遥控器上盖
（TOP_COVER.ipt）

屏幕
（SCREEN.ipt）

最终模型
（CONTROLLER.ASM）

遥控器按键 1
（KEYSTOKE01.ipt）

遥控器按键 2
（KEYSTOKE02.ipt）

图 43.1.1　设计流程图

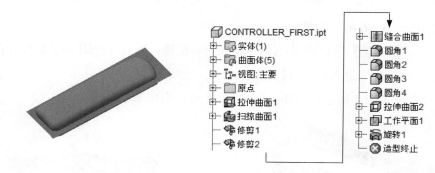

图 43.2.1　骨架模型及模型树

Step 3　创建图 43.2.2 所示的拉伸曲面 1。

（1）在 创建 ▾ 区域中单击 按钮，系统弹出"创建拉伸"对话框。

（2）定义特征的截面草图。单击"创建拉伸"对话框中的 创建二维草图 按钮，选取 XZ 平面作为草图平面，进入草绘环境。绘制图 43.2.3 所示的截面草图。

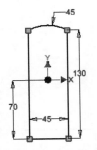

图 43.2.2　拉伸曲面 1　　　　　　　　　　图 43.2.3　截面草图

（3）定义拉伸属性。单击 草图 选项卡 返回到三维 区域中的 按钮，在"拉伸"对话框 输出 区域中将输出类型设置为"曲面" ；在 范围 区域的的下拉列表中选择 距离 选项，输入距离值 20.0，并将拉伸方向设置为"方向 1"类型 。

（4）单击"拉伸"对话框中的　确定　按钮，完成拉伸曲面 1 的创建。

Step 4　创建图 43.2.4 所示的草图 2。

（1）在 三维模型 选项卡 草图 区域中单击 按钮，然后选择 YZ 平面为草图平面，系统进入草图设计环境。

（2）绘制图 43.2.5 所示的草图，单击 按钮，退出草绘环境。

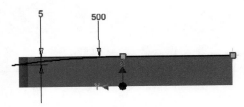

图 43.2.4　草图 2（建模环境）　　　　　　图 43.2.5　草图 2（草绘环境）

Step 5　创建图 43.2.6 所示的草图 3。

（1）在 三维模型 选项卡 草图 区域中单击 按钮，然后选择图 43.2.6 所示的模型表面作为草图平面，系统进入草图设计环境。

（2）绘制图 43.2.7 所示的草图，单击 按钮，退出草绘环境。

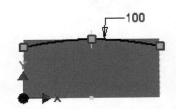

图 43.2.6　草图 3（建模环境）　　　　　　图 43.2.7　草图 3（草绘环境）

Step **6** 创建图 43.2.8 所示的扫掠曲面 1。

（1）选择命令。在 创建 ▾ 区域中单击"扫掠"按钮
🔄 扫掠，系统弹出"扫掠"对话框。

（2）定义扫掠截面轮廓。首先确认在"扫掠"对话框
输出 区域中输出类型为"曲面" ▢；然后在图形区中选取
图 43.2.6 所示的扫掠截面，完成扫掠截面的选取。

图 43.2.8　扫掠曲面 1

（3）定义扫掠轨迹。在图形区中选取图 43.2.4 所示的草图 2 作为扫掠轨迹，完成扫掠轨迹的选取。

（4）定义扫掠类型。在"扫掠"对话框 类型 区域的下拉列表中选择 路径 选项，其他参数接受系统默认。

（5）单击"扫掠"对话框中的 确定 按钮，完成扫掠特征的创建。

Step **7** 创建图 43.2.9b 所示的修剪 1。

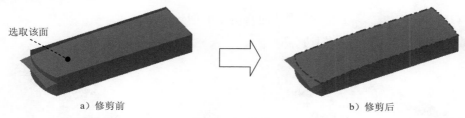

选取该面

a）修剪前　　　　　　　　　　　　　　　　b）修剪后

图 43.2.9　修剪 1

（1）选择命令。在 曲面 ▾ 区域中单击"修剪曲面"按钮 ✂️，系统弹出"修剪曲面"对话框。

（2）定义切割工具。在系统 选择曲面、工作平面或草图作为切割工具 的提示下，选取图 43.2.9所示的面为切割工具。

（3）定义要删除的面，在系统 选择要删除的面 的
提示下，选取图 43.2.10 所示的面为要删除的面。

选取该面

（4）单击 确定 按钮，完成曲面修剪 1 的
创建。

Step **8** 创建图 43.2.11b 所示的修剪 2。

（1）选择命令。在 曲面 ▾ 区域中单击"修剪
曲面"按钮 ✂️，系统弹出"修剪曲面"对话框。

图 43.2.10　定义删除面

（2）定义切割工具。在系统 选择曲面、工作平面或草图作为切割工具 的提示下，选取图 43.2.11所示的面为切割工具。

（3）定义要删除的面，在系统 选择要删除的面 的提示下，选取图 43.2.12 所示的面为要删除的面。

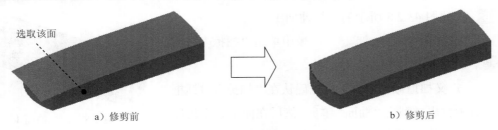

a）修剪前　　　　　　　　　　　　　b）修剪后

图 43.2.11　修剪 2

图 43.2.12　定义删除面

（4）单击 确定 按钮，完成曲面修剪 2 的创建。

Step 9　创建图 43.2.13 所示的边界嵌片 1。

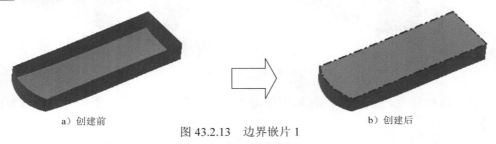

a）创建前　　　　　　　　　　　　　b）创建后

图 43.2.13　边界嵌片 1

（1）选择命令。在 曲面 ▼ 区域中单击"边界嵌片"按钮 ，系统弹出"边界嵌片"对话框。

（2）定义边界边。在系统 选择边或草图曲线 的提示下，依次选取图 43.2.14 所示的边界为曲面的边界。

（3）单击 确定 按钮，完成边界嵌片的创建。

Step 10　创建图 43.2.15 所示的缝合曲面 1。

图 43.2.14　定义边界边

图 43.2.15　缝合曲面 1

（1）选择命令。在 曲面 ▼ 区域中单击"缝合曲面"按钮 ▤，系统弹出"缝合"对话框。

（2）定义缝合对象。在系统 选择要缝合的实体 的提示下，选取所有曲面作为缝合对象。

（3）在该对话框中单击 应用 按钮，单击 完毕 按钮，完成缝合曲面的创建。

Step 11 创建图 43.2.16b 所示的倒圆特征 1。

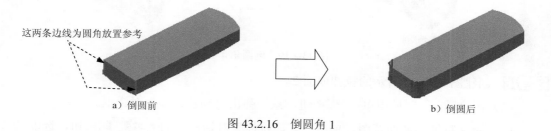

图 43.2.16　倒圆角 1

（1）选择命令。在 修改 ▼ 区域中单击 按钮。

（2）选取要倒圆的对象。在系统的提示下，选取图 43.2.16a 所示的模型边线为倒圆的对象。

（3）定义倒圆参数。在"倒圆角"小工具条的"半径 R"文本框中输入 8.0。

（4）单击"圆角"对话框中的 确定 按钮，完成圆角特征的定义。

Step 12 创建图 43.2.17b 所示的倒圆特征 2。选取图 43.2.17a 所示的模型边线为倒圆的对象，输入倒圆角半径值 5.0。

图 43.2.17　倒圆角 2

Step 13 创建图 43.2.18b 所示的倒圆特征 3。选取图 43.2.18a 所示的模型边线为倒圆的对象，输入倒圆角半径值 3.0。

图 43.2.18　倒圆角 3

Step **14** 创建图 43.2.19b 所示的倒圆特征 4。选取图 43.2.19a 所示的模型边线为倒圆的对象，输入倒圆角半径值 6.0。

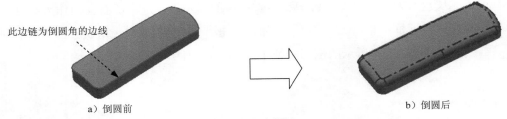

a）倒圆前　　　　　　　　　　　　　　　　b）倒圆后

图 43.2.19　倒圆角 4

Step **15** 创建图 43.2.20 所示的拉伸曲面 2。

（1）在 创建 ▼ 区域中单击 按钮，系统弹出"创建拉伸"对话框。

（2）定义特征的截面草图。单击"创建拉伸"对话框中的 创建二维草图 按钮，选取 YZ 平面作为草图平面，进入草绘环境。绘制图 43.2.21 所示的截面草图。

（3）定义拉伸属性。单击 草图 选项卡 返回到三维 区域中的 按钮，在"拉伸"对话框 输出 区域中将输出类型设置为"曲面" ；在 范围 区域的的下拉列表中选择 距离 选项，输入距离值 60.0，并将拉伸方向设置为"对称"类型 。

（4）单击"拉伸"对话框中的 确定 按钮，完成拉伸曲面 2 的创建。

Step **16** 创建图 43.2.22 所示的工作平面 1（本步的详细操作过程请参见随书光盘中 video\ch43.02\reference\文件下的语音视频讲解文件 CONTROLLER_FIRST-r01.avi）。

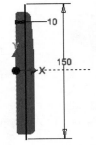

图 43.2.20　拉伸曲面 2　　　　图 43.2.21　截面草图　　　　图 43.2.22　工作平面 1

Step **17** 创建图 43.2.23 所示的旋转特征 1。

（1）选择命令。在 创建 ▼ 区域中单击 按钮，系统弹出"创建旋转"对话框。

（2）定义特征的截面草图。单击"创建旋转"对话框中的 创建二维草图 按钮，选取工作平面 1 为草图平面，进入草绘环境，绘制图 43.2.24 所示的截面草图。

（3）定义旋转属性。单击 草图 选项卡 返回到三维 区域中的 按钮，在"旋转"对话框中将布尔运算设置为"求差"类型 ，在 范围 区域的下拉列表中选中 全部 选项。

（4）单击"旋转"对话框中的 确定 按钮，完成旋转特征 1 的创建。

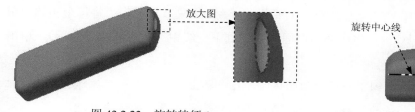

图 43.2.23　旋转特征 1

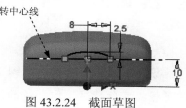

图 43.2.24　截面草图

Step 18　保存模型文件。

43.3　创建二级主控件 1

下面讲解二级主控件 1（SECOND01.ipt）的创建过程，零件模型及模型树如图 43.3.1 所示。

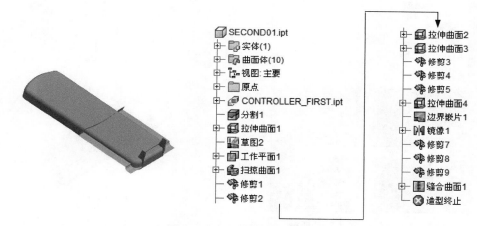

图 43.3.1　零件模型及模型树

Step 1　在装配体中建立二级主控件 SECOND01。

（1）单击 装配 功能选项卡 零部件 区域中的"创建"按钮 🔲。

（2）此时系统弹出"创建在位零件"对话框，在 新零部件名称(N) 文本框中输入零件名称 SECOND01；采用系统默认的模板和新文件位置。

（3）单击 确定 按钮，在系统 为基础特征选择草图平面 的提示下，选取"中心点"选项 ◆中心点，此时系统进入到编辑零部件环境中。

Step 2　在装配体中打开二级控件 SECOND01。在浏览器中单击 ⊞ 🗗 SECOND01:1 后右击，在快捷菜单中选择 🗗 打开(O) 命令。

Step 3　引入主控件 CONTROLLER_FIRST。在 创建 ▾ 区域中单击 🗗 衍生 按钮，打开 CONTROLLER_FIRST.ipt 文件，单击 打开(O) 按钮，系统弹出图 43.3.2 所示的"衍生零件"对话框。

Step 4 设置衍生参数。在"衍生零件"对话框中将 衍生样式(D): 设置为"将每个实体保留为单个实体" 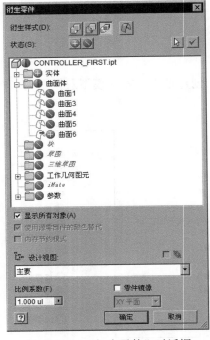，并将实体与曲面 6 衍生到下一级中（如图 43.3.2 所示），单击 确定 按钮。

说明：读者在选取衍生到下一级的曲面体时，在名称上可能与上一步操作有差异，此时可根据实际情况选取合适的曲面，后面再遇到类似的情况均采用此方法处理。

Step 5 创建图 43.3.3 所示的分割 1。

图 43.3.2 "衍生零件"对话框

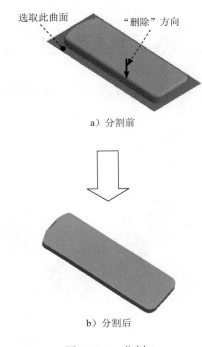

a）分割前

b）分割后

图 43.3.3 分割 1

（1）选择命令。在 修改 ▼ 区域中单击 分割 按钮，系统弹出"分割"对话框。

（2）定义分割类型。在"分割"对话框中将分割类型设置为"修剪实体" 选项。

（3）定义分割工具。在图形区选取图 43.3.3 所示面作为分割工具。

（4）定义分割方向。在"分割"对话框中将删除方向设置为"方向 1"类型（如图 43.3.3）。

（5）单击 确定 按钮，完成分割 1 的创建。

Step 6 创建图 43.3.4 所示的拉伸曲面 1。

（1）在 创建 ▼ 区域中单击 按钮，系统弹出"创建拉伸"对话框。

（2）定义特征的截面草图。单击"创建拉伸"对话框中的 创建二维草图 按钮，选取 YZ 平面作为草图平面，进入草绘环境。绘制图 43.3.5 所示的截面草图。

（3）定义拉伸属性。单击 草图 选项卡 返回到三维 区域中的 按钮，在"拉伸"对话

框 输出 区域中将输出类型设置为"曲面" ；在 范围 区域的的下拉列表中选择 距离 选项，输入距离值 60.0，并将拉伸方向设置为"对称"类型 。

（4）单击"拉伸"对话框中的 确定 按钮，完成拉伸曲面 1 的创建。

Step 7　创建图 43.3.6 所示的草图 2。

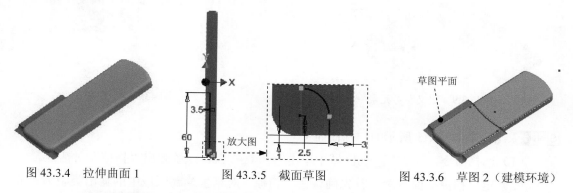

图 43.3.4　拉伸曲面 1　　　　图 43.3.5　截面草图　　　　图 43.3.6　草图 2（建模环境）

（1）在 三维模型 选项卡 草图 区域中单击 按钮，然后选择图 43.3.6 所示的面作为草图平面，系统进入草图设计环境。

（2）绘制图 43.3.7 所示的草图，单击 按钮，退出草绘环境。

Step 8　创建图 43.3.8 所示的工作平面 1。

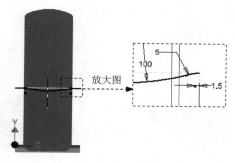

图 43.3.7　草图 2（草绘环境）　　　　图 43.3.8　工作平面 1

（1）选择命令。在 定位特征 区域中单击"平面"按钮 下的 平面 按钮，选择 与轴垂直且通过点 命令。

（2）定义参考元素，在图形区选取图 43.3.9 所示的直线为参考线，然后再选取图 43.3.9 所示的点 1 为参考点。

（3）单击 按钮，完成工作平面 1 的创建。

Step 9　创建图 43.3.10 所示的草图 3。

（1）在 三维模型 选项卡 草图 区域中单击 按钮，然后选择工作平面 1 作为草图平面，系统进入草图设计环境。

（2）绘制图 43.3.10 所示的草图，单击 按钮，退出草绘环境。

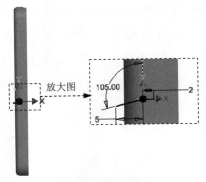

图 43.3.9　定义参考元素

图 43.3.10　草图 3

Step 10　创建图 43.3.11 所示的扫掠曲面 1。

（1）选择命令，在 创建 ▼ 区域中单击 扫掠 按钮，系统弹出"扫掠"对话框。

（2）定义扫掠截面轮廓。首先确认在"扫掠"对话框 输出 区域中的输出类型为"曲面" ；然后在图形区中选取草图 3 作为扫掠截面，完成扫掠截面的选取。

（3）定义扫掠轨迹。在图形区中选取草图 2 作为扫掠轨迹，完成扫掠轨迹的选取。

（4）定义扫掠类型。在"扫掠"对话框 类型 区域的下拉列表中选择 路径 选项，其他参数接受系统默认。

（5）单击"扫掠"对话框中的 确定 按钮，完成扫掠特征的创建。

Step 11　创建图 43.3.12b 所示的修剪 1（实体已隐藏）。

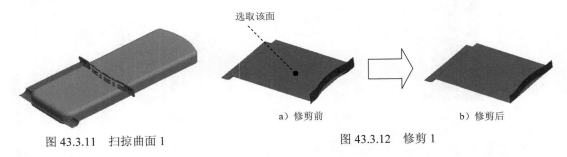

选取该面

a）修剪前　　　　　　　b）修剪后

图 43.3.11　扫掠曲面 1　　　　　　图 43.3.12　修剪 1

（1）选择命令。在 曲面 ▼ 区域中单击"修剪曲面"按钮 ，系统弹出"修剪曲面"对话框。

（2）定义切割工具。在系统 选择曲面、工作平面或草图作为切割工具 的提示下，选取图 43.3.12 所示的面为切割工具。

（3）定义要删除的面，在系统 选择要删除的面 的提示下，选取图 43.3.13 所示的面为要删除的面。

（4）单击 确定 按钮，完成曲面修剪 1 的创建。

Step 12　创建图 43.3.14b 所示的修剪 2（实体已隐藏）。

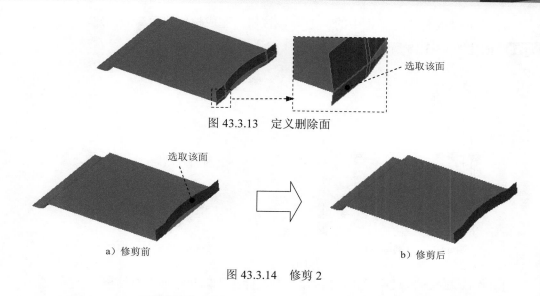

图 43.3.13 定义删除面

a）修剪前   b）修剪后

图 43.3.14 修剪 2

（1）选择命令。在 曲面 ▼ 区域中单击"修剪曲面"按钮 ✂，系统弹出"修剪曲面"对话框。

（2）定义切割工具。在系统选择曲面、工作平面或草图作为切割工具 的提示下，选取图 43.3.14 所示的面为切割工具。

（3）定义要删除的面，在系统选择要删除的面 的提示下选取图 43.3.15 所示的面为要删除的面。

（4）单击 确定 按钮，完成曲面修剪 1 的创建。

Step 13 创建图 43.3.16 所示的拉伸曲面 2（实体已隐藏）。

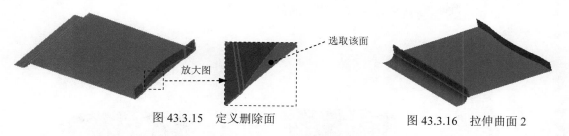

图 43.3.15 定义删除面   图 43.3.16 拉伸曲面 2

（1）在 创建 ▼ 区域中单击 按钮，系统弹出"创建拉伸"对话框。

（2）定义特征的截面草图。单击"创建拉伸"对话框中的 创建二维草图 按钮，选取 YZ 平面作为草图平面，进入草绘环境。绘制图 43.3.17 所示的截面草图（为了草图的准确定位，此时可将实体显示出来）。

（3）定义拉伸属性。单击 草图 选项卡 返回到三维 区域中的 按钮，在"拉伸"对话框 输出 区域中将输出类型设置为"曲面" ；在 范围 区域的的下拉列表中选择 距离 选项，输入距离值 60.0，并将拉伸类型设置为"对称"类型 。

（4）单击"拉伸"对话框中的 确定 按钮，完成拉伸曲面 2 的创建。

Step 14　创建图 43.3.18 所示的拉伸曲面 3（实体已显示）。

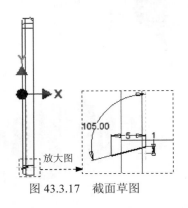

图 43.3.17　截面草图

草图平面

图 43.3.18　拉伸曲面 3

（1）在 创建 ▾ 区域中单击 按钮，系统弹出"创建拉伸"对话框。

（2）定义特征的截面草图。单击"创建拉伸"对话框中的 创建二维草图 按钮，选取图 43.3.18 所示的模型表面作为草图平面，进入草绘环境。绘制图 43.3.19 所示的截面草图。

（3）定义拉伸属性。单击 草图 选项卡 返回到三维 区域中的 按钮，在"拉伸"对话框 输出 区域中将输出类型设置为"曲面" ；在 范围 区域的的下拉列表中选择 距离 选项，输入距离值 20.0，并将拉伸类型设置为"对称"类型 。

（4）单击"拉伸"对话框中的 确定 按钮，完成拉伸曲面 3 的创建。

Step 15　创建 43.3.20 所示曲面的修剪 3，在 曲面 ▾ 区域中单击 按钮；选取图 43.3.21 所示的拉伸曲面 2 作为修剪工具，再选取 43.3.21 所示拉伸曲面 3 为要删除的面；单击 确定 按钮，完成修剪 3 的创建。

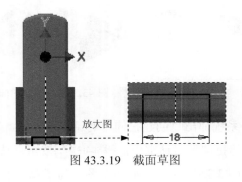

放大图

图 43.3.19　截面草图

图 43.3.20　修剪 3

Step 16　创建 43.3.22 所示曲面的修剪 4。在 曲面 ▾ 区域中单击 按钮；选取图 43.3.23 所示的面作为修剪工具，再选取 43.3.23 所示面为要删除的面；单击 确定 按钮，完成修剪 4 的创建。

Step 17　创建 43.3.24 所示曲面的修剪 5。在 曲面 ▾ 区域中单击 按钮；选取图 43.3.25

所示的面作为修剪工具，再选取 43.3.25 所示面为要删除的面；单击 确定 按钮，完成修剪 5 的创建。

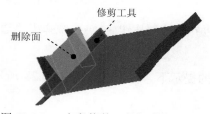

图 43.3.21　定义修剪工具与删除面

图 43.3.22　修剪 4

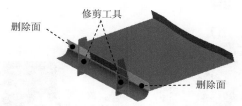

图 43.3.23　定义修剪工具与删除面

图 43.3.24　修剪 5

Step 18 创建图 43.3.26 所示的拉伸曲面 4（实体已显示）。

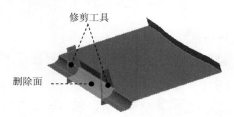

图 43.3.25　定义修剪工具与删除面

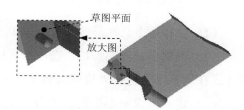

图 43.3.26　拉伸曲面 4

（1）在 创建 ▾ 区域中单击 按钮，系统弹出"创建拉伸"对话框。

（2）定义特征的截面草图。单击"创建拉伸"对话框中的 创建二维草图 按钮，选取图 43.3.26 所示的面作为草图平面，进入草绘环境。绘制图 43.3.27 所示的截面草图（为了更清楚地表达草图的位置，此时将实体显示出来）。

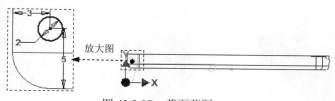

图 43.3.27　截面草图

（3）定义拉伸属性。单击 草图 选项卡 返回到三维 区域中的 按钮，在"拉伸"对话框 输出 区域中将输出类型设置为"曲面" ；在 范围 区域的的下拉列表中选择 距离 选项，输入距离值为 3.0，并将拉伸类型设置为"方向 2"类型 ▧。

（4）单击"拉伸"对话框中的 确定 按钮，完成拉伸曲面 3 的创建。

Step 19 创建图 43.3.28 所示的边界嵌片 1。

（1）选择命令。在 曲面 ▾ 区域中单击"边界嵌片"按钮 ▧ ，系统弹出"边界嵌片"对话框。

（2）定义边界边。在系统 选择边或草图曲线 的提示下，依次选取图 43.3.28 所示的边界为曲面的边界。

（3）单击 确定 按钮，完成边界嵌片的创建。

Step 20 创建图 43.3.29 所示的镜像 1（实体已隐藏）。

图 43.3.28　边界嵌片 1　　　　　　　　　图 43.3.29　镜像 1

（1）选择命令。在 阵列 区域中单击"镜像"按钮 ▧ 。

（2）选取要镜像的特征。在图形区中选取要镜像复制的拉伸曲面 4 与边界嵌片 1 特征（或在浏览器中选择"拉伸曲面 4"与"边界嵌片 1"特征）。

（3）定义镜像中心平面。单击"镜像"对话框中的 ▧ 镜像平面 按钮，然后选取 YZ 平面作为镜像中心平面。

（4）单击"镜像"对话框中的 确定 按钮，完成镜像操作。

Step 21 创建 43.3.30 所示曲面的修剪 6。在 曲面 ▾ 区域中单击 ▧ 按钮；选取图 43.3.31 所示的面作为修剪工具，选取 43.3.31 所示面为要删除的面；单击 确定 按钮，完成修剪 6 的创建。

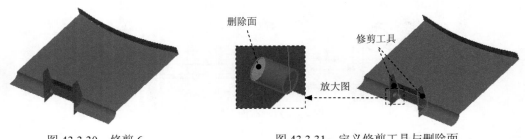

图 43.3.30　修剪 6　　　　　　　　图 43.3.31　定义修剪工具与删除面

Step 22 创建曲面的修剪 7。具体操作可参照上一步，选取图 43.3.31 所示的修剪工具，选取图 43.3.32 所示的面为要删除的面。

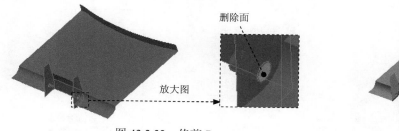

图 43.3.32　修剪 7

图 43.3.33　修剪 7

Step 23 创建 43.3.33 所示曲面的修剪 7。在 曲面▼ 区域中单击 按钮；选取图 43.3.34 所示的面作为修剪工具，再选取 43.3.34 所示面为要删除的面；单击 确定 按钮，完成修剪 7 的创建。

Step 24 创建图 43.3.35 所示的缝合曲面 1（隐藏实体）。

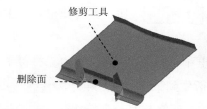

图 43.3.34　定义修剪工具与删除面

图 43.3.35　缝合曲面 1

（1）选择命令。在 曲面▼ 区域中单击"缝合曲面"按钮 ，系统弹出"缝合"对话框。

（2）定义缝合对象。在系统 选择要缝合的实体 的提示下，选取所有曲面作为缝合对象。

（3）在该对话框中单击 应用 按钮，单击 完毕 按钮，完成缝合曲面的创建。

Step 25 保存模型文件。

43.4　创建二级主控件 2

下面讲解二级主控件 2（SECOND02.ipt）的创建过程，零件模型及模型树如图 43.4.1 所示。

Step 1 在装配体中建立二级主控件 SECOND02。

（1）单击 装配 功能选项卡 零部件 区域中的"创建"按钮 。

（2）此时系统弹出"创建在位零件"对话框，在 新零部件名称(N) 文本框中输入零件名称 SECOND02；采用系统默认的模板和新文件位置。

（3）单击 确定 按钮，在系统 为基础特征选择草图平面 的提示下，选取"中心点"选

项 ⬦ 中心点 ，此时系统进入到编辑零部件环境中。

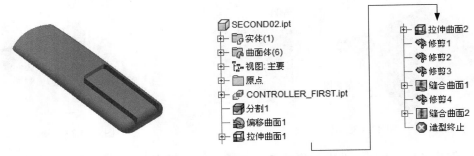

图 43.4.1　二级主控件及模型树

Step 2　在装配体中打开二级控件 SECOND02。在浏览器中单击 ⊞ SECOND02:1 后右击，在快捷菜单中选择 打开(O) 命令。

Step 3　引入主控件 CONTROLLER_FIRST。在 创建 ▼ 区域中单击 衍生 按钮，打开 CONTROLLER_FIRST.ipt 文件，单击 打开(O) 按钮，系统弹出"衍生零件"对话框。

Step 4　设置衍生参数。在"衍生零件"对话框中将 衍生样式(D): 设置为"将每个实体保留为单个实体" ，并将实体与曲面 6 衍生到下一级中，单击 确定 按钮，

说明：读者在选取衍生到下一级的曲面体时，可能与上一步操作有差异，此时可根据实际情况选取合适的曲面。

Step 5　创建图 43.4.2 所示的分割 1。

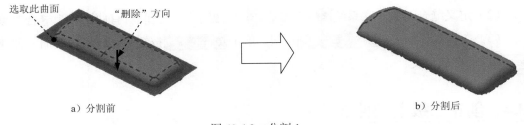

选取此曲面　　"删除"方向

a）分割前　　　　　　　　　　　b）分割后

图 43.4.2　分割 1

（1）选择命令。在 修改 ▼ 区域中单击 分割 按钮，系统弹出"分割"对话框。

（2）定义分割类型。在"分割"对话框中将分割类型设置为"修剪实体" 。

（3）定义分割工具。在图形区选取图 43.4.2 所示的面作为分割工具。

（4）定义分割方向。在"分割"对话框中将删除方向设置为"方向 2"类型 （如图 43.4.2）。

（5）单击 确定 按钮，完成分割 1 的创建。

Step 6　创建图 43.4.3 所示的偏移曲面 1（已隐藏实体）。

（1）选择命令。在 曲面 ▼ 区域中单击"加厚/偏移"按钮 ✎ ，系统弹出"加厚/偏移"对话框。

（2）定义偏移曲面。选取图 43.4.4 所示的曲面为等距曲面。

（3）定义输出类型。在"加厚/偏移"对话框 输出 区域中选择"曲面"选项 ⬚ 。

（4）定义等距偏移距离及方向。在"加厚/偏移"对话框 距离 文本框中输入数值 2，将偏移方向设置为"方向 2"类型 ⬔ （向模型内部）。

（5）单击 确定 按钮，完成偏移曲面的创建。

Step 7 创建图 43.4.5 所示的拉伸曲面 1（实体已显示）。

图 43.4.3 偏移曲面 1

图 43.4.4 定义偏移曲面

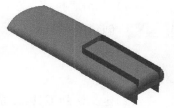

图 43.4.5 拉伸曲面 1

（1）在 创建 ▼ 区域中单击 ⬚ 按钮，系统弹出"创建拉伸"对话框。

（2）定义特征的截面草图。单击"创建拉伸"对话框中的 创建二维草图 按钮，选取 XZ 平面作为草图平面，进入草绘环境。绘制图 43.4.6 所示的截面草图。

（3）定义拉伸属性。单击 草图 选项卡 返回到三维 区域中的 ⬚ 按钮，在"拉伸"对话框 输出 区域中将输出类型设置为"曲面" ⬚ ；在 范围 区域的的下拉列表中选择 距离 选项，输入距离值 25.0，并将拉伸类型设置为"方向 1"类型 ⬔ 。

（4）单击"拉伸"对话框中的 确定 按钮，完成拉伸曲面 1 的创建。

Step 8 创建图 43.4.7 所示的拉伸曲面 2（实体已隐藏）。

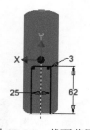

图 43.4.6 截面草图

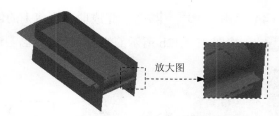

图 43.4.7 拉伸曲面 2

（1）在 创建 ▼ 区域中单击 ⬚ 按钮，系统弹出"创建拉伸"对话框。

（2）定义特征的截面草图。单击"创建拉伸"对话框中的 创建二维草图 按钮，选取图 43.4.8 所示的模型表面作为草图平面，进入草绘环境。绘制图 43.4.9 所示的截面草图。

（3）定义拉伸属性。单击 草图 选项卡 返回到三维 区域中的 ⬚ 按钮，在"拉伸"对话

框 输出 区域中将输出类型设置为"曲面" ；在 范围 区域的的下拉列表中选择 距离 选项，输入距离值 10.0，并将拉伸类型设置为"方向 2"类型 。

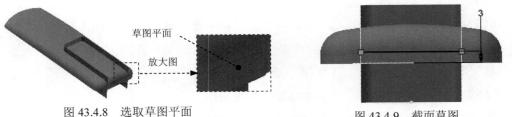

图 43.4.8　选取草图平面　　　　　　　图 43.4.9　截面草图

（4）单击"拉伸"对话框中的 确定 按钮，完成拉伸曲面 2 的创建。

Step 9　创建图 43.4.10b 所示的修剪 1（实体已隐藏）。

（1）选择命令。在 曲面 区域中单击"修剪曲面"按钮 ，系统弹出"修剪曲面"对话框。

（2）定义切割工具。在系统 选择曲面、工作平面或草图作为切割工具 的提示下，选取图 43.4.10 所示的面为切割工具。

（3）定义要删除的面，在系统 选择要删除的面 的提示下，选取图 43.4.11 所示的面为要删除的面。

a）修剪前　　　　　b）修剪后　　　　　　删除面

图 43.4.10　修剪 1　　　　　　　　图 43.4.11　定义删除面

（4）单击 确定 按钮，完成曲面修剪 1 的创建。

Step 10　创建图 43.4.12b 所示的修剪 2（实体已隐藏）。

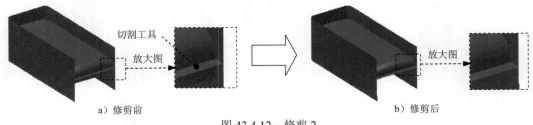

切割工具　放大图　　　　　　　　　　放大图

a）修剪前　　　　　　　　　　b）修剪后

图 43.4.12　修剪 2

（1）选择命令。在 曲面 区域中单击"修剪曲面"按钮 ，系统弹出"修剪曲面"对话框。

（2）定义切割工具。在系统 选择曲面、工作平面或草图作为切割工具 的提示下，选取图 43.4.12 所示的面为切割工具。

（3）定义要删除的面，在系统 选择要删除的面 的提示下，选取图 43.4.13 所示的面为要删除的面。

（4）单击 确定 按钮，完成曲面修剪 2 的创建。

Step 11　创建 43.4.14 所示曲面的修剪 3。在 曲面 ▾ 区域中单击 ✂ 按钮；选取图 43.4.15 所示的面作为修剪工具，再选取 43.4.15 所示面为要删除的面；单击 确定 按钮，完成修剪 3 的创建。

图 43.4.13　定义删除面　　　　　　　　　图 43.4.14　修剪 3

Step 12　创建图 43.4.16 所示的缝合曲面 1（隐藏实体）。

（1）选择命令。在 曲面 ▾ 区域中单击"缝合曲面"按钮 📄，系统弹出"缝合"对话框。

（2）定义缝合对象。在系统 选择要缝合的实体 的提示下，选取图 43.4.16 所示的面作为缝合对象。

（3）在该对话框中单击 应用 按钮，单击 完毕 按钮，完成缝合曲面的创建。

Step 13　创建 43.4.17 所示曲面的修剪 4。在 曲面 ▾ 区域中单击 ✂ 按钮；选取缝合曲面 1 作为修剪工具，再选取 43.4.18 所示面为要删除的面；单击 确定 按钮，完成修剪 4 的创建。

图 43.4.15　定义修剪工具与删除面　　　图 43.4.16　缝合曲面 1　　　　图 43.4.17　修剪 4

Step 14　创建图 43.4.19 所示的缝合曲面 2（隐藏实体）。

（1）选择命令。在 曲面 ▾ 区域中单击"缝合曲面"按钮 📄，系统弹出"缝合"对话框。

删除面

图 43.4.18　定义删除面　　　　图 43.4.19　缝合曲面 2

（2）定义缝合对象。在系统 选择要缝合的实体 的提示下，选取缝合曲面 1 与拉伸曲面 1 作为缝合对象。

（3）在该对话框中单击 应用 按钮，单击 完毕 按钮，完成缝合曲面的创建。

Step 15　保存模型文件。

43.5　三级主控件

下面讲解三级主控件（THIRD.ipt）的创建过程，零件模型及模型树如图 43.5.1 所示。

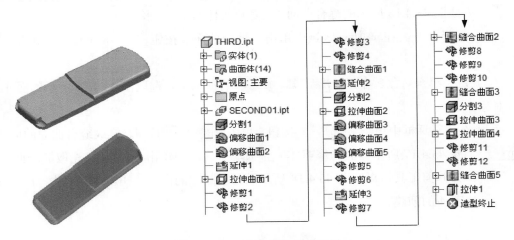

图 43.5.1　三级主控件及模型树

Step 1　在装配体中建立三级主控件 THIRD。

（1）单击 装配 功能选项卡 零部件 区域中的"创建"按钮。

（2）此时系统弹出"创建在位零件"对话框，在 新零部件名称(N) 文本框中输入零件名称 THIRD；采用系统默认的模板和新文件位置。

（3）单击 确定 按钮，在系统 为基础特征选择草图平面 的提示下，选取"中心点"选项 中心点，此时系统进入到编辑零部件环境中。

Step 2　在装配体中打开三级控件 THIRD。在浏览器中单击 THIRD:1 后右击，在快捷菜单中选择 打开(O) 命令。

Step 3 引入二级控件 SECOND01。在 创建 ▼ 区域中单击 🔲衍生 按钮，打开 SECOND01.ipt 文件，单击 打开(O) 按钮，系统弹出图 43.5.2 所示的"衍生零件"对话框。

Step 4 设置衍生参数。在"衍生零件"对话框中将 衍生样式(D): 设置为"将每个实体保留为单个实体" 🔲，并将实体与曲面 11 衍生到下一级中（如图 43.5.2 所示），单击 确定 按钮。

Step 5 创建图 43.5.3 所示的分割 1。

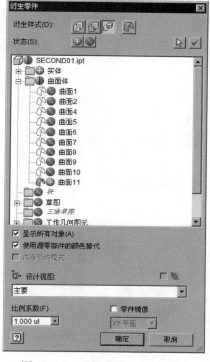

图 43.5.2 "衍生零件"对话框

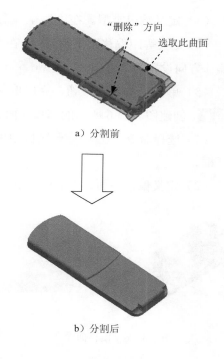

a）分割前

b）分割后

图 43.5.3 分割 1

（1）选择命令。在 修改 ▼ 区域中单击 🔲分割 按钮，系统弹出"分割"对话框。

（2）定义分割类型。在"分割"对话框中将分割类型设置为"修剪实体" 🔲。

（3）定义分割工具。在图形区选取图 43.5.3 所示的面作为分割工具。

（4）定义分割方向。在"分割"对话框中将删除方向设置为"方向 2"类型 🔲（如图 43.5.3）。

（5）单击 确定 按钮，完成分割 1 的创建。

Step 6 创建图 43.5.4 所示的偏移曲面 1（已隐藏实体）。

（1）选择命令。在 曲面 ▼ 区域中单击"加厚/偏移"按钮 🔲，系统弹出"加厚/偏移"对话框。

（2）定义偏移曲面。选取图 43.5.5 所示的曲面为等距曲面。

图 43.5.4　偏移曲面 1

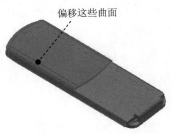

图 43.5.5　定义偏移曲面

（3）定义输出类型。在"加厚/偏移"对话框 输出 区域中选择"曲面" 🔲。

（4）定义等距偏移距离及方向。在"加厚/偏移"对话框的 距离 文本框中输入数值 1.5，将偏移方向设置为"方向 2"类型 🔲（向模型内部）。

（5）单击 确定 按钮，完成偏移曲面的创建。

Step 7　创建图 43.5.6 所示的偏移曲面 2（已隐藏实体）。

（1）选择命令。在 曲面 ▾ 区域中单击"加厚/偏移"按钮 🔶，系统弹出"加厚/偏移"对话框。

（2）定义偏移曲面。选取图 43.5.7 所示的曲面为等距曲面。

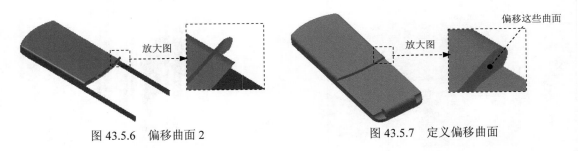

图 43.5.6　偏移曲面 2　　　　　　　图 43.5.7　定义偏移曲面

（3）定义输出类型。在"加厚/偏移"对话框 输出 区域中选择"曲面" 🔲。

（4）定义等距偏移距离及方向。在"加厚/偏移"对话框的 距离 文本框中输入数值 1.5，将偏移方向设置为"方向 2"类型 🔲（向模型内部）。

（5）单击 确定 按钮，完成偏移曲面的创建。

Step 8　创建图 43.5.8 所示的延伸曲面 1（已隐藏实体）。

（1）选择命令。在 三维模型 选项卡中单击 曲面 ▾ 后的 ▾，选择 延伸 命令，弹出"延伸曲面"对话框。

（2）定义延伸边线。在系统 选择要延伸的边界边 的提示下，选取图 43.5.9 所示的延伸边线。

（3）定义终止条件类型。在"延伸曲面"对话框的 范围 区域的下拉列表中选择 距离 选项，输入距离值 10.0。

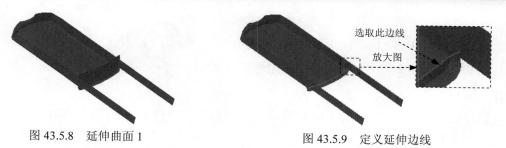

图 43.5.8　延伸曲面 1　　　　　　图 43.5.9　定义延伸边线

（4）在该对话框中单击 **确定** 按钮，完成延伸曲面的创建。

Step 9　创建图 43.5.10 所示的拉伸曲面 1（已隐藏实体）。

（1）在 **创建▼** 区域中单击 按钮，系统弹出"创建拉伸"对话框。

（2）定义特征的截面草图。单击"创建拉伸"对话框中的 **创建二维草图** 按钮，选取 YZ 平面作为草图平面，进入草绘环境。绘制图 43.5.11 所示的截面草图。

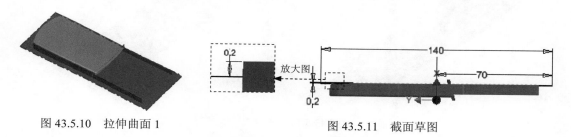

图 43.5.10　拉伸曲面 1　　　　　　图 43.5.11　截面草图

（3）定义拉伸属性。单击 **草图** 选项卡 **返回到三维** 区域中的 按钮，在"拉伸"对话框 **输出** 区域中将输出类型设置为"曲面" ；在 **范围** 区域的的下拉列表中选择 **距离** 选项，输入距离值为 50.0，并将拉伸类型设置为"对称"类型 。

（4）单击"拉伸"对话框中的 **确定** 按钮，完成拉伸曲面 1 的创建。

Step 10　创建图 43.5.12b 所示的修剪 1（已隐藏实体）。

a）修剪前　　　　　　　　b）修剪后
图 43.5.12　修剪 1

（1）选择命令。在 **曲面▼** 区域中单击"修剪曲面"按钮 ，系统弹出"修剪曲面"对话框。

（2）定义切割工具。在系统 **选择曲面、工作平面或草图作为切割工具** 的提示下，选取图 43.5.12 所示的面（偏移曲面 2）为切割工具。

（3）定义要删除的面，在系统选择要删除的面 的
提示下，选取图 43.5.13 所示的面为要删除的面。

（4）单击 确定 按钮，完成曲面修剪 1 的
创建。

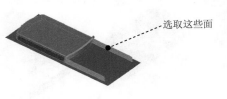

Step 11 创建图 43.5.14b 所示的修剪 2（已隐藏
实体）。

图 43.5.13　定义删除面

（1）选择命令。在 曲面 ▾ 区域中单击"修剪曲面"按钮，系统弹出"修剪曲面"
对话框。

（2）定义切割工具。在系统选择曲面、工作平面或草图作为切割工具 的提示下，选取图 43.5.14
所示的面（拉伸曲面 1）为切割工具。

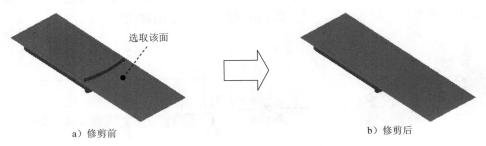

a）修剪前　　　　　　　　　　　　b）修剪后

图 43.5.14　修剪 2

（3）定义要删除的面，在系统选择要删除的面 的提示下，选取图43.5.15所示的面为要删
除的面。

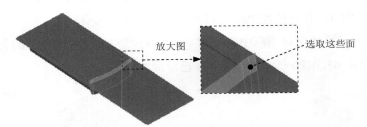

图 43.5.15　定义删除面

（4）单击 确定 按钮，完成曲面修剪2的创建。

Step 12 创建 43.5.16 所示曲面的修剪 3，在 曲面 ▾ 区域中单击 按钮；选取拉伸曲面 1
作为修剪工具，再选取 43.5.17 所示面为要删除的面；单击 确定 按钮，完成
修剪 3 的创建。

Step 13 创建 43.5.18 所示曲面的修剪 4，在 曲面 ▾ 区域中单击 按钮；选取图 43.5.18
所示的面作为修剪工具，再选取 43.5.19 所示面为要删除的面；单击 确定 按
钮，完成修剪 4 的创建。

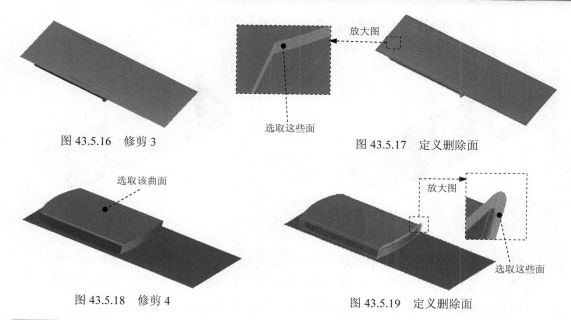

图 43.5.16 修剪 3

图 43.5.17 定义删除面

图 43.5.18 修剪 4

图 43.5.19 定义删除面

Step 14 创建图 43.5.20 所示的缝合曲面 1（已隐藏实体）。

（1）选择命令。在 曲面 ▾ 区域中单击"缝合曲面"按钮 ▤，系统弹出"缝合"对话框。

（2）定义缝合对象。在系统 选择要缝合的实体 的提示下，选取图 43.5.20 所示的面 1 与面 2 作为缝合对象。

（3）在该对话框中单击 应用 按钮，单击 完毕 按钮，完成缝合曲面的创建。

Step 15 创建图 43.5.21 所示的延伸曲面 2（已隐藏实体）。

图 43.5.20 缝合曲面 1

图 43.5.21 延伸曲面 2

（1）选择命令。在 三维模型 选项卡中单击 曲面 ▾ 后的 ▾，选择 ⊥ 延伸 命令，系统弹出"延伸曲面"对话框。

（2）定义延伸边线。在系统 选择要延伸的边界边 的提示下，选取图 43.5.22 所示的延伸边线。

（3）定义终止条件类型。在"延伸曲面"对话框 范围 区域的下拉列表中选择 距离 选项，输入距离值 3.0。

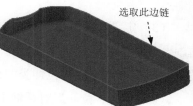

图 43.5.22 定义延伸边线

（4）在该对话框中单击 确定 按钮，完成延伸曲面的创建。

Step 16 创建图 43.5.23 所示的分割 2。

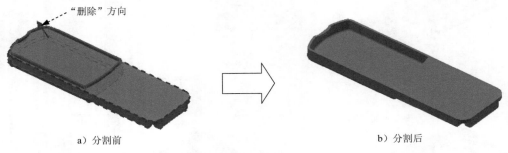

"删除"方向

a）分割前
b）分割后

图 43.5.23 分割 2

（1）选择命令。在 修改 ▼ 区域中单击 分割 按钮，系统弹出"分割"对话框。

（2）定义分割类型。在"分割"对话框中将分割类型设置为"修剪实体" 。

（3）定义分割工具。在图形区选取缝合曲面 1 作为分割工具。

（4）定义分割方向。在"分割"对话框中将删除方向设置为"方向 2"类型 （如图 43.5.23）。

（5）单击 确定 按钮，完成分割 2 的创建。

Step 17 创建图 43.5.24 所示的拉伸曲面 2。

（1）在 创建 ▼ 区域中单击 按钮，系统弹出"创建拉伸"对话框。

（2）定义特征的截面草图。单击"创建拉伸"对话框中的 创建二维草图 按钮，选取 YZ 平面作为草图平面，进入草绘环境。绘制图 43.5.25 所示的截面草图。

图 43.5.24 拉伸曲面 2

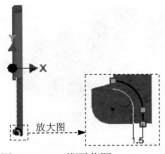

放大图

图 43.5.25 截面草图

（3）定义拉伸属性。单击 草图 选项卡 返回到三维 区域中的 按钮，在"拉伸"对话框 输出 区域中将输出类型设置为"曲面" ；在 范围 区域的的下拉列表中选择 距离 选项，输入距离值 60.0，并将拉伸类型设置为"对称"类型 。

（4）单击"拉伸"对话框中的 确定 按钮，完成拉伸曲面 2 的创建。

Step 18 创建图 43.5.26 所示的偏移曲面 3（已隐藏实体）。

（1）选择命令。在 曲面 ▾ 区域中单击"加厚/偏移"按钮 ⬯，系统弹出"加厚/偏移"对话框。

（2）定义偏移曲面。选取图 43.5.27 所示的曲面（共 5 个面）为等距曲面。

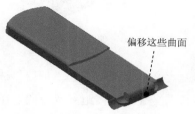

偏移这些曲面

图 43.5.26　偏移曲面 3　　　　　图 43.5.27　定义偏移曲面

（3）定义输出类型。在"加厚/偏移"对话框 输出 区域中选择"曲面"选项 ⬜。

（4）定义等距偏移距离及方向。在"加厚/偏移"对话框的 距离 文本框中输入数值 1.5，将偏移方向设置为"方向 2"类型 ⬔ （向模型内部）。

（5）单击 确定 按钮，完成偏移曲面的创建。

Step 19　创建图 43.5.28 所示的偏移曲面 4（已隐藏实体）。

（1）选择命令。在 曲面 ▾ 区域中单击"加厚/偏移"按钮 ⬯，系统弹出"加厚/偏移"对话框。

（2）定义偏移曲面。选取图 43.5.29 所示的曲面为等距曲面。

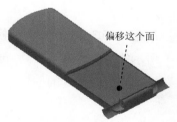

偏移这个面

图 43.5.28　偏移曲面 4　　　　　图 43.5.29　定义偏移曲面

（3）定义输出类型。在"加厚/偏移"对话框 输出 区域中选择"曲面"选项 ⬜。

（4）定义等距偏移距离及方向。在"加厚/偏移"对话框的 距离 文本框中输入数值 1.5，将偏移方向设置为"方向 2"类型 ⬔ （向模型内部）。

（5）单击 确定 按钮，完成等距曲面的创建。

Step 20　创建图 43.5.30 所示的偏移曲面 5（已隐藏实体）。

（1）选择命令。在 曲面 ▾ 区域中单击"加厚/偏移"按钮 ⬯，系统弹出"加厚/偏移"对话框。

（2）定义偏移曲面。选取图 43.5.31 所示的曲面为等距曲面。

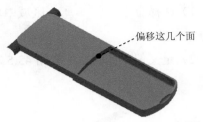

偏移这几个面

图 43.5.30　偏移曲面 5　　　　　　　　图 43.5.31　定义偏移曲面

（3）定义输出类型。在"加厚/偏移"对话框 输出 区域中选择"曲面"选项 ⬜。

（4）定义等距偏移距离及方向。在"加厚/偏移"对话框的 距离 文本框中输入数值 0。

（5）单击 确定 按钮，完成偏移曲面的创建。

Step 21　创建 43.5.32 所示曲面的修剪 5。在 曲面 ▾ 区域中单击 ✂ 按钮；选取图 43.5.32 所示的面作为修剪工具，再选取 43.5.33 所示的面为要删除的面；单击 确定 按钮，完成修剪 5 的创建。

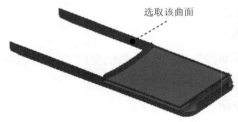

选取该曲面

选取这些面

图 43.5.32　修剪 5　　　　　　　　图 43.5.33　定义删除面

Step 22　创建 43.5.34 所示曲面的修剪 6。在 曲面 ▾ 区域中单击 ✂ 按钮；选取图 43.5.34 所示的面作为修剪工具，再选取 43.5.35 所示的面为要删除的面；单击 确定 按钮，完成修剪 6 的创建。

选取该曲面

选取这些面

图 43.5.34　修剪 6　　　　　　　　图 43.5.35　定义删除面

Step 23　创建图 43.5.36 所示的延伸曲面 3（已隐藏实体）。

（1）选择命令。在 三维模型 选项卡中单击 曲面 ▾ 后的 ▾，选择 ⬆ 延伸 命令，系统弹出"延伸曲面"对话框。

（2）定义延伸边线。在系统 选择要延伸的边界边 的提示下，选取图 43.5.37 所示的延伸边线。

（3）定义终止条件类型。在"延伸曲面"对话框 范围 区域的下拉列表中选择 到 选项，选取图 43.5.38 所示的面作为延伸终止面。

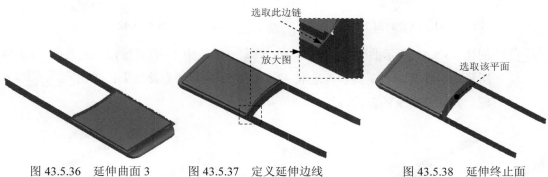

图 43.5.36　延伸曲面 3　　　图 43.5.37　定义延伸边线　　　图 43.5.38　延伸终止面

（4）在该对话框中单击 确定 按钮，完成延伸曲面的创建。

Step 24　创建 43.5.39 所示曲面的修剪 7。在 曲面 ▼ 区域中单击 ✂ 按钮；选取图 43.5.39 所示的面作为修剪工具，再选取 43.5.40 所示面为要删除的面；单击 确定 按钮，完成修剪 7 的创建。

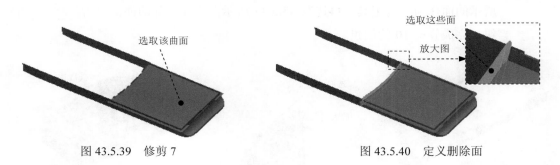

图 43.5.39　修剪 7　　　　　　　　图 43.5.40　定义删除面

Step 25　创建图 43.5.41 所示的缝合曲面 2（已隐藏实体）。

（1）选择命令。在 曲面 ▼ 区域中单击"缝合曲面"按钮 ▤，系统弹出"缝合"对话框。

（2）定义缝合对象。在系统 选择要缝合的实体 的提示下，选取图 43.5.41 所示的面 1 与面 2 作为缝合对象。

（3）在该对话框中单击 应用 按钮，单击 完毕 按钮，完成缝合曲面的创建。

Step 26　创建 43.5.42 所示曲面的修剪 8。在 曲面 ▼ 区域中单击 ✂ 按钮；选取缝合曲面 2 作为修剪工具，再选取 43.5.43 所示面为要删除的面；单击 确定 按钮，完成修剪 8 的创建。

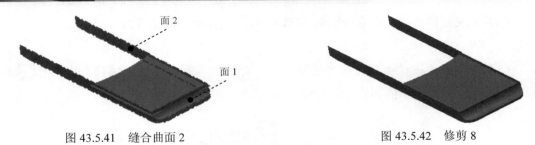

图 43.5.41 缝合曲面 2   图 43.5.42 修剪 8

Step 27 创建 43.5.44 所示曲面的修剪 9。在 曲面 ▼ 区域中单击 按钮；选取图 43.5.44 所示的面作为修剪工具，再选取 43.5.45 所示面为要删除的面；单击 确定 按钮，完成修剪 9 的创建。

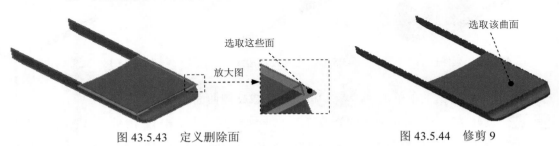

图 43.5.43 定义删除面   图 43.5.44 修剪 9

Step 28 创建 43.5.46 所示曲面的修剪 10。在 曲面 ▼ 区域中单击 按钮；选取图 43.5.46 所示的面作为修剪工具，再选取 43.5.47 所示面为要删除的面；单击 确定 按钮，完成修剪 10 的创建。

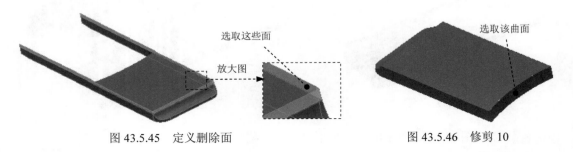

图 43.5.45 定义删除面   图 43.5.46 修剪 10

Step 29 创建图 43.5.48 所示的缝合曲面 3（已隐藏实体）。

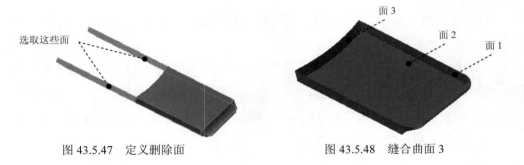

图 43.5.47 定义删除面   图 43.5.48 缝合曲面 3

（1）选择命令。在 曲面 ▼ 区域中单击"缝合曲面"按钮 ▤，系统弹出"缝合"对话框。

（2）定义缝合对象。在系统 选择要缝合的实体 的提示下，选取图 43.5.48 所示的面 1、面 2 与面 3 作为缝合对象。

（3）在该对话框中单击 应用 按钮，单击 完毕 按钮，完成缝合曲面的创建。

Step 30 创建图 43.5.49 所示的分割 3。

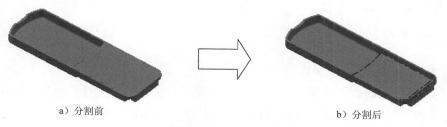

a）分割前　　　　　　　　　　　　　　　　b）分割后

图 43.5.49　分割 3

（1）选择命令。在 修改 ▼ 区域中单击 分割 按钮，系统弹出"分割"对话框。

（2）定义分割类型。在"分割"对话框中将分割类型设置为"修剪实体" 🗐。

（3）定义分割工具。在图形区选取缝合曲面 3 作为分割工具。

（4）定义分割方向。在"分割"对话框中将删除方向设置为"方向 2"类型 ◁（如图 43.5.50）。

（5）单击 确定 按钮，完成分割 3 的创建。

Step 31 创建图 43.5.51 所示的拉伸曲面 3（实体已隐藏）。

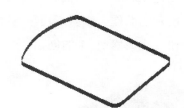

图 43.5.50　分割方向　　　　　　　　图 43.5.51　拉伸曲面 3

（1）在 创建 ▼ 区域中单击 ▯ 按钮，系统弹出"创建拉伸"对话框。

（2）定义特征的截面草图。单击"创建拉伸"对话框中的 创建二维草图 按钮，选取 XZ 平面作为草图平面，进入草绘环境。绘制图 43.5.52 所示的截面草图。

（3）定义拉伸属性。单击 草图 选项卡 返回到三维 区域中的 ▯ 按钮，在"拉伸"对话框 输出 区域中将输出类型设置为"曲面" 🗇；在 范围 区域的的下拉列表中选择 距离 选项，输入距离值 2.0，并将拉伸类型设置为"方向 1"类型 ▷。

（4）单击"拉伸"对话框中的 确定 按钮，完成拉伸曲面 3 的创建。

Step 32 创建图 43.5.53 所示的拉伸曲面 4（实体已隐藏）。

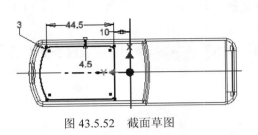

图 43.5.52 截面草图

图 43.5.53 拉伸曲面 4

（1）在 创建 ▼ 区域中单击 按钮，系统弹出"创建拉伸"对话框。

（2）定义特征的截面草图。单击"创建拉伸"对话框中的 创建二维草图 按钮，选取 YZ 平面作为草图平面，进入草绘环境。绘制图 43.5.54 所示的截面草图。

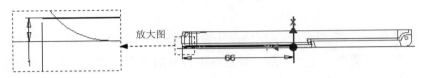

图 43.5.54 截面草图

（3）定义拉伸属性。单击 草图 选项卡 返回到三维 区域中的 按钮，在"拉伸"对话框 输出 区域中将输出类型设置为"曲面" ；在 范围 区域的的下拉列表中选择 距离 选项，输入距离值 60.0，并将拉伸类型设置为"对称"类型 。

（4）单击"拉伸"对话框中的 确定 按钮，完成拉伸曲面 4 的创建。

Step 33 创建 43.5.55 所示曲面的修剪 11，在 曲面 ▼ 区域中单击 按钮；选取图 43.5.55 所示的面作为修剪工具，再选取 43.5.56 所示面为要删除的面；单击 确定 按钮，完成修剪 11 的创建。

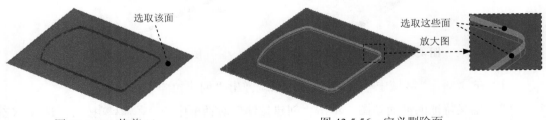

图 43.5.55 修剪 11

图 43.5.56 定义删除面

Step 34 创建 43.5.57 所示曲面的修剪 12，在 曲面 ▼ 区域中单击 按钮；选取图 43.5.57 所示的面作为修剪工具，再选取 43.5.58 所示面为要删除的面；单击 确定 按钮，完成修剪 12 的创建。

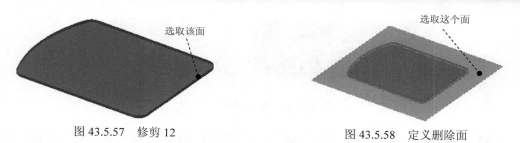

图 43.5.57　修剪 12　　　　　　　图 43.5.58　定义删除面

Step 35　创建图 43.5.59 所示的缝合曲面 4（已隐藏实体）。

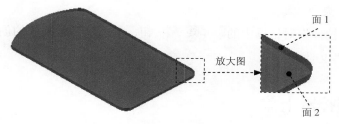

图 43.5.59　缝合曲面 4

（1）选择命令。在 曲面 ▾ 区域中单击"缝合曲面"按钮 ▤，系统弹出"缝合"对话框。

（2）定义缝合对象。在系统 选择要缝合的实体 的提示下，选取图 43.5.59 所示的面 1 与面 2 作为缝合对象。

（3）在该对话框中单击 应用 按钮，单击 完毕 按钮，完成缝合曲面的创建。

Step 36　创建图 43.5.60 所示的拉伸特征 5。

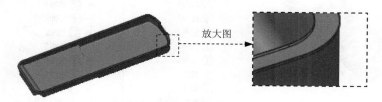

图 43.5.60　拉伸特征 5

（1）选择命令。在 创建 ▾ 区域中单击 ▢ 按钮，系统弹出"创建拉伸"对话框。

（2）定义特征的截面草图。单击"创建拉伸"对话框中的 创建二维草图 按钮，选取图 43.5.61 所示的模型表面作为草图平面，进入草绘环境。绘制图 43.5.62 所示的截面草图。

图 43.5.61　草图平面

图 43.5.62　截面草图

（3）定义拉伸属性。单击 草图 选项卡 返回到三维 区域中的 ▢ 按钮，在"拉伸"对话框 范围 区域中的下拉列表中选择 距离 选项，在"距离"文本框中输入 0.2，并将拉伸类型设置为"方向 1"类型 ◢ 。

（4）单击"拉伸"对话框中的 确定 按钮，完成拉伸特征 5 的创建。

Step 37　保存模型文件。

43.6　创建遥控器上盖

下面讲解遥控器上盖（TOP_COVER.ipt）的创建过程，零件模型及模型树如图 43.6.1 所示。

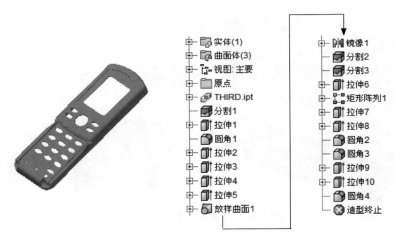

图 43.6.1　零件模型及模型树

Step 1　在装配体中建立遥控器上盖 TOP_COVER。

（1）单击 装配 功能选项卡 零部件 区域中的"创建"按钮 📄 。

（2）此时系统弹出"创建在位零件"对话框，在 新零部件名称(N) 文本框中输入零件名称为 TOP_COVER；采用系统默认的模板和新文件位置。

（3）单击 确定 按钮，在系统 为基础特征选择草图平面 的提示下，选取"中心点"选项 ◈ 中心点 ，此时系统进入到编辑零部件环境中。

Step 2　在装配体中打开遥控器上盖 TOP_COVER。在浏览器中单击 ⊞ 🗀 TOP_COVER:1 后右击，在快捷菜单中选择 ⬚ 打开(O) 命令。

Step 3 引入三级控件 THIRD。在 创建 ▾ 区域中单击 ⬚ 衍生 按钮，打开 THIRD.ipt 文件，单击 打开(O) 按钮，系统弹出"衍生零件"对话框。

Step 4 设置衍生参数。在"衍生零件"对话框中将 衍生样式(D): 设置为"将每个实体保留为单个实体" ⬚，并将实体与曲面 15 衍生到下一级中（如图 43.6.2 所示），单击 确定 按钮。

Step 5 创建图 43.6.3 所示的分割 1。

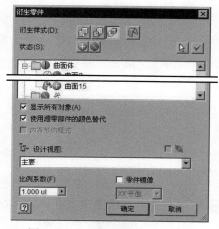
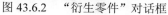

图 43.6.2　"衍生零件"对话框

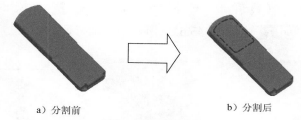

　　　　　　　　　　　　　　　a）分割前　　　　　　　　　　b）分割后

图 43.6.3　分割 1

（1）选择命令。在 修改 ▾ 区域中单击 ⬚ 分割 按钮，系统弹出"分割"对话框。

（2）定义分割类型。在"分割"对话框中将分割类型设置为"修剪实体" ⬚。

（3）定义分割工具。在图形区选取曲面 15 作为分割工具。

（4）定义分割方向。在"分割"对话框中将删除方向设置为"方向 2"类型 ⬚（如图 43.6.4）。

（5）单击 确定 按钮，完成分割 1 的创建。

Step 6 创建图 43.6.5 所示的拉伸特征 1。

图 43.6.4　分割方向

图 43.6.5　拉伸特征 1

（1）选择命令。在 创建 ▾ 区域中单击 ⬚ 按钮，系统弹出"创建拉伸"对话框。

（2）定义特征的截面草图。单击"创建拉伸"对话框中的 创建二维草图 按钮，选取图 43.6.6 所示的模型表面作为草图平面，进入草绘环境。绘制图 43.6.7 所示的截面草图。

图 43.6.6　草图平面

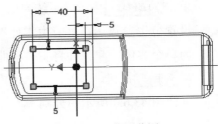

图 43.6.7　截面草图

（3）定义拉伸属性。单击 草图 选项卡 返回到三维 区域中的 ▢ 按钮，然后将布尔运算设置为"求差"类型 ▢，在 范围 区域中的下拉列表中选择 贯通 选项，将拉伸方向设置为"方向 2"类型 ▢。

（4）单击"拉伸"对话框中的 确定 按钮，完成拉伸特征 1 的创建。

Step 7　创建图 43.6.8b 所示的倒圆特征 1。

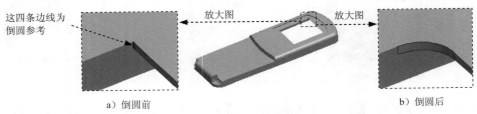

a）倒圆前　　　　　　　　　　　　　　　b）倒圆后

图 43.6.8　倒圆角 1

（1）选择命令。在 修改 ▼ 区域中单击 ▢ 按钮。

（2）选取要倒圆的对象。在系统的提示下，选取图 43.6.8a 所示的模型边线为倒圆的对象。

（3）定义倒圆参数。在"倒圆角"小工具条的"半径 R"文本框中输入 2.0。

（4）单击"圆角"对话框中的 确定 按钮，完成圆角特征的定义。

Step 8　创建图 43.6.9 所示的拉伸特征 2。

图 43.6.9　拉伸特征 2

（1）选择命令。在 创建 ▼ 区域中单击 ▢ 按钮，系统弹出"创建拉伸"对话框。

（2）定义特征的截面草图。单击"创建拉伸"对话框中的 创建二维草图 按钮，选取图 43.6.10 所示的模型表面作为草图平面，进入草绘环境。绘制图 43.6.11 所示的截面草图。

（3）定义拉伸属性。单击 草图 选项卡 返回到三维 区域中的 ▢ 按钮，然后将布尔运算设置为"求差"类型🔲，在 范围 区域中的下拉列表中选择 贯通 选项，将拉伸方向设置为"方向 2"类型🔲。

图 43.6.10　草图平面

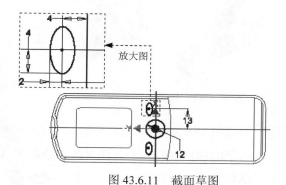

图 43.6.11　截面草图

（4）单击"拉伸"对话框中的 确定 按钮，完成拉伸特征 2 的创建。

Step 9　创建图 43.6.12 所示的拉伸特征 3。

（1）选择命令。在 创建 ▼ 区域中单击🔲按钮，系统弹出"创建拉伸"对话框。

（2）定义特征的截面草图。单击"创建拉伸"对话框中的 创建二维草图 按钮，选取图 43.6.12 所示的模型表面作为草图平面，进入草绘环境。绘制图 43.6.13 所示的截面草图。

图 43.6.12　拉伸特征 3

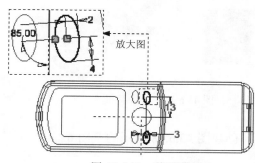

图 43.6.13　截面草图

（3）定义拉伸属性。单击 草图 选项卡 返回到三维 区域中的🔲按钮，然后将布尔运算设置为"求差"类型🔲，在 范围 区域中的下拉列表中选择 贯通 选项，将拉伸方向设置为"方向 2"类型🔲。

（4）单击"拉伸"对话框中的 确定 按钮，完成拉伸特征 3 的创建。

Step 10　创建图 43.6.14 所示的拉伸特征 4。在 创建 ▼ 区域中单击🔲按钮，选取图 43.6.14 所示的模型表面作为草图平面，绘制图 43.6.15 所示的截面草图，在"拉伸"对话框将布尔运算设置为"求差"类型🔲，然后在 范围 区域中的下拉列表中选择 距离 选项，在"距离"文本框中输入 1.0，将拉伸方向设置为"方向 2"类型🔲。单击"拉伸"对话框中的 确定 按钮，完成拉伸特征 4 的创建。

图 43.6.14 拉伸特征 4

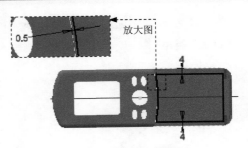

图 43.6.15 截面草图

Step 11 创建图 43.6.16 所示的拉伸特征 5。在 创建▼ 区域中单击 ▯ 按钮，选取图 43.6.16 所示的模型表面作为草图平面，绘制图 43.6.17 所示的截面草图，在"拉伸"对话框将布尔运算设置为"求和"类型 凸，然后在 范围 区域中的下拉列表中选择 距离 选项，在"距离"文本框中输入 1.0，将拉伸方向设置为"方向 1"类型 ╳。单击"拉伸"对话框中的 确定 按钮，完成拉伸特征 5 的创建。

图 43.6.16 拉伸特征 5

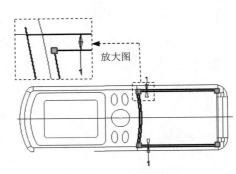

图 43.6.17 截面草图

Step 12 创建图 43.6.18 所示的草图 6。

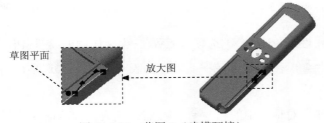

图 43.6.18 草图 6（建模环境）

（1）在 三维模型 选项卡 草图 区域单击 ✍ 按钮，然后选择图 43.6.18 所示的模型表面作为草图平面，系统进入草图设计环境。

（2）绘制图 43.6.19 所示的草图，单击 ✔ 按钮，退出草绘环境。

Step 13 创建图 43.6.20 所示的草图 7。

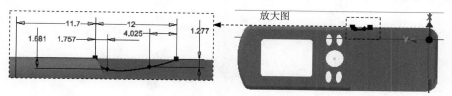

图 43.6.19　草图 6（草绘环境）

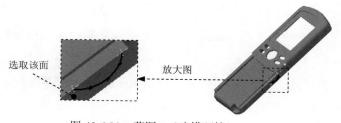

图 43.6.20　草图 7（建模环境）

（1）在 三维模型 选项卡 草图 区域中单击 按钮，然后选择图 43.6.20 所示的模型表面作为草图平面，系统进入草图设计环境。

（2）绘制图 43.6.21 所示的草图，单击 按钮，退出草绘环境。

图 43.6.21　草图 7（草绘环境）

Step 14　创建图 43.6.22 所示的放样曲面 1。

（1）选择命令。在 创建 ▼ 区域中单击 放样 按钮，系统弹出"放样"对话框。

（2）定义输出类型。在"扫掠"对话框 输出 区域确认"曲面"按钮 被按下。

（3）定义放样轮廓。在图形区选取图 43.6.23 所示的草图 6 与草图 7 为轮廓。

图 43.6.22　放样曲面 1

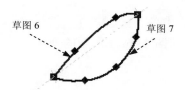

图 43.6.23　选取轮廓

（4）单击 确定 按钮，完成放样曲面的创建。

Step 15　创建图 43.6.24 所示的镜像 1。

（1）选择命令，在 阵列 区域中单击"镜像"按钮 。

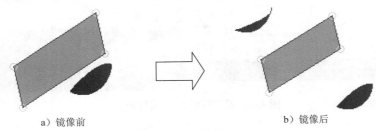

a）镜像前   b）镜像后

图 43.6.24　镜像 1

（2）选取要镜像的特征。在图形区中选取要镜像复制的放样曲面特征（或在浏览器中选择"放样曲面 1"特征）。

（3）定义镜像中心平面。单击"镜像"对话框中的 镜像平面按钮，然后选取 YZ 平面作为镜像中心平面。

（4）单击"镜像"对话框中的 确定 按钮，完成镜像操作。

Step 16 创建图 43.6.25 所示的分割 2。

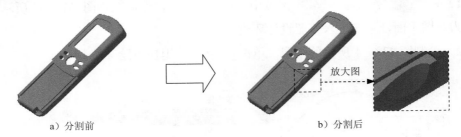

a）分割前   b）分割后

图 43.6.25　分割 2

（1）选择命令。在 修改 区域中单击 分割 按钮，系统弹出"分割"对话框。

（2）定义分割类型。在"分割"对话框中将分割类型设置为"修剪实体" 。

（3）定义分割工具。在图形区选取放样曲面 1 作为分割工具。

（4）定义分割方向。在"分割"对话框中将删除方向设置为"方向 1"类型 （如图 43.6.26）。

（5）单击 确定 按钮，完成分割 2 的创建。

Step 17 创建图 43.6.27 所示的分割 3。

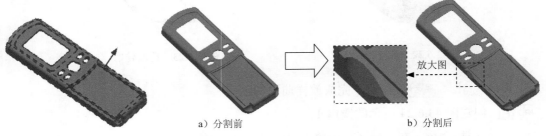

图 43.6.26　定义分割方向   a）分割前   b）分割后

图 43.6.27　分割 3

（1）选择命令。在 修改 ▼ 区域中单击 分割 按钮，系统弹出"分割"对话框。

（2）定义分割类型。在"分割"对话框中将分割类型设置为"修剪实体"。

（3）定义分割工具。在图形区选取镜像 1 作为分割工具。

（4）定义分割方向。在"分割"对话框中将删除方向设置为"方向 1"类型（如图 43.6.28）。

图 43.6.28　定义分割方向

（5）单击 确定 按钮，完成分割 3 的创建。

Step 18 创建图 43.6.29 所示的拉伸特征 6。在 创建 ▼ 区域中单击 按钮，选取图 43.6.29 所示的模型表面作为草图平面，绘制图 43.6.30 所示的截面草图，在"拉伸"对话框中将布尔运算设置为"求差"类型，然后在 范围 区域中的下拉列表中选择 贯通 选项，将拉伸方向设置为"方向 2"类型。单击"拉伸"对话框中的 确定 按钮，完成拉伸特征 6 的创建。

图 43.6.29　拉伸特征 6

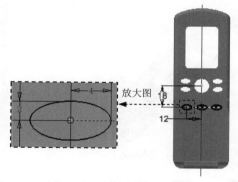

图 43.6.30　截面草图

Step 19 创建图 43.6.31 所示的矩形阵列 1。

（1）选择命令。在 阵列 区域中单击 按钮，系统弹出"矩形阵列"对话框。

（2）选择要阵列的特征。在图形区中选取拉伸特征 6（或在浏览器中选择"拉伸 6"特征）。

（3）定义阵列参数。

① 定义方向 1 参考边线。在"矩形阵列"对话框中单击 方向1 区域中的 按钮，然后选取图 43.6.32 所示的边线 1 为方向 1 的参考边线，阵列方向可参考图 43.6.32 所示。

② 定义方向 1 参数。在 方向1 区域的 文本框中输入数值 4；在 文本框中输入数值 9。

（4）单击 确定 按钮，完成矩形阵列的创建。

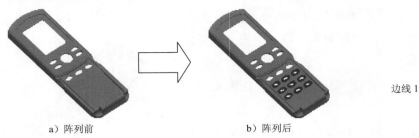

a）阵列前　　　　　　　b）阵列后

图 43.6.31　矩形阵列 1

边线 1

图 43.6.32　定义阵列参数

Step 20 创建图 43.6.33 所示的拉伸特征 7。在 创建 ▾ 区域中单击 ▣ 按钮，选取图 43.6.33
所示的模型表面作为草图平面，绘制图 43.6.34 所示的截面草图，在"拉伸"对
话框将布尔运算设置为"求差"类型 ▣ ，然后在 范围 区域中的下拉列表中选择
贯通 选项，在将拉伸方向设置为"方向 2"类型 ▣ 。单击"拉伸"对话框中的
确定 按钮，完成拉伸特征 7 的创建。

草图平面

图 43.6.33　拉伸特征 7

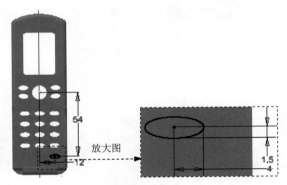

54

12

放大图

1.5

4

图 43.6.34　截面草图

Step 21 创建图 43.6.35 所示的拉伸特征 8。在 创建 ▾ 区域中单击 ▣ 按钮，选取图 43.6.35
所示的模型表面作为草图平面，绘制图 43.6.36 所示的截面草图，在"拉伸"对
话框将布尔运算设置为"求差"类型 ▣ ，然后在 范围 区域中的下拉列表中选择
贯通 选项，在将拉伸方向设置为"方向 2"类型 ▣ 。单击"拉伸"对话框中的
确定 按钮，完成拉伸特征 8 的创建。

图 43.6.35　拉伸特征 8

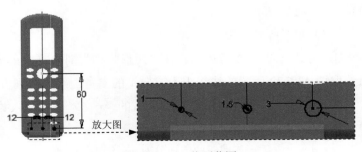

60

12　12

放大图

1　1.5　3

图 43.6.36　截面草图

Step 22 创建图 43.6.37b 所示的倒圆特征 2。

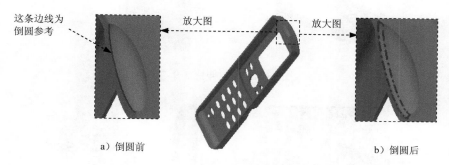

这条边线为
倒圆参考   放大图   放大图

a) 倒圆前   b) 倒圆后

图 43.6.37   倒圆角 2

（1）选择命令。在 **修改 ▼** 区域中单击 按钮。

（2）选取要倒圆的对象。在系统的提示下，选取图 43.6.37a 所示的模型边线为倒圆的对象。

（3）定义倒圆参数。在"倒圆角"小工具条的"半径 R"文本框中输入 0.5。

（4）单击"圆角"对话框中的 **确定** 按钮，完成圆角特征的定义。

Step 23 创建图 43.6.38b 所示的倒圆特征 3。

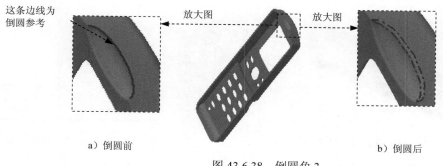

这条边线为
倒圆参考   放大图   放大图

a) 倒圆前   b) 倒圆后

图 43.6.38   倒圆角 3

（1）选择命令。在 **修改 ▼** 区域中单击 按钮。

（2）选取要倒圆的对象。在系统的提示下，选取图 43.6.38a 所示的模型边线为倒圆的对象。

（3）定义倒圆参数。在"倒圆角"小工具条的"半径 R"文本框中输入 0.5。

（4）单击"圆角"对话框中的 **确定** 按钮，完成圆角特征的定义。

Step 24 创建图 43.6.39 所示的拉伸特征 9。在 **创建 ▼** 区域中单击 按钮，选取图 43.6.39 所示的模型表面作为草图平面，绘制图 43.6.40 所示的截面草图，在"拉伸"对话框将布尔运算设置为"求和"类型 ，然后在 **范围** 区域中的下拉列表中选择 **距离** 选项，在"距离"文本框中输入 0.75，将拉伸方向设置为"方向 1"类型 。单击"拉伸"对话框中的 **确定** 按钮，完成拉伸特征 9 的创建。

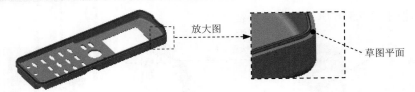

图 43.6.39　拉伸特征 9

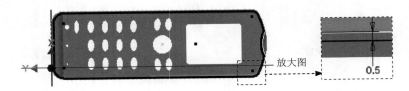

图 43.6.40　截面草图

Step 25　创建图 43.6.41 所示的拉伸特征 10。在 创建 ▾ 区域中单击 按钮，选取 XY 平面作为草图平面，绘制图 43.6.42 所示的截面草图，在"拉伸"对话框将布尔运算设置为"求差"类型 ，然后在 范围 区域中的下拉列表中选择 贯通 选项，在将拉伸方向设置为"方向 1"类型 。单击"拉伸"对话框中的 确定 按钮，完成拉伸特征 10 的创建。

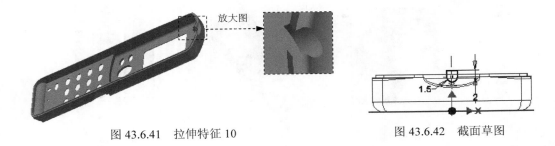

图 43.6.41　拉伸特征 10　　　　　　　　图 43.6.42　截面草图

Step 26　创建图 43.6.43b 所示的倒圆特征 4。选取图 43.6.43a 所示的模型边线为倒圆的对象，输入倒圆角半径值 0.2。

这三条边链为倒圆参考

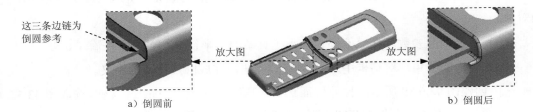

a）倒圆前　　　　　　　　　　　　　　　　　　b）倒圆后

图 43.6.43　倒圆角 4

Step 27　保存模型文件。

43.7 创建遥控器屏幕

下面讲解遥控器屏幕（SCREEN.ipt）的创建过程，零件模型及模型树如图 43.7.1 所示。

Step 1 在装配体中建立遥控器屏幕 SCREEN。

（1）单击 装配 功能选项卡 零部件 区域中的"创建"按钮 。

（2）此时系统弹出"创建在位零件"对话框，在 新零部件名称(N) 文本框中输入零件名称 SCREEN；采用系统默认的模板和新文件位置。

（3）单击 确定 按钮，在系统 为基础特征选择草图平面 的提示下，选取"中心点"选项 中心点 ，此时系统进入到编辑零部件环境中。

Step 2 在装配体中打开遥控器屏幕 SCREEN。在浏览器中单击 SCREEN:1 后右击，在快捷菜单中选择 打开(O) 命令。

Step 3 引入三级控件 THIRD。在 创建 区域中单击 衍生 按钮，打开 THIRD.ipt 文件，单击 打开(O) 按钮，系统弹出图 43.7.2 所示的"衍生零件"对话框。

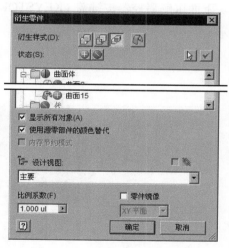

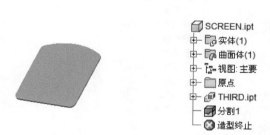

图 43.7.1 零件模型及模型树　　　　图 43.7.2 "衍生零件"对话框

Step 4 设置衍生参数。在"衍生零件"对话框中将 衍生样式(D): 设置为"将每个实体保留为单个实体" ，并将实体与曲面 15 衍生到下一级中（如图 43.7.2 所示），单击 确定 按钮。

Step 5 创建图 43.7.3 所示的分割 1。

（1）选择命令。在 修改 区域中单击 分割 按钮，系统弹出"分割"对话框。

（2）定义分割类型。在"分割"对话框中将分割类型设置为"修剪实体" 。

（3）定义分割工具。在图形区选取曲面 18 作为分割工具。

（4）定义分割方向。在"分割"对话框中将删除方向设置为"方向 1"类型 ↘（如图 43.7.4）。

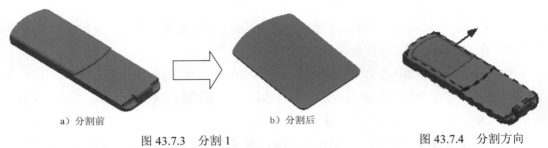

a）分割前

b）分割后

图 43.7.3 分割 1

图 43.7.4 分割方向

（5）单击 确定 按钮，完成分割 1 的创建。

Step 6 保存模型文件。

43.8 创建遥控器按键盖

下面讲解遥控器按键盖（KEYSTOKE.ipt）的创建过程，零件模型及模型树如图 43.8.1 所示。

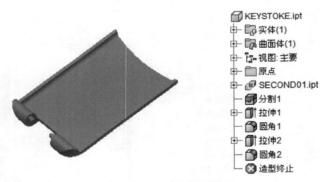

图 43.8.1 零件模型及模型树

Step 1 在装配体中建立遥控器按键盖 KEYSTOKE。

（1）单击 装配 功能选项卡 零部件 区域中的"创建"按钮 。

（2）此时系统弹出"创建在位零件"对话框，在 新零部件名称(N) 文本框中输入零件名称 KEYSTOKE；采用系统默认的模板和新文件位置。

（3）单击 确定 按钮，在系统 为基础特征选择草图平面 的提示下，选取"中心点"选项 中心点 ，此时系统进入到编辑零部件环境中。

Step 2 在装配体中打开遥控器按键盖 KEYSTOKE。在浏览器中单击 KEYSTOKE:1 后右击，在快捷菜单中选择 打开(O) 命令。

Step 3 引入二级控件 SECOND_01。在 创建 ▼ 区域中单击 🔲 衍生 按钮，打开 SECOND_01.ipt 文件，单击 打开(0) 按钮，系统弹出图 43.8.2 所示的"衍生零件"对话框。

Step 4 设置衍生参数。在"衍生零件"对话框中将 衍生样式(D): 设置为"将每个实体保留为单个实体" 🔲，并将实体与曲面 11 衍生到下一级中（如图 43.8.2 所示），单击 确定 按钮。

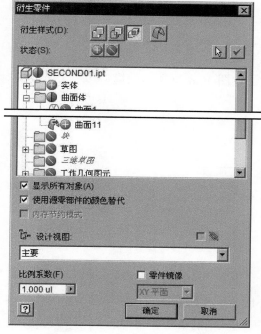

图 43.8.2　"衍生零件"对话框

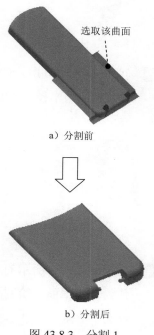

a）分割前

b）分割后

图 43.8.3　分割 1

Step 5 创建图 43.8.3 所示的分割 1。

（1）选择命令。在 修改 ▼ 区域中单击 🔲 分割 按钮，系统弹出"分割"对话框。

（2）定义分割类型。在"分割"对话框中将分割类型设置为"修剪实体" 🔲 选项。

（3）定义分割工具。在图形区选取图 43.8.3a 所示的面作为分割工具。

（4）定义分割方向。在"分割"对话框中将删除方向设置为"方向 1"类型 🔲（如图 43.8.4）。

图 43.8.4　定义分割方向

（5）单击 确定 按钮，完成分割 1 的创建。

Step 6 创建图 43.8.5 所示的拉伸特征 1。在 创建 ▼ 区域中单击 🔲 按钮，选取 YZ 平面作为草图平面，绘制图 43.8.6 所示的截面草图，在"拉伸"对话框将布尔运算设置为"求差"类型 ，然后在 范围 区域中的下拉列表中选择 贯通 选项，并将拉伸方向设置为"对称"类型 。单击"拉伸"对话框中的 确定 按钮，完成拉伸特征 1 的创建。

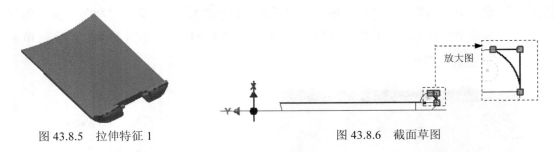

图 43.8.5　拉伸特征 1

图 43.8.6　截面草图

Step 7　创建图 43.8.7b 所示的倒圆特征 1。选取图 36.8.7a 所示的模型边线为倒圆的对象，输入倒圆角半径值 2.0。

此边线为
倒圆参考

a）倒圆前

b）倒圆后

图 43.8.7　倒圆角 1

Step 8　创建图 43.8.8 所示的拉伸特征 2。在 创建 ▾ 区域中单击 按钮，选取 XY 平面作为草图平面，绘制图 43.8.9 所示的截面草图，在"拉伸"对话框将布尔运算设置为"求差"类型 ，然后在 范围 区域中的下拉列表中选择 距离 选项，在"距离"文本框中输入 64.0，并将拉伸类型设置为"方向 2"类型 ；单击"拉伸"对话框中的 确定 按钮，完成拉伸特征 1 的创建。

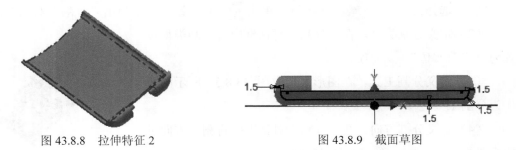

图 43.8.8　拉伸特征 2

图 43.8.9　截面草图

Step 9　创建图 43.8.10b 所示的倒圆特征 2。选取图 43.8.10a 所示的模型边线为倒圆的对象，输入倒圆角半径值 0.3。

Step 10　保存模型文件。

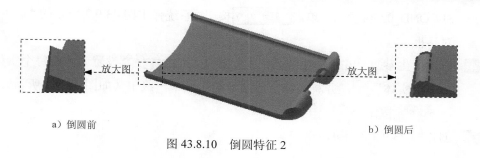

a）倒圆前　　　　　　　　　　　　　　　　　b）倒圆后

图 43.8.10　倒圆特征 2

43.9　创建遥控器下盖

下面讲解遥控器下盖（DOWN_COVER.ipt）的创建过程，零件模型及模型树如图 43.9.1 所示。

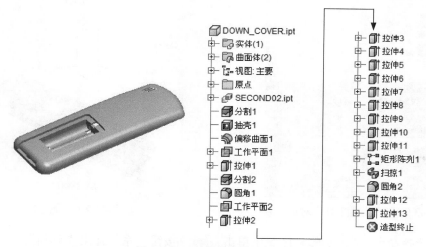

图 43.9.1　零件模型及模型树

Step 1 在装配体中建立遥控器下盖 DOWN_COVER。

（1）单击 装配 功能选项卡 零部件 区域中的"创建"按钮 。

（2）此时系统弹出"创建在位零件"对话框，在 新零部件名称(N) 文本框中输入零件名称 DOWN_COVER；采用系统默认的模板和新文件位置。

（3）单击 确定 按钮，在系统 为基础特征选择草图平面 的提示下，选取"中心点"选项 中心点，此时系统进入到编辑零部件环境中。

Step 2 在装配体中打开遥控器下盖 DOWN_COVER。在浏览器中单击 DOWN_COVER:1 后右击，在快捷菜单中选择 打开(O) 命令。

Step 3 引入二级控件 SECOND_02。在 创建 ▾ 区域中单击 衍生 按钮，打开

SECOND_02.ipt 文件，单击 打开(O) 按钮，系统弹出图 43.9.2 所示的"衍生零件"对话框。

Step 4 设置衍生参数。在"衍生零件"对话框中将 衍生样式(D): 设置为"将每个实体保留为单个实体" 🗗 ，并将实体与曲面 6 衍生到下一级中（如图 43.9.2 所示），单击 确定 按钮。

Step 5 创建图 43.9.3 所示的分割 1。

图 43.9.2 "衍生零件"对话框

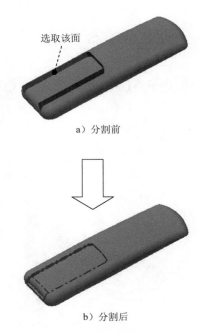

选取该面

a）分割前

b）分割后

图 43.9.3 分割 1

（1）选择命令。在 修改 ▼ 区域中单击 🗗分割 按钮，系统弹出"分割"对话框。

（2）定义分割类型。在"分割"对话框中将分割类型设置为"修剪实体" 🗗 。

（3）定义分割工具。在图形区选取图 43.9.3 所示的曲面（曲面 6）作为分割工具。

（4）定义分割方向。在"分割"对话框中将删除方向设置为"方向 1"类型 ⚓ （如图 43.9.4）。

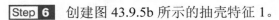

图 43.9.4 定义分割方向

（5）单击 确定 按钮，完成分割 1 的创建。

Step 6 创建图 43.9.5b 所示的抽壳特征 1。

（1）选择命令。在 修改 ▼ 区域中单击 🗗抽壳 按钮。

（2）定义薄壁厚度。在"抽壳"对话框 厚度 文本框中输入薄壁厚度值 1.5。

a) 抽壳前 　　　　　　　　　　 b) 抽壳后

图 43.9.5　抽壳特征 1

（3）选择要移除的面。在系统 选择要去除的表面 的提示下，选择图 43.9.5a 所示的模型表面为要移除的面。

（4）单击"抽壳"对话框中的 确定 按钮，完成抽壳特征的创建。

Step 7 创建图 43.9.6 所示的偏移曲面 1（已隐藏实体）。

（1）选择命令。在 曲面 ▾ 区域中单击"加厚/偏移"按钮 ◈ ，系统弹出"加厚/偏移"对话框。

（2）定义偏移曲面。选取图 43.9.7 所示的曲面为等距曲面。

（3）定义输出类型。在"加厚/偏移"对话框 输出 区域中选择"曲面"选项 ▯ 。

（4）定义等距偏移距离。在"加厚/偏移"对话框的 距离 文本框中输入数值 0。

（5）单击 确定 按钮，完成偏移曲面的创建。

Step 8 创建图 43.9.8 所示的工作平面 1。

图 43.9.6　偏移曲面 1　　　　图 43.9.7　定义偏移曲面　　　　图 43.9.8　工作平面 1

（1）选择命令，在 定位特征 区域中单击"平面"按钮 ▯ 下的 平面 ▾ 按钮，选择 ▯ 从平面偏移 命令。

（2）定义参考平面，在图形区选取 XZ 平面作为参考平面。

（3）定义偏移距离与方向，在"基准面"小工具条的下拉列表中输入要偏距的距离 8。偏移方向参考图 43.9.8。

（4）单击 ✓ 按钮，完成工作平面的创建。

Step 9 创建图 43.9.9 所示的拉伸特征 1。

（1）选择命令。在 创建 ▾ 区域中单击 ▯ 按钮，系统弹出"创建拉伸"对话框。

（2）定义特征的截面草图。单击"创建拉伸"对话框中的 创建二维草图 按钮，选取工作

平面 1 作为草图平面，进入草绘环境。绘制图 43.9.10 所示的截面草图。

图 43.9.9　拉伸特征 1

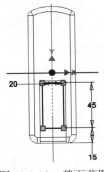

图 43.9.10　截面草图

（3）定义拉伸属性。单击 草图 选项卡 返回到三维 区域中的 按钮，在"拉伸"对话框 范围 区域中的下拉列表中选择 距离 选项，在"距离"文本框中输入 12.0，并将拉伸类型设置为"方向 1"类型 。

（4）单击"拉伸"对话框中的 确定 按钮，完成拉伸特征 1 的创建。

Step 10　创建图 43.9.11 所示的分割 2。

（1）选择命令。在 修改 ▼ 区域中单击 分割 按钮，系统弹出"分割"对话框。

（2）定义分割类型。在"分割"对话框中将分割类型设置为"修剪实体" 。

（3）定义分割工具。在图形区选取偏移曲面 1 作为分割工具。

（4）定义分割方向。在"分割"对话框中将删除方向设置为"方向 1"类型 （如图 43.9.12）。

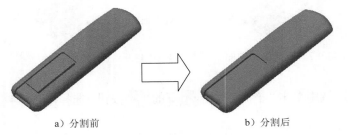

a）分割前　　　　　　　　b）分割后

图 43.9.11　分割 2

图 43.9.12　定义分割方向

（5）单击 确定 按钮，完成分割 2 的创建。

Step 11　创建图 43.9.13b 所示的倒圆特征 1。选取图 43.9.13a 所示的模型边线为倒圆的对象，输入倒圆角半径值 6.0。

Step 12　创建图 43.9.14 所示的工作平面 2。

（1）选择命令，在 定位特征 区域中单击"平面"按钮 下的 平面 按钮，选择 从平面偏移 命令。

图 43.9.13   倒圆角 1

（2）定义参考平面。在图形区选取图 43.9.14 所示的模型表面作为参考平面。

（3）定义偏移距离与方向。在"基准面"小工具条的下拉列表中输入要偏距的距离-2。偏移方向参考图 43.9.15。

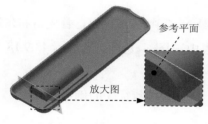

图 43.9.14   工作平面 2

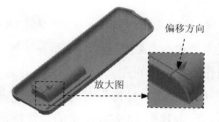

图 43.9.15   定义偏移方向

（4）单击 ✓ 按钮，完成工作平面的创建。

Step 13   创建图 43.9.16 所示的拉伸特征 2。

（1）选择命令。在 创建 ▼ 区域中单击 📄 按钮，系统弹出"创建拉伸"对话框。

（2）定义特征的截面草图。单击"创建拉伸"对话框中的 创建二维草图 按钮，选取工作平面 2 作为草图平面，进入草绘环境。绘制图 43.9.17 所示的截面草图。

图 43.9.16   拉伸特征 2

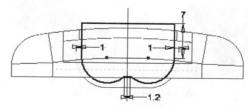

图 43.9.17   截面草图

（3）定义拉伸属性。单击 草图 选项卡 返回到三维 区域中的 📄 按钮，首先将布尔运算设置为"求差"类型 🗗 ，在 范围 区域中的下拉列表中选择 距离 选项，输入距离值 41.0，将拉伸方向设置为"方向 2"类型 🗹 。

（4）单击"拉伸"对话框中的 确定 按钮，完成拉伸特征 2 的创建。

Step 14   创建图 43.9.18 所示的拉伸特征 3。

（1）选择命令。在 创建 ▼ 区域中单击 按钮，系统弹出"创建拉伸"对话框。

（2）定义特征的截面草图。单击"创建拉伸"对话框中的 创建二维草图 按钮，选取图 43.9.18 所示的模型表面作为草图平面，进入草绘环境。绘制图 43.9.19 所示的截面草图。

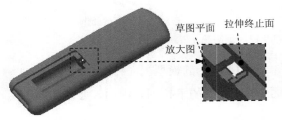

图 43.9.18　拉伸特征 3

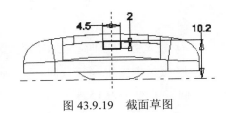

图 43.9.19　截面草图

（3）定义拉伸属性。单击 草图 选项卡 返回到三维 区域中的 按钮，首先将布尔运算设置为"求差"类型 ，在 范围 区域中的下拉列表中选择 到 选项，选取图 43.9.18 所示的面作为拉伸终止面。

（4）单击"拉伸"对话框中的 确定 按钮，完成拉伸特征 3 的创建。

Step 15　创建图 43.9.20 所示的拉伸特征 4。

（1）选择命令。在 创建 ▼ 区域中单击 按钮，系统弹出"创建拉伸"对话框。

（2）定义特征的截面草图。单击"创建拉伸"对话框中的 创建二维草图 按钮，选取图 43.9.20 所示的模型表面作为草图平面，进入草绘环境。绘制图 43.9.21 所示的截面草图。

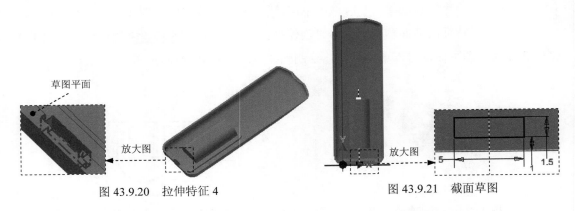

图 43.9.20　拉伸特征 4

图 43.9.21　截面草图

（3）定义拉伸属性。单击 草图 选项卡 返回到三维 区域中的 按钮，首先将布尔运算设置为"求差"类型 ，在 范围 区域中的下拉列表中选择 距离 选项，输入距离值 10.0，将拉伸方向设置为"方向 2"类型 。

（4）单击"拉伸"对话框中的 确定 按钮，完成拉伸特征 4 的创建。

Step 16　创建图 43.9.22 所示的拉伸特征 5。在 创建 ▼ 区域中单击 按钮，选取图 43.9.22 所示的模型表面作为草图平面，绘制图 43.9.23 所示的截面草图，在"拉伸"对话框中将布尔运算设置为"求差"类型 ，然后在 范围 区域中的下拉列表中选择 距离 选项，在"距离"文本框中输入 5.0，并将拉伸类型设置为"方向 2"类型 ；单击"拉伸"对话框中的 确定 按钮，完成拉伸特征 5 的创建。

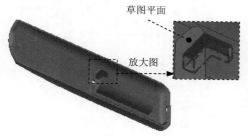

图 43.9.22　拉伸特征 5

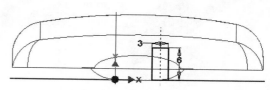

图 43.9.23　截面草图

Step 17　创建图 43.9.24 所示的拉伸特征 6。在 创建 ▾ 区域中单击 按钮，选取图 43.9.24 所示的模型表面作为草图平面，绘制图 43.9.25 所示的截面草图，在"拉伸"对话框将布尔运算设置为"求差"类型 ，然后在 范围 区域中的下拉列表中选择 距离 选项，在"距离"文本框中输入 5.0，并将拉伸类型设置为"方向 2"类型 ；单击"拉伸"对话框中的 确定 按钮，完成拉伸特征 6 的创建。

图 43.9.24　拉伸特征 6

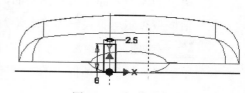

图 43.9.25　截面草图

Step 18　创建图 43.9.26 所示的拉伸特征 7。在 创建 ▾ 区域中单击 按钮，选取图 43.9.26 所示的模型表面作为草图平面，绘制图 43.9.27 所示的截面草图，在"拉伸"对话框中将布尔运算设置为"求差"类型 ，然后在 范围 区域中的下拉列表中选择 贯通 选项，将拉伸类型设置为"方向 2"类型 ；单击"拉伸"对话框中的 确定 按钮，完成拉伸特征 7 的创建。

Step 19　创建图 43.9.28 所示的拉伸特征 8。在 创建 ▾ 区域中单击 按钮，选取图 43.9.28 所示的模型表面作为草图平面，绘制图 43.9.29 所示的截面草图，在"拉伸"对话框将布尔运算设置为"求差"类型 ，然后在 范围 区域中的下拉列表中选择 距离 选项，输入距离值 5.0，将拉伸类型设置为"方向 2"类型 ；单击"拉伸"对话框中的 确定 按钮，完成拉伸特征 8 的创建。

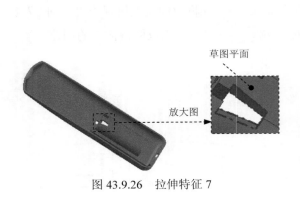

图 43.9.26　拉伸特征 7

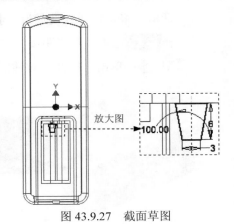

图 43.9.27　截面草图

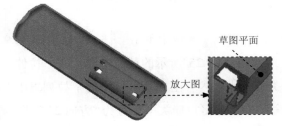

图 43.9.28　拉伸特征 8

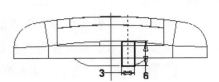

图 43.9.29　截面草图

Step 20 创建图 43.9.30 所示的拉伸特征 9。在 创建 ▾ 区域中单击 ▊ 按钮，选取图 43.9.30 所示的模型表面作为草图平面，绘制图 43.9.31 所示的截面草图，在"拉伸"对话框将布尔运算设置为"求差"类型 ▊ ，然后在 范围 区域中的下拉列表中选择 距离 选项，在"距离"文本框中输入 5.0，并将拉伸类型设置为"方向 2"类型 ▊ ；单击"拉伸"对话框中的 确定 按钮，完成拉伸特征 9 的创建。

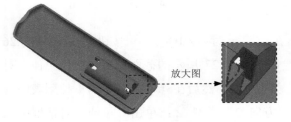

图 43.9.30　拉伸特征 9

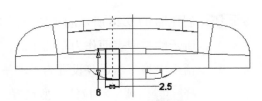

图 43.9.31　截面草图

Step 21 创建图 43.9.32 所示的拉伸特征 10。在 创建 ▾ 区域中单击 ▊ 按钮，选取图 43.9.32 所示的模型表面作为草图平面，绘制图 43.9.33 所示的截面草图，在"拉伸"对话框将布尔运算设置为"求差"类型 ▊ ，然后在 范围 区域中的下拉列表中选择 贯通 选项，将拉伸类型设置为"方向 2"类型 ▊ ；单击"拉伸"对话框中的 确定 按钮，完成拉伸特征 10 的创建。

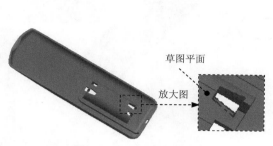

图 43.9.32　拉伸特征 10

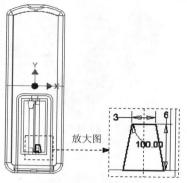

图 43.9.33　截面草图

Step 22 创建图 43.9.34 所示的拉伸特征 11。在 创建 ▾ 区域中单击 按钮，选取工作平面 1 作为草图平面，绘制图 43.9.35 所示的截面草图，在"拉伸"对话框将布尔运算设置为"求差"类型 ，然后在 范围 区域中的下拉列表中选择 贯通 选项，将拉伸类型设置为"方向 1"类型 ；单击"拉伸"对话框中的 确定 按钮，完成拉伸特征 11 的创建。

图 43.9.34　拉伸特征 11

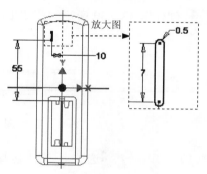

图 43.9.35　截面草图

Step 23 创建图 43.9.36 所示的草图 12。

（1）在 三维模型 选项卡 草图 区域单击 按钮，然后选择工作平面 1 作为草图平面，系统进入草图设计环境。

（2）绘制图 43.9.36 所示的草图，单击 按钮，退出草绘环境。

Step 24 创建图 43.9.37 所示的矩形阵列 1。

（1）选择命令。在 阵列 区域中单击 按钮，系统弹出"矩形阵列"对话框。

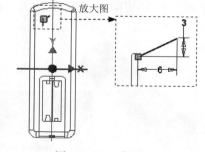

图 43.9.36　草图 12

（2）选择要阵列的特征。在图形区中选取拉伸特征 11（或在浏览器中选择"拉伸 11"特征）。

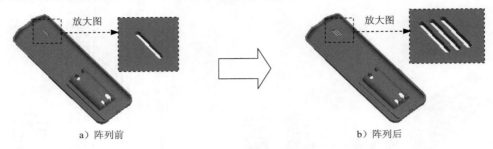

a）阵列前   b）阵列后

图 43.9.37　矩形阵列 1

（3）定义阵列参数。

① 定义方向 1 参考边线。在"矩形阵列"对话框中单击 方向1 区域中的 按钮，然后选取草图 12 作为方向 1 的参考边线，阵列方向可参考图 43.9.38 所示。

② 定义方向 1 参数。在 方向1 区域的 ⁰⁰⁰ 文本框中输入数值 3；在 ◇ 文本框中输入数值 2。

（4）单击 确定 按钮，完成矩形阵列的创建。

图 43.9.38　定义阵列方向

Step 25　创建图 43.9.39 所示的草图 13。

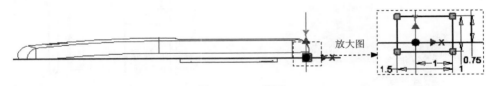

图 43.9.39　草图 13

（1）在 三维模型 选项卡 草图 区域中单击 按钮，然后选择图 43.9.40 所示的模型表面作为草图平面，系统进入草图设计环境。

（2）绘制图 43.9.40 所示的草图，单击 按钮，退出草绘环境。

Step 26　创建图 43.9.41 所示的扫掠 1。

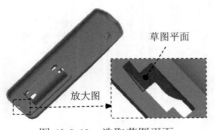

图 43.9.40　选取草图平面

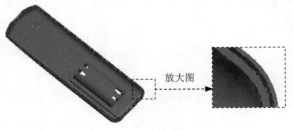

图 43.9.41　扫掠 1

（1）选择命令。在 创建 ▼ 区域中单击"扫掠"按钮 扫掠 。

（2）定义扫掠轨迹。在"扫掠"对话框中单击 按钮，然后在图形区中选取图43.9.42

所示的扫掠轨迹。

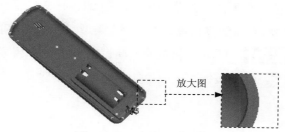

图 43.9.42　定义扫掠轨迹

（3）定义扫掠类型。在"扫掠"对话框中将布尔运算类型设置为"求差"类型 ⊟，在 **类型** 区域的下拉列表中选择 **路径** 选项，其他参数接受系统默认，

（4）单击"扫掠"对话框中的 **确定** 按钮，完成扫掠特征的创建。

Step 27 创建图 43.9.43b 所示的倒圆特征 2。选取图 43.9.43a 所示的模型边线为倒圆的对象，输入倒圆角半径值 0.5。

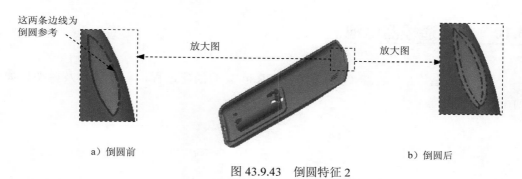

a）倒圆前　　　　　　　　　　　　　　　　b）倒圆后

图 43.9.43　倒圆特征 2

Step 28 创建图 43.9.44 所示的拉伸特征 13。在 **创建** 区域中单击 按钮，选取 XY 平面作为草图平面，绘制图 43.9.45 所示的截面草图，在"拉伸"对话框将布尔运算设置为"求差"类型 ⊟，然后在 **范围** 区域中的下拉列表中选择 **贯通** 选项，将拉伸类型设置为"方向 1"类型 ；单击"拉伸"对话框中的 **确定** 按钮，完成拉伸特征 13 的创建。

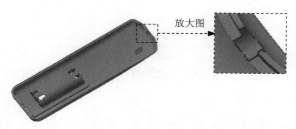

图 43.9.44　拉伸特征 13

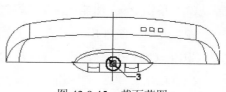

图 43.9.45　截面草图

Step 29 创建图 43.9.46 所示的拉伸特征 14。在 创建 ▾ 区域中单击 按钮，选取图 43.9.46 所示的模型表面作为草图平面，绘制图 43.9.47 所示的截面草图，在"拉伸"对话框中将布尔运算设置为"求差"类型 ，然后在 范围 区域中的下拉列表中选择 到表面或平面 选项，将拉伸方向设置为"方向 2"类型 ；单击"拉伸"对话框中的 确定 按钮，完成拉伸特征 14 的创建。

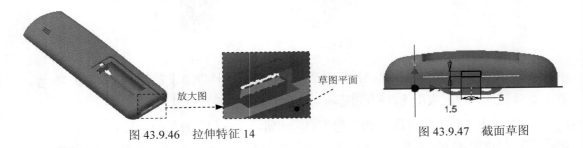

图 43.9.46 拉伸特征 14

图 43.9.47 截面草图

Step 30 保存模型文件。

43.10 创建遥控器电池盖

下面讲解遥控器电池盖（CELL_COVER.ipt）的创建过程，零件模型及模型树如图 43.10.1 所示。

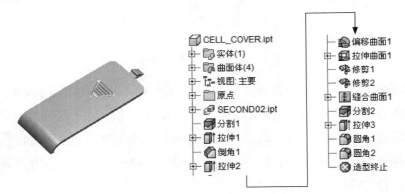

图 43.10.1 零件模型及模型树

Step 1 在装配体中建立遥控器电池盖 CELL_COVER。

（1）单击 装配 功能选项卡 零部件 区域中的"创建"按钮 。

（2）此时系统弹出"创建在位零件"对话框，在 新零部件名称(N) 文本框中输入零件名称为 CELL_COVER；采用系统默认的模板和新文件位置。

（3）单击 确定 按钮，在系统 为基础特征选择草图平面 的提示下，选取"中心点"选项 中心点，此时系统进入到编辑零部件环境中。

Step 2 在装配体中打开遥控器电池盖 CELL_COVER。在浏览器中单击 ⊞ 🗍 **CELL_COVER:1** 后右击，在快捷菜单中选择 🔓 打开(O) 命令。

Step 3 引入二级控件 SECOND_02。在 创建 ▾ 区域中单击 🗍 衍生 按钮，打开 SECOND_02.ipt 文件，单击 打开(O) 按钮，系统弹出图 43.10.2 所示的"衍生零件"对话框。

Step 4 设置衍生参数。在"衍生零件"对话框中将 **衍生样式(D):** 设置为"将每个实体保留为单个实体" 🖼，并将实体与曲面 6 衍生到下一级中（如图 43.10.2 所示），单击 确定 按钮。

Step 5 创建图 43.10.3 所示的分割 1。

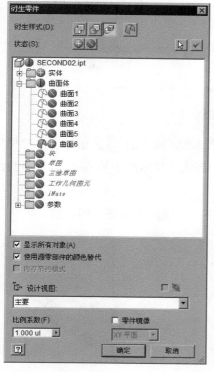

图 43.10.2   "衍生零件"对话框

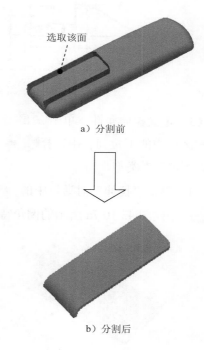

a）分割前

b）分割后

图 43.10.3   分割 1

（1）选择命令。在 修改 ▾ 区域中单击 🗍 分割 按钮，系统弹出"分割"对话框。

（2）定义分割类型。在"分割"对话框中将分割类型设置为"修剪实体" 🗍。

（3）定义分割工具。在图形区选取图 43.10.3 所示的曲面（曲面 6）作为分割工具。

（4）定义分割方向。在"分割"对话框中将删除方向设置为"方向 2"类型 🖼（如图 43.10.4）。

（5）单击 确定 按钮，完成分割 1 的创建。

Step 6 创建图 43.10.5 所示的拉伸特征 1。

图 43.10.4　定义分割方向

图 43.10.5　拉伸特征 1

（1）选择命令。在 创建 ▼ 区域中单击 ▯ 按钮，系统弹出"创建拉伸"对话框。

（2）定义特征的截面草图。单击"创建拉伸"对话框中的 创建二维草图 按钮，选取 YZ 平面作为草图平面，进入草绘环境。绘制图 43.10.6 所示的截面草图。

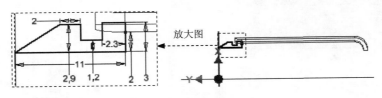

图 43.10.6　截面草图

（3）定义拉伸属性。单击 草图 选项卡 返回到三维 区域中的 ▯ 按钮，在"拉伸"对话框 范围 区域中的下拉列表中选择 距离 选项，在"距离"文本框中输入 4.5，并将拉伸类型设置为"对称"类型 ◼ 。

（4）单击"拉伸"对话框中的 确定 按钮，完成拉伸特征 1 的创建。

Step 7　创建图 43.10.7a 所示的倒角特征 1。

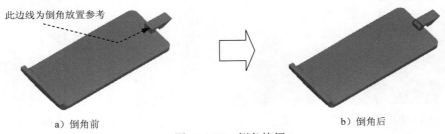

此边线为倒角放置参考

a）倒角前　　　　　　　　　　　　　　　b）倒角后

图 43.10.7　倒角特征 1

（1）选择命令。在 修改 ▼ 区域中单击 ⬚ 倒角 按钮。

（2）定义倒角类型。在"倒角"对话框中定义倒角类型为"倒角边长" ◹ 。

（3）选取模型中要倒角的边线，在系统的提示下，选取图 43.10.7a 所示的模型边线为倒角的对象。

（4）定义倒角参数。在"倒角"对话框的 倒角边长 文本框中输入 1.5。

（5）单击"倒角"对话框中的 确定 按钮，完成倒角特征的创建。

Step 8　创建图 43.10.8 所示的拉伸特征 2。

（1）选择命令。在 创建 ▼ 区域中单击 ▢ 按钮，系统弹出"创建拉伸"对话框。

（2）定义特征的截面草图。单击"创建拉伸"对话框中的 创建二维草图 按钮，选取 YZ 平面作为草图平面，进入草绘环境。绘制图 43.10.9 所示的截面草图。

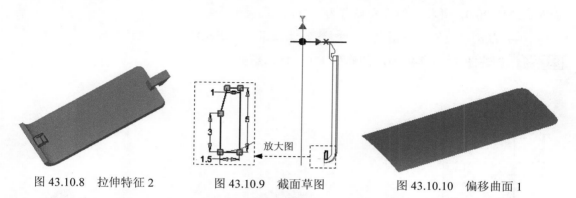

图 43.10.8　拉伸特征 2　　　　　图 43.10.9　截面草图　　　　　图 43.10.10　偏移曲面 1

（3）定义拉伸属性。单击 草图 选项卡 返回到三维 区域中的 ▢ 按钮，在"拉伸"对话框 范围 区域中的下拉列表中选择 距离 选项，在"距离"文本框中输入 5，并将拉伸类型设置为"对称"类型 ▨。

（4）单击"拉伸"对话框中的 确定 按钮，完成拉伸特征 2 的创建。

Step 9　创建图 43.10.10 所示的偏移曲面 1（已隐藏实体）。

（1）选择命令。在 曲面 ▼ 区域中单击"加厚/偏移"按钮 ▱，系统弹出"加厚/偏移"对话框。

（2）定义偏移曲面。选取图 43.10.11 所示的曲面为等距曲面。

（3）定义输出类型。在"加厚/偏移"对话框 输出 区域中选择"曲面"选项 ▢。

（4）定义等距偏移距离及方向。在"加厚/偏移"对话框的 距离 文本框中输入数值 0.5，将偏移方向设置为"方向 2"类型 ▨（向模型内部）。

（5）单击 确定 按钮，完成偏移曲面的创建。

Step 10　创建图 43.10.12 所示的拉伸曲面 1。

偏移这个面

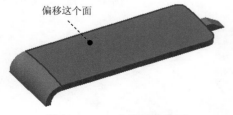

图 43.10.11　定义偏移曲面　　　　　图 43.10.12　拉伸曲面 1

（1）在 创建 ▼ 区域中单击 ▢ 按钮，系统弹出"创建拉伸"对话框。

43
Chapter

（2）定义特征的截面草图。单击"创建拉伸"对话框中的 创建二维草图 按钮，选取 XZ 平面作为草图平面，进入草绘环境。绘制图 43.10.13 所示的截面草图。

（3）定义拉伸属性。单击 草图 选项卡 返回到三维 区域中的 按钮，在"拉伸"对话框 输出 区域中将输出类型设置为"曲面" ；在 范围 区域的的下拉列表中选择 距离 选项，输入距离值 20.0，并将拉伸方向设置为"方向 1"类型 。

（4）单击"拉伸"对话框中的 确定 按钮，完成拉伸曲面 1 的创建。

Step 11 创建图 43.10.14b 所示的修剪 1（实体已隐藏）。

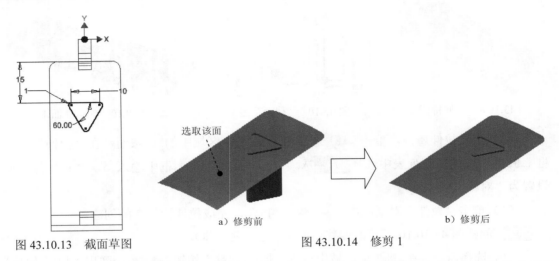

图 43.10.13　截面草图

a）修剪前　　　　b）修剪后

图 43.10.14　修剪 1

（1）选择命令。在 曲面 区域中单击"修剪曲面"按钮 ，系统弹出"修剪曲面"对话框。

（2）定义切割工具。在系统 选择曲面、工作平面或草图作为切割工具 的提示下，选取图 43.10.14 所示的面为切割工具。

（3）定义要删除的面，在系统 选择要删除的面 的提示下，选取图 43.10.15 所示的面为要删除的面。

（4）单击 确定 按钮，完成曲面修剪 1 的创建。

Step 12 创建图 43.10.16b 所示的修剪 2（实体已隐藏）。

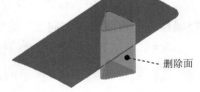

删除面

图 43.10.15　定义删除面

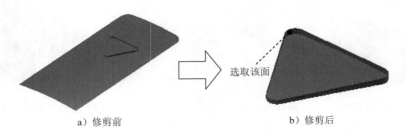

a）修剪前　　　　b）修剪后

选取该面

图 43.10.16　修剪 2

（1）选择命令。在 曲面 ▼ 区域中单击"修剪曲面"按钮 ✂，系统弹出"修剪曲面"对话框。

（2）定义切割工具。在系统 选择曲面、工作平面或草图作为切割工具 的提示下，选取图 43.10.16 所示的面为切割工具。

（3）定义要删除的面，在系统 选择要删除的面 的提示下，选取图 43.10.17 所示的面为要删除的面。

（4）单击 确定 按钮，完成曲面修剪 2 的创建。

Step 13 创建图 43.10.18 所示的缝合曲面 1。

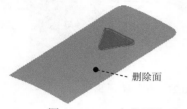

图 43.10.17 定义删除面

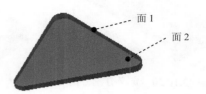

图 43.10.18 缝合曲面 1

（1）选择命令。在 曲面 ▼ 区域中单击"缝合曲面"按钮 ▤，系统弹出"缝合"对话框。

（2）定义缝合对象。在系统 选择要缝合的实体 的提示下，选取图 43.10.18 所示的面 1 与面 2 作为缝合对象。

（3）在该对话框中单击 应用 按钮，单击 完毕 按钮，完成缝合曲面的创建。

Step 14 创建图 43.10.19 所示的分割 2。

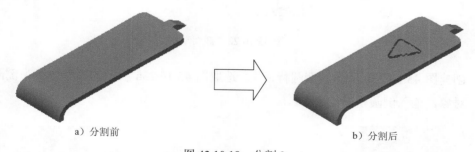

a）分割前　　　　　　　　　　b）分割后

图 43.10.19 分割 2

（1）选择命令。在 修改 ▼ 区域中单击 分割 按钮，系统弹出"分割"对话框。

（2）定义分割类型。在"分割"对话框中将分割类型设置为"修剪实体" 。

（3）定义分割工具。在图形区选取缝合曲面 1 作为分割工具。

（4）定义分割方向。在"分割"对话框中将删除方向设置为"方向 2"类型 （如图 43.10.20）。

（5）单击 确定 按钮，完成分割 2 的创建。

Step 15 创建图 43.10.21 所示的拉伸特征 3。在 创建 ▾ 区域中单击 按钮，选取 XZ 平面作为草图平面，绘制图 43.10.22 所示的截面草图，在"拉伸"对话框 范围 区域中的下拉列表中选择 介于两面之间 选项，选取图 43.10.21 所示的面 1 作为起始面，选取面 2 作为终止面，单击"拉伸"对话框中的 确定 按钮，完成拉伸特征 3 的创建。

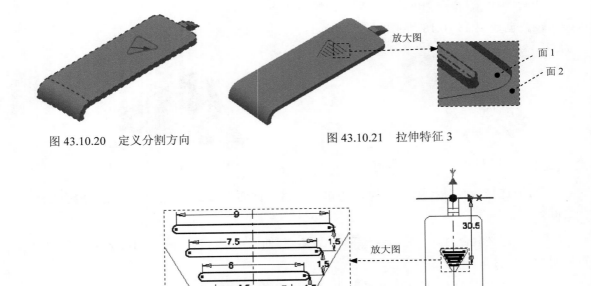

图 43.10.20　定义分割方向　　　　　　　　　　图 43.10.21　拉伸特征 3

图 43.10.22　截面草图

Step 16 创建图 43.10.23b 所示的倒圆特征 1。选取图 43.10.23a 所示的模型边线为倒圆的对象，输入倒圆角半径值 0.2。

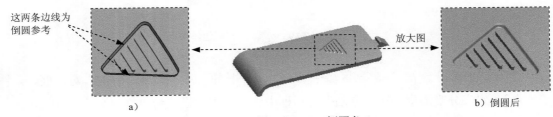

图 43.10.23　倒圆角 1

Step 17 创建图 43.10.24b 所示的倒圆特征 2。选取图 43.10.24a 所示的模型边线为倒圆的对象，输入倒圆角半径值 0.1。

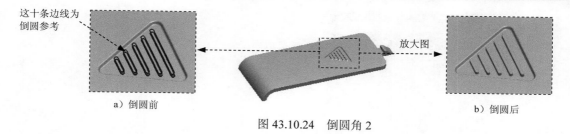

这十条边线为倒圆参考

a）倒圆前

放大图

b）倒圆后

图 43.10.24　倒圆角 2

Step 18　保存模型文件。

43.11　创建遥控器按键 1

下面讲解遥控器按键 1（KEYSTOKE01.ipt）的创建过程，零件模型及模型树如图 43.11.1 所示。

　　KEYSTOKE01.ipt
　　实体(1)
　　曲面体(1)
　　视图：主要
　　原点
　　TOP_COVER.ipt
　　拉伸1
　　拉伸2
　　圆角1
　　造型终止

图 43.11.1　零件模型及模型树

Step 1　在装配体中建立遥控器按键 1（KEYSTOKE01）。

（1）单击 装配 功能选项卡 零部件 区域中的"创建"按钮。

（2）此时系统弹出"创建在位零件"对话框，在 新零部件名称(N) 文本框中输入零件名称 KEYSTOKE01；采用系统默认的模板和新文件位置。

（3）单击 确定 按钮，在系统 为基础特征选择草图平面 的提示下，选取"中心点"选项 中心点，此时系统进入到编辑零部件环境中。

Step 2　在装配体中打开遥控器按键 1（KEYSTOKE01）。在浏览器中单击 KEYSTOKE01:1 后右击，在快捷菜单中选择 打开(O) 命令。

Step 3　引入遥控器上盖 TOP_COVER。在 创建 ▼ 区域中单击 衍生 按钮，打开 TOP_COVER.ipt 文件，单击 打开(O) 按钮，系统弹出图 43.11.2 所示的"衍生零件"对话框。

Step 4　设置衍生参数。在"衍生零件"对话框中将 衍生样式(D) 设置为"实体作为工作曲面"，并将实体衍生到下一级中（如图 43.11.2 所示），单击 确定 按钮。

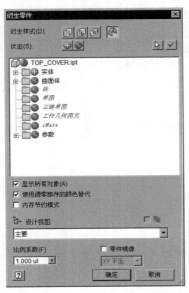

图 43.11.2   "衍生零件"对话框

图 43.11.3   拉伸特征 1

Step 5   创建图 43.11.3 所示的拉伸特征 1。

（1）选择命令。在 创建 ▾ 区域中单击 ▣ 按钮，系统弹出"创建拉伸"对话框。

（2）定义特征的截面草图。单击"创建拉伸"对话框中的 创建二维草图 按钮，选取图 43.11.4 所示的面作为草图平面，进入草绘环境。绘制图 43.11.5 所示的截面草图。

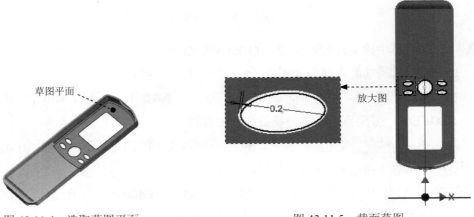

图 43.11.4   选取草图平面

图 43.11.5   截面草图

（3）定义拉伸属性。单击 草图 选项卡 返回到三维 区域中的 ▣ 按钮，在"拉伸"对话框 范围 区域中的下拉列表中选择 距离 选项，在"距离"文本框中输入 2.5，并将拉伸方向设置为"方向 2"类型 ▨。

（4）单击"拉伸"对话框中的 确定 按钮，完成拉伸特征 1 的创建。

说明：草图的偏置距离均为 0.2，此处为了清晰、明了，只标注一处。

Step 6 创建图 43.11.6 所示的拉伸特征 2。

（1）选择命令。在 创建 ▾ 区域中单击 ▣ 按钮，系统弹出"创建拉伸"对话框。

（2）定义特征的截面草图。单击"创建拉伸"对话框中的 创建二维草图 按钮，选取图 43.11.6 所示的面作为草图平面，进入草绘环境。绘制图 43.11.7 所示的截面草图。

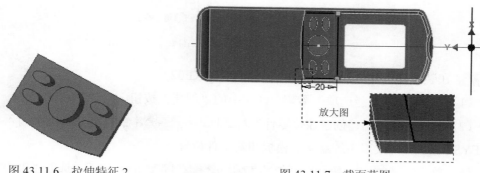

图 43.11.6　拉伸特征 2　　　　　　　图 43.11.7　截面草图

（3）定义拉伸属性。单击 草图 选项卡 返回到三维 区域中的 ▣ 按钮，在"拉伸"对话框 范围 区域中的下拉列表中选择 距离 选项，在"距离"文本框中输入 1，并将拉伸方向设置为"方向 1"类型 ◪ 。

（4）单击"拉伸"对话框中的 确定 按钮，完成拉伸特征 2 的创建。

Step 7 创建图 43.11.8b 所示的倒圆特征 1。选取图 43.11.8a 所示的模型边线为倒圆的对象，输入倒圆角半径值 0.2。

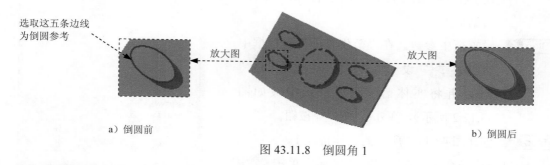

选取这五条边线
为倒圆参考

放大图　　　　　　　　　　　　　　放大图

a）倒圆前　　　　　　　　　　　　　　　　　　　　b）倒圆后

图 43.11.8　倒圆角 1

Step 8 保存模型文件。

43.12　创建遥控器按键 2

下面讲解遥控器按键 2（KEYSTOKE02.ipt）的创建过程，零件模型及模型树如图 43.12.1 所示。

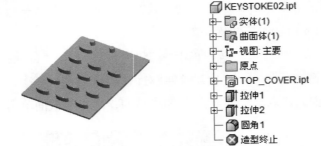

图 43.12.1　零件模型及模型树

Step 1　在装配体中建立遥控器按键 2（KEYSTOKE02）。

（1）单击 装配 功能选项卡 零部件 区域中的"创建"按钮 🗋。

（2）此时系统弹出"创建在位零件"对话框，在 新零部件名称(N) 文本框中输入零件名称 KEYSTOKE02；采用系统默认的模板和新文件位置。

（3）单击 确定 按钮，在系统 为基础特征选择草图平面 的提示下，选取"中心点"选项 ◈ 中心点，此时系统进入到编辑零部件环境中。

Step 2　在装配体中打开遥控器按键 2（KEYSTOKE02）。在浏览器中单击 ⊞ ▢ KEYSTOKE02:1 后右击，在快捷菜单中选择 🗋 打开(O) 命令。

Step 3　引入遥控器上盖 TOP_COVER。在 创建 ▾ 区域中单击 🗋 衍生 按钮，打开 TOP_COVER.ipt 文件，单击 打开(O) 按钮，系统弹出图 43.12.2 所示的"衍生零件"对话框。

Step 4　设置衍生参数。在"衍生零件"对话框中将 衍生样式(D): 设置为"实体作为工作曲面" 🗀，并将实体衍生到下一级中（如图 43.12.2 所示），单击 确定 按钮。

Step 5　创建图 43.12.3 所示的拉伸特征 1。

（1）选择命令。在 创建 ▾ 区域中单击 🗋 按钮，系统弹出"创建拉伸"对话框。

（2）定义特征的截面草图。单击"创建拉伸"对话框中的 创建二维草图 按钮，选取图 43.12.4 所示的面作为草图平面，进入草绘环境。绘制图 43.12.5 所示的截面草图。

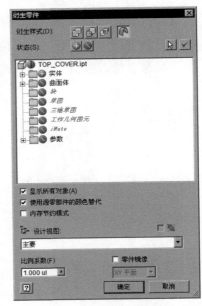

图 43.12.2　"衍生零件"对话框

（3）定义拉伸属性。单击 草图 选项卡 返回到三维 区域中的 🗋 按钮，在"拉伸"对话框 范围 区域中的下拉列表中选择 距离 选项，在"距离"文本框中输入 2.5，并将拉伸方向设置为"方向 2"类型 。

图 43.12.3   拉伸特征 1

图 43.12.4   选取草图平面

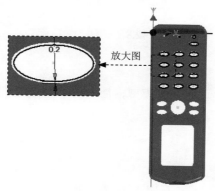

图 43.12.5   截面草图

（4）单击"拉伸"对话框中的 确定 按钮，完成拉伸特征 1 的创建。

说明：草图的偏置距离均为 0.2，此处为了清晰、明了只标注一处。

Step 6   创建图 43.12.6 所示的拉伸特征 2。

（1）选择命令。在 创建 ▾ 区域中单击 按钮，系统弹出"创建拉伸"对话框。

（2）定义特征的截面草图。单击"创建拉伸"对话框中的 创建二维草图 按钮，选取图 43.12.4 所示的面作为草图平面，进入草绘环境。绘制图 43.12.7 所示的截面草图。

图 43.12.6   拉伸特征 2

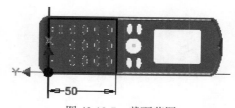

图 43.12.7   截面草图

（3）定义拉伸属性。单击 草图 选项卡 返回到三维 区域中的 按钮，在"拉伸"对话框 范围 区域中的下拉列表中选择 距离 选项，在"距离"文本框中输入 1，并将拉伸方向设置为"方向 1"类型 。

（4）单击"拉伸"对话框中的 确定 按钮，完成拉伸特征 2 的创建。

Step 7 创建图 43.12.8b 所示的倒圆特征 1。选取图 43.12.8a 所示的模型边线为倒圆的对象，输入倒圆角半径值 0.2。

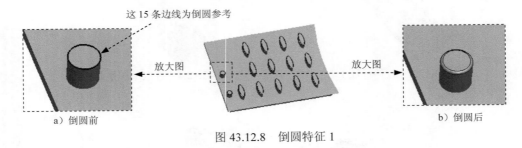

图 43.12.8　倒圆特征 1

Step 8 保存模型文件。

Step 9 返回到总装配环境，保存装配模型，命名为 CONTROLLER.iam。

读者意见反馈卡

尊敬的读者:

感谢您购买中国水利水电出版社的图书!

我们一直致力于 CAD、CAPP、PDM、CAM 和 CAE 等相关技术的跟踪, 希望能将更多优秀作者的宝贵经验与技巧介绍给您。当然, 我们的工作离不开您的支持。如果您在看完本书之后, 有好的意见和建议, 或是有一些感兴趣的技术话题, 都可以直接与我联系。

策划编辑: 杨庆川、杨元泓

注: 本书的随书光盘中含有该 "读者意见反馈卡" 的电子文档, 您可将填写后的文件采用电子邮件的方式发给本书的责任编辑或主编。

E-mail: 展迪优 zhanygjames@163.com; 杨元泓: yyhletter@126.com。

请认真填写本卡, 并通过邮寄或 *E-mail* 传给我们, 我们将奉送精美礼品或购书优惠卡。

书名:《Autodesk Inventor 产品设计实例精解 (2013 版)》

1. 读者个人资料:

姓名: _____ 性别: _____ 年龄: _____ 职业: _____ 职务: _____ 学历: _____

专业: _____ 单位名称: _____ 电话: _____ 手机: _____

邮寄地址: _____ 邮编: _____ E-mail: _____

2. 影响您购买本书的因素 (可以选择多项):

□内容　　　　　　　　　　□作者　　　　　　　　　　□价格

□朋友推荐　　　　　　　　□出版社品牌　　　　　　　□书评广告

□工作单位 (就读学校) 指定　　□内容提要、前言或目录　　□封面封底

□购买了本书所属丛书中的其他图书　　　　　　　　　　□其他_____

3. 您对本书的总体感觉:

□很好　　　　　　　□一般　　　　　□不好

4. 您认为本书的语言文字水平:

□很好　　　　　　　□一般　　　　　□不好

5. 您认为本书的版式编排:

□很好　　　　　　　□一般　　　　　□不好

加微信即可获取电子版
读者意见反馈卡

6. 您认为 Inventor 其他哪些方面的内容是您所迫切需要的?

_____

7. 其他哪些 CAD/CAM/CAE 方面的图书是您所需要的?

_____

8. 您认为我们的图书在叙述方式、内容选择等方面还有哪些需要改进的?

如若邮寄, 请填好本卡后寄至:

北京市海淀区玉渊潭南路普惠北里水务综合楼 401 室　　中国水利水电出版社万水分社

杨元泓 (收)　　邮编: 100036　　联系电话: (010) 82562819　　传真: (010) 82564371

如需本书或其他图书, 可与中国水利水电出版社网站联系邮购:

http://www.waterpub.com.cn　　咨询电话: (010) 68367658。